全国高等职业教育教学改革示范系列规划教材

模拟电子技术项目化教程

李 华 主 编

马 颖 弥 锐 李晓丽 副主编

蒋雪琴 张 玥 参 编

電子工業出版社

Publishing House of Electronics Industry

北京·BEIJING

内 容 简 介

本教材根据行业企业的岗位需求，以培养学生的职业能力为目标，结合多年职业教育教学成果编写而成。全书以直流稳压电源电路、电子生日蜡烛控制电路、逻辑测试笔电路、函数信号发生电路、音频功率放大电路及防割断报警器电路六个工程项目为主线，主要介绍了半导体二极管及其基本应用电路、直流稳压电源电路、半导体三极管及防割断其基本放大电路、多级放大电路与频率特性、集成运算放大器及其应用、信号发生电路、功率放大电路等电路知识，并通过技能训练介绍了仪器仪表的使用方法、电路的仿真调试方法、实物的装配调试方法。本书以工作任务为导向，由任务入手引入理论知识，通过技能训练将相应的理论知识和技能实训融为一体。通过项目实施完成电路设计、制作与调试，可有效提升知识、技能的综合应用能力。

六个项目均设置了项目概述、项目引导、项目实施、项目考核、项目拓展、项目习题等内容，方便教师实施课程教学和初学者自学。

本书可作为高职高专院校模拟电子技术课程的教材，也可作为从事电子技术的工程技术人员的参考用书。

图书在版编目（CIP）数据

模拟电子技术项目化教程 / 李华主编. —北京：电子工业出版社，2017.2

ISBN 978-7-121-30348-7

Ⅰ. ①模…　Ⅱ. ①李…　Ⅲ. ①模拟电路—电子技术—高等职业教育—教材　Ⅳ. ①TN710

中国版本图书馆 CIP 数据核字（2016）第 273089 号

策划编辑：王昭松

责任编辑：谭丽莎

印　　刷：北京盛通商印快线网络科技有限公司

装　　订：北京盛通商印快线网络科技有限公司

出版发行：电子工业出版社

　　　　　北京市海淀区万寿路 173 信箱　邮编：100036

开　　本：787×1092　印张：16.75　字数：429 千字

版　　次：2017 年 2 月第 1 版

印　　次：2023 年 1 月第 8 次印刷

定　　价：49.80 元

凡所购买电子工业出版社图书有缺损问题，请向购买书店调换。若书店售缺，请与本社发行部联系，联系及邮购电话：（010）88254888，88258888。

质量投诉请发邮件至 zlts@phei.com.cn，盗版侵权举报请发邮件至 dbqq@phei.com.cn。

本书咨询联系方式：wangzs@phei.com.cn。

前　言

本教材经过四川信息职业技术学院模拟电子技术课程组的教师十余年的教学改革和经验积累，借鉴其他高职院校教学改革的经验与成果，以典型电路为载体，重构了知识、能力、素质三位一体的内容体系和知识序列。

本教材基于"项目导向、任务驱动"模式、以行动体系为框架，以典型工作任务为引导，将项目制作、理论知识和技能训练有机结合完成内容的编写，充分体现了高职特色，更加符合当今高等职业院校高素质技术技能人才的培养要求，也是我院省级示范院校建设期间的教学改革成果之一。

本教材以典型的模拟电子电路为载体，包括直流稳压电源电路、电子生日蜡烛控制电路、逻辑测试笔电路、函数信号发生电路、音频功率放大电路及防割断报警器电路六个典型电路的设计、制作与调试，训练项目具有声、光效果，趣味性强，易增强学习者的学习兴趣。

本教材由任务入手引入理论知识，通过技能训练将相应的理论知识和技能实训融为一体。通过项目实施完成电路设计、制作与调试，有效提升知识、技能的综合应用能力。任务设计具有设计性、扩展性和系统性，更贴近岗位实际需求。针对每个项目模块能力要素的培养目标，精心选择工作任务与技能训练项目，避免过大过繁。同时，注重能力训练的延展性，每个任务既相对独立，由于前后任务之间保持密切的联系又具有扩展性，体现了技能训练的综合性和系统性。

本教材编写形式直观生动。在叙述方法上，引入了大量与实践相关的图、表，并给出了器件清单、电路仿真图、PCB 图和电路装调注意事项等内容，从而引导学生按步骤完成工作任务，增强了可操作性。每个项目都给出了项目描述，明确了本项目需完成的学习任务和工作步骤，增强了可读性，便于学习者掌握项目内容重点，提高学习者的学习效率及进行归纳与总结。

本教材主要介绍半导体二极管及其基本应用电路、直流稳压电源电路、半导体三极管及其基本放大电路、多级放大电路与频率特性、集成运算放大器及其应用、信号发生电路、功率放大电路、电力电子电路等内容。参考学时约为 80 学时，使用时可根据具体教学情况酌情增减学时。本教材配有多媒体教学资源包，请登录华信教育资源网（www.hxedu.com.cn）注册并下载。

本教材由四川信息职业技术学院李华副教授任主编，对本书的编写思路和大纲进行了构思、策划，指导全书的编写，并对全书统稿，四川信息职业技术学院马颖副教授、弥锐副教授、李晓丽同志参与了编写工作。具体分工如下：李华同志编写了项目二、项目四，马颖同志编写了项目一，弥锐同志编写了项目三、项目六，李晓丽同志编写了项目五。另外，四川信息职业技术学院蒋雪琴、张玥两位同志对教材中的技能训练和电路仿真部分进行了编写和修订工作。

限于编者水平，本书在内容取舍、编写方面难免存在不妥之处，恳请读者批评指正。

编　者
2017 年 1 月

目　　录

项目 1

直流稳压电源电路

 项目概述

当今社会，人们极大地享受着电子设备带来的便利，但是任何电子设备都有一个共同的电路——电源电路，所有的电子设备都必须在电源电路的支持下才能正常工作。由于电子技术的特性，电子设备对电源电路的要求就是能够提供持续稳定、满足负载要求的电能，而且通常情况下都要求提供稳定的直流电能。提供这种稳定的直流电能的电源就是直流稳压电源，它可以直接采用蓄电池、干电池或直流发电机获得直流电能，还可以将电网的 380/220V 交流电通过电路转换的方式来制取直流电。

由于直流稳压电源应用的普遍性，本项目选择制作一款简易的直流稳压电源。建议先学习分析交流电转换成为直流电的方法，再掌握直流稳压电源的焊接和制作技术。

 **项目引导**

项目名称		直流稳压电源的设计、制作与调试	建议学时	20 学时
项目说明	教学目的	1. 半导体二极管的结构、图形符号、导电特性和相关参数 2. 单相整流、电容滤波、稳压、电源指示电路的组成、工作原理及分析计算方法 3. 电路仿真软件 Multisim 的使用，仿真电路的连接与调试 4. 面包板的使用方法，实际电路图的连接与调试；万用表、双踪示波器的使用方法 5. 电路常见故障排查		
	项目要求	1. 工作任务：直流稳压电源电路的设计、制作与调试 2. 性能指标：输出直流电压±5V 或±9V		

续表

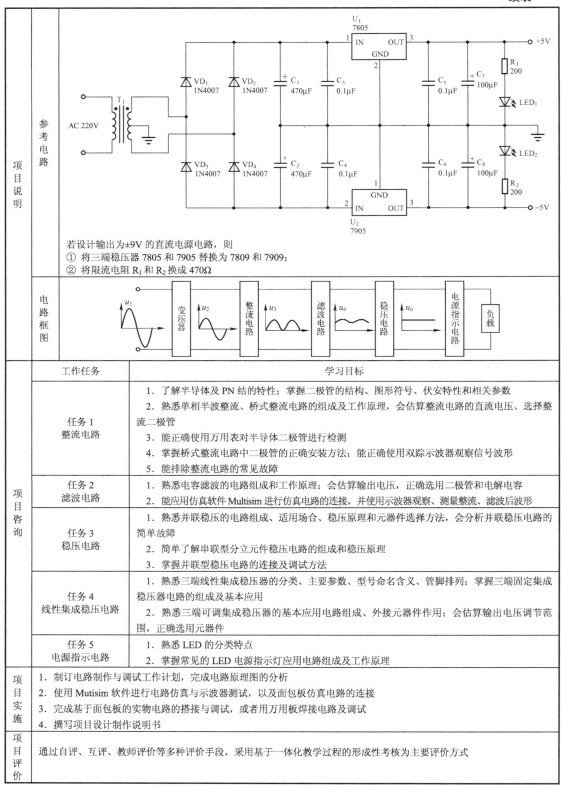

项目说明	参考电路	（参考电路图）

若设计输出为±9V的直流电源电路，则
① 将三端稳压器7805和7905替换为7809和7909；
② 将限流电阻 R_1 和 R_2 换成470Ω

	电路框图	（电路框图）

	工作任务	学习目标
项目咨询	任务1 整流电路	1．了解半导体及PN结的特性；掌握二极管的结构、图形符号、伏安特性和相关参数 2．熟悉单相半波整流、桥式整流电路的组成及工作原理，会估算整流电路的直流电压、选择整流二极管 3．能正确使用万用表对半导体二极管进行检测 4．掌握桥式整流电路中二极管的正确安装方法；能正确使用双踪示波器观察信号波形 5．能排除整流电路的常见故障
	任务2 滤波电路	1．熟悉电容滤波的电路组成和工作原理；会估算输出电压，正确选用二极管和电解电容 2．能应用仿真软件Multisim进行仿真电路的连接，并使用示波器观察、测量整流、滤波后波形
	任务3 稳压电路	1．熟悉并联稳压的电路组成、适用场合、稳压原理和元器件选择方法，会分析并联稳压电路的简单故障 2．简单了解串联型分立元件稳压电路的组成和稳压原理 3．掌握并联型稳压电路的连接及调试方法
	任务4 线性集成稳压电路	1．熟悉三端线性集成稳压器的分类、主要参数、型号命名含义、管脚排列；掌握三端固定集成稳压器电路的组成及基本应用 2．熟悉三端可调集成稳压器的基本应用电路组成、外接元器件作用；会估算输出电压调节范围，正确选用元器件
	任务5 电源指示电路	1．熟悉LED的分类特点 2．掌握常见的LED电源指示灯应用电路组成及工作原理
项目实施		1．制订电路制作与调试工作计划，完成电路原理图的分析 2．使用Mutisim软件进行电路仿真与示波器测试，以及面包板仿真电路的连接 3．完成基于面包板的实物电路的搭接与调试，或者用万用板焊接电路及调试 4．撰写项目设计制作说明书
项目评价		通过自评、互评、教师评价等多种评价手段，采用基于一体化教学过程的形成性考核为主要评价方式

任务 1　整 流 电 路

基础知识

1.1.1　半导体基础知识

1. 半导体及其特性

半导体的导电能力介于导体和绝缘体之间，故称为半导体。虽然其导电性能力介于导体和绝缘体之间，但是却能够引起人们的极大兴趣，这与半导体材料本身存在的一些独特性能是分不开的。半导体具有以下特性。

（1）热敏特性：温度升高，大多数半导体的电阻率下降。由于半导体的电阻率对温度特别灵敏，利用这种特性就可以制成各种热敏元件。

（2）光敏特性：许多半导体受到光照辐射，电阻率下降。利用这种特性可制成各种光电元件，如光敏电阻、光敏二极管、光敏三极管等。

（3）掺杂特性：当在纯净的半导体中掺入微量的其他杂质元素（如磷、硼等）时，其导电能力会增加几十万甚至几百万倍，利用这个特性可制成各种不同用途的半导体器件，如半导体二极管、半导体三极管、场效应管、晶闸管等。

半导体之所以具有上述特性，根本原因在于其特殊的原子结构和导电机理。典型的半导体材料有硅（Si）、锗（Ge）、硒（Se）、砷化镓（GaAs）及许多金属氧化物和金属硫化物等。

2. 本征半导体

在半导体物质中，目前用得最多的材料是硅和锗，但是天然的硅和锗材料是不能制成半导体器件的，必须经过高度提纯工艺将它们提炼成纯净的单晶体。单晶体的晶格结构是完全对称的，原子排列得非常整齐，故常称为晶体。这种具有晶体结构的纯净半导体就称为本征半导体（Insrinsic Semiconductor）。

在硅和锗的原子结构中，最外层电子的数目都是 4 个，因此被称为四价元素。在硅或锗的本征半导体中，由于原子排列整齐和紧密，原来属于某个原子的价电子可以和相邻原子所共有，形成共价键结构。图 1-1 所示为硅和锗共价键的（平面）示意图。

在热力学零度和未获得外加能量时，半导体不具备导电能力。但由于共价键中的电子为原子核的最外层电子，所以在温度升高或外界供给能量的情况下，最外层电子容易被热激发成为自由电子，如图 1-2 所示。共价键失去电子后留下的空位称为空穴，电子和空穴成对出现，称为载流子。空穴参与导电是半导体导电的特点，也是与导体导电最根本的区别。

3. 杂质半导体

为了提高本征半导体的导电能力，应增加载流子的数目，在本征半导体中掺入微量的其他元素（称为掺杂），形成杂质半导体。

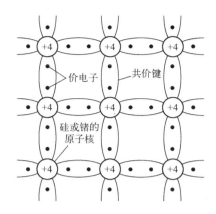

图 1-1　共价键结构示意图

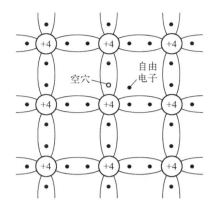

图 1-2　自由电子和空穴的形成

1）N 型半导体

如果在硅或锗的本征半导体中掺入微量的 5 价元素（如磷）后，其自由电子数目将远远大于空穴数目，故这种半导体称为 N 型电子半导体，简称 N 型半导体。N 型半导体中的自由电子为多数载流子（多子），空穴为少数载流子（少子），磷原子称为施主杂质。多数载流子取决于掺杂浓度，少数载流子取决于温度。

2）P 型半导体

如果在硅或锗的本征半导体中掺入微量的 3 价硼（B）元素，则形成 P 型半导体。在 P 型半导体中，空穴的数量远远大于自由电子数，空穴为多数载流子，自由电子为少数载流子，故 P 型半导体也称为空穴半导体，硼原子称为受主杂质。

无论是 N 型半导体还是 P 型半导体，尽管有一种载流子占多数，但整体上仍然是呈电中性的。

4．PN 结及其单向导电性

利用特殊的制造工艺，在一块本征半导体（硅或锗）上，一边掺杂成 N 型半导体，一边形成 P 型半导体，这样在两种半导体的交界面就会形成一个空间电荷区，即 PN 结。由于 PN 结的特殊性质，使得它成为制成各种半导体器件的基础。PN 结形成的示意图如图 1-3 所示。

由于两边载流子浓度的差异，P 型半导体中的"多子"空穴向 N 型区扩散，而 N 型半导体中的"多子"自由电子向 P 型区扩散。在"多子"扩散到交界面附近时，自由电子和空穴相复合，在交界面附近只留下不能移动的带正负电的离子，形成一个空间电荷区并且形成的内电场使 P 区的"少子"电子和 N 区的"少子"空穴漂移。当扩散运动和漂移运动达到动态平衡时，PN 结就形成了。

1）PN 结外加正向电压

如图 1-4 所示的电路图中，P 区接电源的正极、N 区接电源的负极，形成较大的扩散电流，其方向是由 P 区流向 N 区，该电流称为正向电流。在一定范围内，随着外加电压的增大，正向电流也增大，称之为 PN 结的正向导通，此时 PN 结呈低阻态。

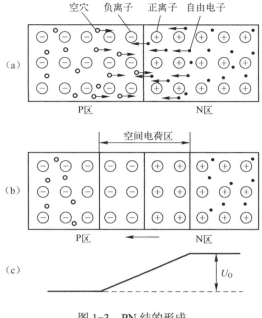

图 1-3　PN 结的形成

2）PN 结外加反向电压

PN 结外加反向电压，即 P 区接电源的负极、N 区接电源的正极，如图 1-5 所示，此时在外电场的作用下，P 区的自由电子向 N 区运动，N 区的空穴向 P 区运动，形成反向电流，其方向是由 N 区流向 P 区。由于少数载流子是由于价电子获得能量挣脱共价键的束缚而产生的，数量很少，故形成的电流也很小，此时 PN 结反向截止，呈高阻态。

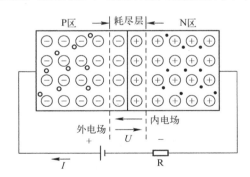

图 1-4　PN 结加正向电压时导通

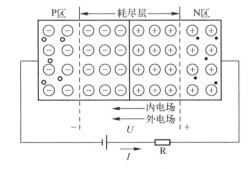

图 1-5　PN 结加反向电压时截止

总之，当 PN 结加正向电压时导通，呈低阻态，有较大的正向电流流过；当 PN 结加反向电压时截止，呈高阻态，只有很小的反向电流（纳安级）流过。PN 结的这种特性称为单向导电性。

1.1.2　认识半导体二极管

半导体二极管简称二极管，是电子线路中最常用的半导体器件，是一种非线性电子器件，由于其具有单向导电性，故广泛应用于整流、检波、限幅、开关、稳压等场合。

1．二极管的结构

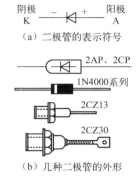

（a）二极管的表示符号

2AP、2CP

1N4000系列

2CZ13

2CZ30

（b）几种二极管的外形

图 1-6 半导体二极管

将一个 PN 结封装起来，引出两个电极，就构成半导体二极管，也称晶体二极管。其电路中的表示符号如图 1-6（a）所示，其外形如图 1-6（b）所示。

二极管按材料可分为硅二极管、锗二极管、砷化镓二极管等；按工艺结构可分为点接触型二极管、面接触型二极管和平面型二极管。点接触型二极管的 PN 结是由一根很细的金属丝和一块半导体通过瞬间大电流熔接在一起形成的，其结面积很小，故不能承受大电流和较高的反向电压，一般用于高频检波和开关电路。面接触型二极管的 PN 结采用合金法或扩散法形成，其结面积比较大，可以承受大电流。但由于结面积大，其结电容也比较大，故工作频率低，一般用在低频整流电路中。

2．二极管的伏安特性

1）正向特性

二极管的正向特性对应图 1-7 所示曲线的（1）段，此时二极管加正向电压，阳极电位高于阴极电位。当正向电压较小时（小于开启电压），二极管并不导通。硅材料二极管的开启电压约为 0.5V，锗材料二极管的开启电压约为 0.1V。

当正向电压足够大，超过开启电压后，内电场的作用被大大削弱，电流很快增加，二极管正向导通，此时硅二极管的正向导通压降为 0.6～0.8V，典型值取 0.7V；锗二极管的正向导通压降为 0.1～0.3V，典型值取 0.2V。

2）反向特性

二极管的反向特性对应图 1-7 所示曲线的（2）段，此时二极管加反向电压，阳极电位低于阴极电位。应注意到，硅二极管的反向电流要比锗二极管小得多：小功率硅二极管的反向饱和电流一般小于 0.1μA，锗二极管约为几个微安。

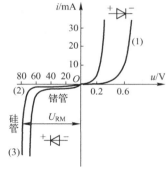

图 1-7 二极管的伏安特性

3）击穿特性

当二极管的反向电压过高，超过反向击穿电压时，二极管的反向电流急剧增加，对应图 1-7 所示曲线的（3）段。由于这一段电流大、电压高，PN 结消耗的功率很大，容易使 PN 结过热烧坏。一般二极管的反向电压在几十伏以上。

3．二极管的主要参数

电子元器件的参数是国家标准或制造厂商对生产的元器件应达到技术指标所提供的数据要求，也是合理选择和正确使用元器件的依据。实际中最主要的参数有以下 4 个。

1）最大整流电流 I_F

最大整流电流通常称为额定整流电流，是指二极管长期工作时允许通过的最大正向平均电流值。不同型号的二极管，其最大整流电流差异很大，大功率二极管在使用时还要加散热片。如果电路的实际工作电流超过了 I_F，且没有加限制，会使二极管的 PN 结因过热而损坏。

2）最高反向工作电压 U_{RM}

最高反向工作电压通常称为额定反向工作电压，是为了保证二极管不被反向击穿而规定的最高反向电压。为保证二极管安全工作，一般手册中规定最高反向工作电压为反向击穿电压的 1/3～1/2。

3）反向饱和电流 I_S

反向饱和电流又称为反向漏电流，指二极管两端加反向电压且未进入反向击穿区时流过二极管的反向电流，其值越小，则二极管的单向导电性越好。

4）最高工作频率 f_M

最高工作频率是指二极管正常工作时允许通过交流信号的最高频率。二极管的工作频率若超过 f_M，就可能失去单向导电性。一般小电流二极管的 f_M 高达几百兆赫兹，而大电流整流管的 f_M 仅为几千赫兹。

1.1.3　二极管整流电路

本项目制作的直流稳压电源电路是通过将电网 220V 的交流电由变压器降压为 12V 左右的低压交流电，再转换为直流电来实现的。其中，将大小和方向都随时间变化的交流电变换成单方向的脉动直流电的过程称为**整流**。利用二极管的单向导电性，就能组成整流电路。常见的整流电路有半波整流、全波整流、桥式整流和倍压整流，本任务主要介绍单相半波整流电路和单相桥式整流电路。

1. 单相半波整流电路

基本的单相半波整流电路由整流二极管 VD、电源变压器 TR 和负载 R_L 构成，如图 1-8（a）所示。该电路利用了二极管的单向导电性，在一个周期内，二极管只导通半个周期，负载只获得半个周期的电压，故称为半波整流。经半波整流后获得的是波动较大的脉动直流电，如图 1-8（b）所示。

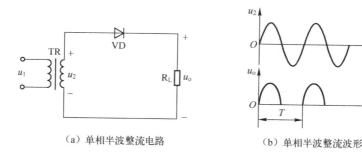

（a）单相半波整流电路　　　　　（b）单相半波整流波形

图 1-8　单相半波整流电路及整流波形

设变压器二次侧绕组的交流电压为

$$u_2 = \sqrt{2}U_2 \sin \omega t \tag{1-1}$$

式中，U_2 是输入电压的有效值。

将整流二极管 VD 视为一个理想元件，即正向导通时管压降为零，反向时电阻为无穷大。根据图 1-8（b）中 u_2 的输入波形，可知当 u_2 为正半周期时，假设变压器二次侧绕组的极性是上"+"下"-"，则 VD 因承受正向电压而导通，流过二极管的电流同时流过负载电阻，即如果忽略 VD 的管压降，负载电阻上的电压 $u_o \approx u_2$。

当 u_2 为负半周期时，变压器二次侧绕组的极性变为上"-"下"+"，VD 因承受反向电压而截止，$i_o \approx 0$，因此输出电压 $u_o \approx 0$。此时 u_2 全部电压加在二极管两端，$u_D \approx u_2$。第二个周期开始又重复上述过程。该电路中的输入和输出电压波形如图 1-8（b）所示。

负载上获得的是脉动直流电压，其大小用一个周期内脉动电压的平均值来衡量，即

$$U_O = \frac{1}{2\pi}\int_0^\pi \sqrt{2}\sin\omega t\,\mathrm{d}(\omega t) = \frac{\sqrt{2}}{\pi}U_2 = 0.45U_2 \tag{1-2}$$

负载电流的平均值为

$$I_O = \frac{0.45}{R_L}U_2 \tag{1-3}$$

整流二极管的选择原则如下。

① 二极管的整流电流要求不小于流过二极管的平均电流，即 $I_F \geqslant I_{VD}$，流过二极管的平均电流与流过负载电流的相等，故

$$I_F \geqslant I_{VD} = I_O = \frac{0.45}{R_L}U_2 \tag{1-4}$$

② 二极管所承受的最大反向工作电压 U_{RM} 等于二极管截止时两端电压的最大值，即交流电源 u_2 负半波的峰值，故要求二极管的最大反向工作电压为

$$U_{RM} \geqslant U_{DM} = \sqrt{2}U_2 \tag{1-5}$$

在实际工程中，查阅有关半导体器件手册选用二极管时，要留有裕量，使工作参数略大于计算值。

2. 单相桥式整流电路

桥式整流电路是由电源变压器、四个整流二极管 $VD_1 \sim VD_4$ 和负载电阻 R_L 组成的。四个整流二极管接成电桥形式，故称为桥式整流。如图 1-9 所示是它的三种常见画法。

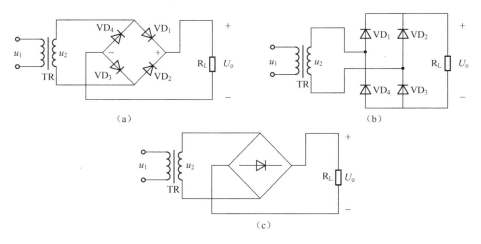

图 1-9　常见的三种桥式整流电路画法

桥式整流电路的工作原理如图 1-10 所示。在 u_2 的正半周期，VD_1、VD_3 导通，VD_2、VD_4 截止，电流由 TR 二次侧上端经 $VD_1 \rightarrow R_L \rightarrow VD_3$ 回到 TR 二次侧下端，在负载 R_L 上得到半波整流电压，如图 1-11（b）所示。

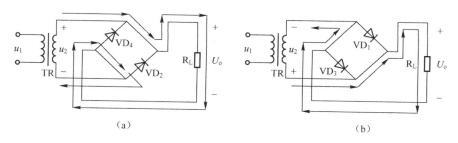

（a）　　　　　　　　　　　　　　　　　　（b）

图 1-10　桥式整流电路的工作原理

在 u_2 的负半周期，VD_1、VD_3 截止，VD_2、VD_4 导通，电流由 TR 二次侧下端经 $VD_2 \rightarrow R_L \rightarrow VD_4$ 回到 TR 二次侧上端，这样就在负载 R_L 上得到了另一半波整流电压，如图 1-11（c）所示。由此可得到整个周期的输出电压波形为单方向的脉动电压，如图 1-11（d）所示。

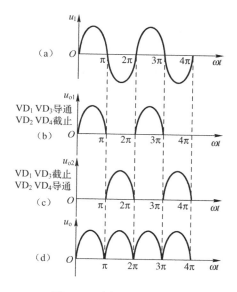

图 1-11　桥式整流波形图

在桥式整流电路中，负载的平均电压为

$$U_O = \frac{1}{2\pi} \int_0^{\pi} \sqrt{2}U_2 \sin \omega t \, \mathrm{d}(\omega t) \approx 0.9U_2 \tag{1-6}$$

负载的平均电流为

$$I_O = \frac{U_O}{R_L} = 0.9 \frac{U_2}{R_L} \tag{1-7}$$

整流二极管的选择原则如下。

① 在桥式整流电路中，四个二极管分两次轮流导通，流过每个二极管的电流为负载电

流 I_O 的一半，因此选择二极管时最大整流电流 $I_F \geqslant I_{VD}$，即

$$I_F \geqslant I_{VD} = \frac{I_O}{2} = \frac{0.45}{R_L}U_2 \qquad (1-8)$$

② 二极管截止时所承受的最大反向电压 U_{RM} 等于 u_2 的最大值，即

$$U_{RM} \geqslant U_{DM} = \sqrt{2}U_2 \qquad (1-9)$$

知识拓展：二极管的保护、限幅、钳位应用

二极管在电路中的应用很广泛，在电力电子、通信和电气等多个领域都能见到它的身影，现在简单介绍一下二极管的几种常见应用电路。

1. 二极管的保护电路应用

为了防止电源极性接反而损坏集成芯片，可以利用二极管的单向导电性进行极性保护，如图 1-12 所示。图中的 VD_1、VD_2 为保护二极管。选择 VD_1、VD_2 的原则：最大整流电流大于集成耗电电流；最高反向工作电压大于电源电压；反向电流尽量小；一般选 1N4001、1N4148、2CZ 系列均可。C_1、C_2 为高频滤波电容。

图 1-13 所示是继电器驱动电路中的二极管保护电路。继电器内部具有线圈的结构，因此它在断电时会产生电压很大的反向电动势，会击穿继电器的驱动三极管，为此要在继电器驱动电路中设置二极管保护电路，以保护继电器驱动管。该电路中的 K_1 是继电器，VD_1 是驱动管 VT_1 的保护二极管，R_1 和 C_1 构成继电器内部开关触点的消火花电路。在正常通电情况下，直流电压 V_{CC} 加到 VD_1 负极，VD_1 处于截止状态，因此二极管在电路中不起任何作用，也不影响其他电路工作。在电路断电瞬间，继电器 K_1 两端产生下正上负、幅度很大的反向电动势，这一反向电动势的正极加在二极管正极上，负极加在二极管负极上，使得二极管处于正向导通状态，反向电动势产生的电流通过内阻很小的二极管 VD_1 构成回路。二极管导通后的管压降很小，这样继电器 K_1 两端的反向电动势幅度被大大减小，从而达到保护驱动管 VT_1 的目的。

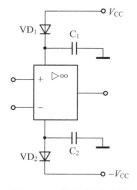

图 1-12　极性保护电路

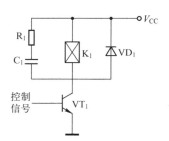

图 1-13　继电器驱动电路中的二极管保护电路

2. 二极管的钳位电路应用

将电路中的某点电位值钳制在选定的数值上而不受负载变动影响的电路称为钳位电路。

这种电路可组成二极管门电路，实现逻辑运算。如图 1-14 所示的电路只要有一条电路输入为低电平，输出即为低电平，仅当全部输入为高电平时，输出才为高电平，从而实现逻辑与运算。

钳位电路还能实现保护作用，如在工厂车间经常存在高强度的电火花造成的干扰电压，它们与有用信号叠加在一起被送到某些检测控制仪表的放大器输入端，其幅值有时达几十伏以上。如果不采取抗干扰措施，会引起仪表的误动作。在图 1-15 中，两个二极管反向并联组成了简单而有效的钳位电路，它们将干扰信号钳制在 0.7V 以内，使放大器免于被击穿，在干扰消失后对于需要接收的有用信号，其幅值只有几个毫伏，小于这两个二极管的死区电压，因此不影响放大器的正常工作。

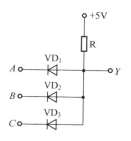

图 1-14　二极管与门电路

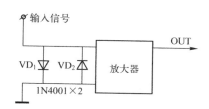

图 1-15　二极管钳位电路

3．二极管的限幅电路应用

所谓限幅电路是限制信号输出幅度的电路。它能按照限定的范围削平信号电压的波形幅度，是用来限制信号电压范围的电路，又称限幅器、削波器等。限幅电路应用得非常广泛，常用于整形、波形变换、过压保护等。

如图 1-16 所示的限幅电路中，因二极管串在输入、输出之间，故称它为串联限幅电路。图中，若二极管具有理想的开关特性，则当 u_i 低于 E 时，VD 不导通，$u_o = E$；当 u_i 高于 E 以后，VD 导通，$u_o = u_i$。当输入正弦波的振幅大于 E 时，输出电压波形如图 1-16（c）所示。可见，该电路将输出信号的下限电平限定在某一固定值 E 上，因此称这种限幅器为下限幅器。

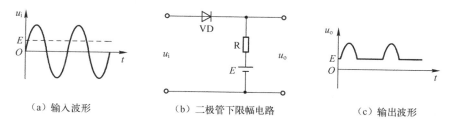

（a）输入波形　　　　　　（b）二极管下限幅电路　　　　　　（c）输出波形

图 1-16　二极管下限幅电路及输入、输出波形示意图

若将下限幅器中的二极管与电阻位置对调，则可得到将输出信号上限电平限定在某一数值上的上限幅器，如图 1-17 所示。在二极管上限幅电路中，当输入信号的电压低于某一事先设计好的上限电压时，输出电压将随输入电压变化；但当输入电压达到或超过上限电压

时，输出电压将保持为一个固定值，不再随输入电压变化，这样，信号幅度即在输出端受到限制。

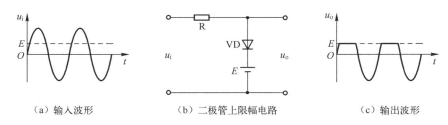

（a）输入波形　　　（b）二极管上限幅电路　　　（c）输出波形

图1-17　二极管上限幅电路及输入、输出波形示意图

将上、下限幅器组合在一起，就组成了如图1-18所示的双向限幅电路。

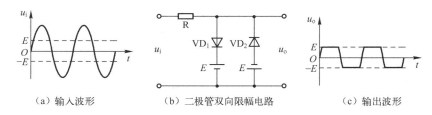

（a）输入波形　　　（b）二极管双向限幅电路　　　（c）输出波形

图1-18　二极管双向限幅电路及输入、输出波形示意图

 技能训练：半导体二极管的检测、整流电路的连接

普通二极管是由一个 PN 结构成的半导体器件，具有单向导电性。通过万用表检测其正、反电阻，可以判别出二极管的管脚，还可以推断出二极管是否损坏。本实验的重点只是识别和检测普通二极管，并学会用面包板搭接单相桥式整流电路。

1．训练目的

（1）掌握普通二极管的识别与检测方法。

（2）熟悉面包板的使用特点。

（3）能正确连接单向桥式整流电路。

2．训练器材

整流二极管 1N4007×4 及各种常见二极管、负载电阻 2.4kΩ×1、万用表、实验面包板、连接导线。

3．训练内容及步骤

1）普通二极管的检测

（1）直观识别二极管的极性

二极管的识别很简单，小功率二极管两端中有一端会有白色或黑色的一圈，这圈就代表二极管的阴极（或负极）即 N 极，如图 1-19 所示。有些二极管也用二极管专用符号标志"P"、"N"来确定二极管的极性。发光二极管的正负极可通过管脚长短来识别，长脚为正，短脚为负。

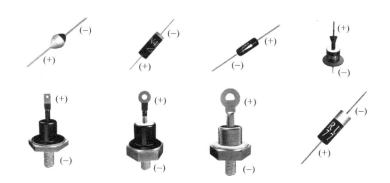

图 1-19 常见二极管极性的标识

（2）用万用表测试二极管

① 将万用表的功能开关拨到欧姆挡"R×100"或"R×1k"挡，进行"0Ω"校正，如图 1-20 所示。

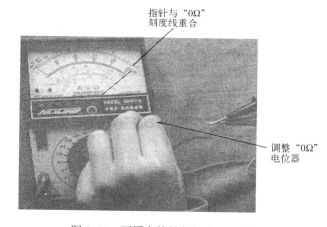

图 1-20 万用表的量程与"0Ω"校正

② 将万用表的红黑表笔搭接在二极管的两个管脚上，记下万用表的电阻值读数。注意，人体不要同时与二极管的两个管脚相接，以免影响测量结果。

③ 交换万用表的两表笔再进行测试，记下万用表的电阻值读数。以电阻值小的一次为准，黑表笔对应的电极为二极管的正极，另一个脚为负极。注意，指针式万用表表内电池的正极接于黑色表笔上；电池的负极接于红色表笔上；数字万用表则相反，如图 1-21 所示。

④ 万用表检测二极管的性能。

在如图 1-21 所示的两次操作测量中，若两次所测得的电阻值相差很大，说明二极管是好的；如果两次测量的电阻值均为零或很小，说明 PN 结已短路或被击穿；如果两次测量的电阻值均为无限大，说明 PN 结内部开路或烧坏，均不能再使用。

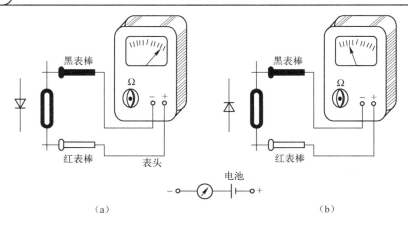

（a）　　　　　　　　　　　　　（b）

图 1-21　万用表检测二极管示意图

⑤ 操作练习。

对所用的电子元器件进行清点、识别，根据元器件外形或用万用表测试其管脚，将结果填入表 1-1 中；查阅相关晶体管手册将主要参数也摘录填入表 1-1 中。

表 1-1　二极管检测与查阅参数记录表

序号	标识符号	万用表量程	正向电阻	反向电阻	类型类别	质量判别
1						
2						
3						

2）单相整流电路的搭接

（1）认识面包板

面包板是专为电子电路的无焊接实验设计制造的。由于各种电子元器件可根据需要随意插入或拔出，节省了电路的组装时间，而且元器件可以重复使用，所以面包板非常适合电子电路的组装、调试和训练。

图 1-22 所示为 SYB—130 型面包板示意图，有 4 行 65 列，每条金属簧片上有 5 个插孔，因此插入这 5 个孔内的导线就被金属簧片连接在一起。簧片之间在电气上彼此绝缘。插孔间及簧片间的距离均与双列直插式（DIP）集成电路管脚的标准间距 2.54mm 相同，因而该面包板适用于插入各种 DIP 封装的集成电路。

图 1-22　SYB—130 型面包板示意图

面包板的外观和内部结构如图 1-23 所示，常见的最小单元面包板分为上、中、下三部分，上面和下面部分一般是由一行或两行插孔构成的窄条，中间部分是由中间一条隔离凹槽和上下各 5 行插孔构成的宽条。

窄条上下两行之间电气不连通。每 5 个插孔为一组（通常称为"孤岛"），SYB—130 型面包板上有 11 组。这 11 组"孤岛"中的左边 4 组内部电气连通，右边 4 组内部电气连通，中间 3 组内部电气连通，但左边 4 组、中间 3 组及右边 4 组之间是不连通的，这种结构通常称为 4-3-4 结构。

中间部分的宽条由中间一条隔离凹槽和上下各行的插孔构成。在同一列中的 5 个插孔是互相连通的，列和列之间及凹槽上下部分则是不连通的，如图 1-23 所示。

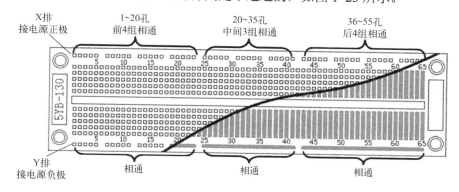

图 1-23　SYB—130 型面包板外观和内部结构示意图

做实验时，通常使用两窄一宽组成的小单元，在宽条部分搭接电路的主体部分，上面的窄条取一行做电源，下面的窄条取一行做接地。使用时注意窄条的中间部分不通。

（2）单相整流电路的搭接练习

按工艺要求在面包板上搭接电路，如图 1-24 所示，分别练习单相半波整流和桥式整流电路的搭接。要注意整流二极管的极性不要接错。

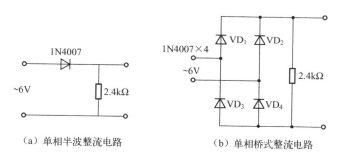

（a）单相半波整流电路　　　　（b）单相桥式整流电路

图 1-24　单相整流电路

4. 思考与讨论

（1）分析连接桥式整流电路时，如果把一个二极管接在同一列的 5 孔中，将会出现什么问题？

（2）能否不另外使用导线来完成单相桥式整流电路的连接？

任务 2 滤波电路

交流电压经整流后可获得直流电压，但是这个电压具有较大的脉动成分，在电子电路中使用整流直流电压时，通常都要采取一些措施来降低整流输出电压中的脉动成分，使这个电压更接近恒定直流电压。为此，在电路中接入电容或电感元件，利用这些元件所具有的储能作用将整流后输出电压中的脉动成分降低，使整流后的电压变得平滑，这个过程称为**滤波**。

常用的滤波电路有电容滤波电路、电感滤波电路和 RC-π 形滤波电路。

 基础知识

1.2.1 电容滤波

用电容做滤波电路时，利用电容对直流和交流会反映出不同阻抗的特性，可以把交流分量滤去，使负载两端得到脉动较小的直流电，从而达到滤波的目的。

电容 C 对于直流相当于开路，对于交流却呈现较小的阻抗（$X_C = 1/\omega C$）。若将电容 C 与负载电阻并联，则整流后的直流分量全部流过负载，而交流分量则被电容旁路，因此，在负载上只有直流成分，波形得到平滑，实现了滤波的功能。如图 1-25 所示为单相桥式整流采用电容滤波的基本电路。

1. 负载 R_L 未接入时的情况

设电容两端的初始电压为零，接入交流电源后，当 u_2 为正半周时，电流通过 VD_1、VD_3 向电容 C 充电；当 u_2 为负半周时，电流通过 VD_2、VD_4 向电容 C 充电，电容很快就充电到交流电压 u_2 的最大值 $\sqrt{2}\,U_2$，极性如图 1-25 所示。由于电容无放电回路，故输出电压（即电容 C 两端的电压 U_C）保持在 $\sqrt{2}\,U_2$，输出为一个恒定的直流，如图 1-26 中的 $\omega t < 0$（即纵坐标左边）部分所示。

2. 接入负载 R_L 的情况

设变压器二次侧电压 u_2 从 0 开始上升（即正半周开始）时接入负载 R_L，由于电容在负载未接入前充了电，故刚接入负载时 u_2 的数值小于 U_C，二极管受反向电压作用而截止，电容 C 经 R_L 放电。无论 u_2 是正半周还是负半周，电路中总有二极管导通，在一个周期内对电容 C 充电两次，电容对负载放电的时间大大缩短，输出电压更加平滑，波形如图 1-26 所示。图中的虚线为不接滤波电容时的波形，实线为滤波后的波形，在工程实际中，一般取输出电压为

$$U_O \approx 1.2U_2 \tag{1-10}$$

总之，电容滤波电路越简单，负载直流电压 U_O 较高，纹波也较小，它的缺点是输出特性较差，故适用于负载电流较小或负载变动不大的场合。

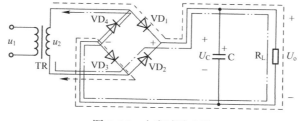

图 1-25　电容滤波电路

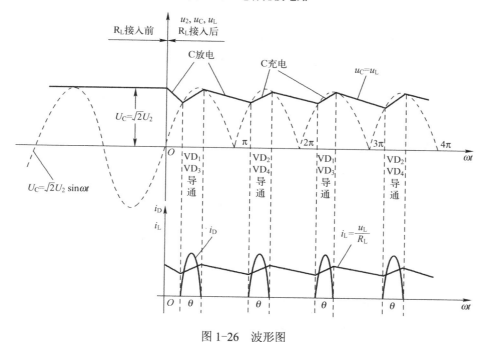

图 1-26　波形图

1.2.2　电感滤波

在桥式整流电路和负载电阻 R_L 之间串入一个电感 L，就组成了一个电感滤波电路，如图 1-27 所示。

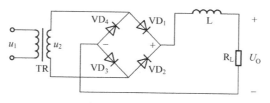

图 1-27　桥式整流电感滤波电路

电感 L 对直流的阻抗为零（线圈电阻忽略不计），对于交流却呈现出较大的阻抗（$X_L=\omega L$）。若把电感 L 与负载 R_L 串联，则整流后的直流分量几乎无衰减地传到负载，交流分量却大部分降落在电感上。负载上的交流分量很小，因此负载上的电压接近于直流，从而达到了滤波的目的。当忽略电感 L 的电阻时，负载上输出的电压平均值和纯电阻（不加电

感）负载基本相同，即

$$U_O \approx 0.9U_2 \tag{1-11}$$

电感滤波的特点是，整流管的导电角较大（电感 L 的反电势使整流管的导电角增大），峰值电流很小，输出特性比较平坦。其缺点是电感体积大，易引起电磁干扰，因此，电感滤波一般只适用于低电压、大电流场合。

1.2.3 RC-π 滤波电路

为了进一步减小负载脉动电压中的交流成分，实际中常采用由电容和电感组成的复式滤波电路。如图 1-28 所示为由电感 L、电容 C 构成的 Γ 形或 π 形滤波电路，以及由 RC 构成的π形滤波电路等，这些电路组成的原则是把对交流阻抗大的元件（如电感、电阻）与负载串联，以滤除较大的纹波电压，而把对交流阻抗小的元件（如电容）与负载并联，以滤除较大的纹波电流。其性能和应用场合分别与电感滤波电路及电容滤波电路相似。

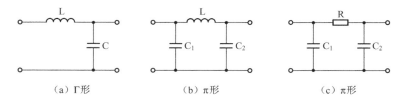

（a）Γ形   （b）π形   （c）π形

图 1-28 复式滤波电路

 技能训练：整流滤波电路测试

本实验主要研究单相桥式整流电容滤波电路的波形特点。

1．训练目的

（1）掌握使用面包板搭接单相桥式整流电容滤波电路的方法。

（2）理解单相整流滤波电路的测试。

（3）掌握用示波器观察电压波形的方法。

2．训练器材

（1）测试的仪器仪表：万用表、双踪示波器、6V/50Hz 电压源及测试电源线（实验台配备）。

（2）搭接、测试电路及配套电子元件及材料：面包板、整流二极管 1N4007×4、电阻 2.4kΩ、极性电容器 220μF。

3．训练内容及步骤

搭接测试电路如图 1-29 所示。

1）单相整流电路的输入、输出波形观测

（1）根据图 1-29（a）所示电路，在面包板上搭接各元件，组成单相桥式整流电路。要注意整流二极管、电容的正负极性不要接错。

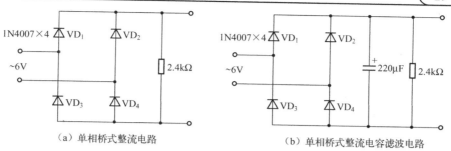

图 1-29 单相桥式整流电路及电容滤波电路

（2）将实验台上的低压交流电源（6V/50Hz）接入输入端，在输出端用示波器观察波形，并描绘在表 1-2 中。

（3）用万用表的直流电压挡测量图 1-29（a）中的直流负载电压 U_O，记在表 1-2 中，并核算 U_O 与 U_i 的比值。

表 1-2 整流滤波电路输入、输出电压及波形

电路形式	输出波形示意图	$U_O(V)$	$U_i(V)$	U_O/U_i
桥式整流电路				
桥式整流 电容滤波电路				

2）单相整流滤波电路的输入、输出波形观测

（1）在桥式整流电路的输出端接入电容 C 构成电容滤波器，见图 1-29（b），用示波器观察输出电压 U_O 的波形，并描绘在表 1-2 中。

（2）用万用表的相应挡测量图 1-29（b）中的直流负载电压 U_O，记在表 1-2 中。

4. 训练报告要求

（1）画出单相桥式整流及电容滤波电路的输出电压波形图，对比实验数据，分析实验结果。

（2）根据电路测量的 U_O 与 U_i 参数，计算电压比，进行实验测试结果与理论数据的误差分析。

5. 思考与讨论

（1）分析桥式整流电路中，如果某个二极管发生开路、短路或反接三种情况，将会出现什么问题？

（2）电容滤波电路中，如果电容反接或开路，将会出现什么情况？

6．软件仿真

1）单相桥式整流电路波形观测

（1）采用 Multisim 软件绘图时，首先设置符号标准为"DIN"形式，再单击菜单栏→选项→Global Preferences（首选项）→零件→符号标准→DIN，然后按图 1-30 连接电路。其中交流电源选用 AC_POWER，设置电压值为交流 6V，频率为 50Hz。电压表设置为直流 DC 模式。

（2）打开仿真开关，双击示波器，从示波器面板上观察输入、输出电压的波形如图 1-31 所示，并描绘在表 1-2 中。测量输入、输出电压最大值 U_{omax}=＿＿＿V，U_{imax}=＿＿＿V。

（3）读出电压表中输出电压的数值并记录，核算 U_O 与 U_i 之比值，填入表 1-2 中。

（4）尝试短路、开路或反接其中一个二极管，再观察输出电压波形。

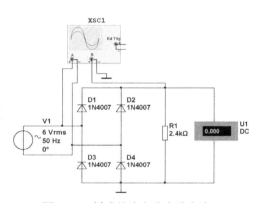

图 1-30　桥式整流电路实验电路

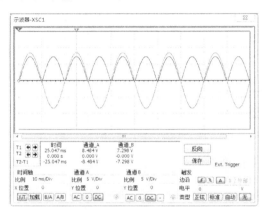

图 1-31　桥式整流电路的输入、输出波形

2）单相桥式整流滤波电路波形观测

（1）在整流电路之后、负载电阻之前增加一个电容，按图 1-32 连接电路，构成桥式整流电容滤波电路。

（2）打开仿真开关，从示波器面板上观察输入、输出电压的波形如图 1-33 所示，并描绘在表 1-2 中。测量输出电压稳定状态时的纹波电压最大值 U_{omax}=＿＿＿＿V，纹波电压最小值 U_{omin}=＿＿＿V。

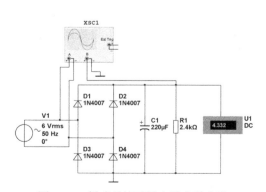

图 1-32　桥式整流滤波电路实验电路

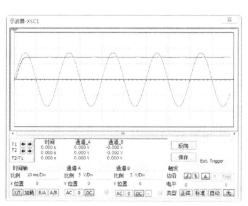

图 1-33　桥式整流滤波电路的输入、输出波形

（3）读出电压表中输出电压的数值并记录，核算 U_0 与 U_i 之比值，填入表 1-2 中。

（4）尝试短路、开路或反接其中一个二极管，再观察输出电压波形。

任务 3　稳 压 电 路

整流滤波后得到的直流输出电压往往会随电网的波动及负载的变化而变化，为了获得稳定的直流输出电压，必须加一级稳压电路，稳压电路具有自动维持输出电压稳定的功能。

稳压电路之所以能够自动稳压，关键是在电路中有一个自动可调的调整元件。当输出电压升高时，调整元件会自动调整使输出电压降低；当输出电压降低时，调整元件又会自动调整使输出电压升高，从而使输出电压达到基本稳定。按照调整元件在电路中与负载的连接方式，稳压电路分为并联型和串联型。本节先介绍比较简单的并联型硅稳压管稳压电路。

 基础知识

1.3.1　稳压二极管

二极管加一定的反向电压击穿后，反向电流在很大范围内变化，而管子两端的电压基本保持不变，这一特性称为 PN 结的稳压特性。根据这个稳压特性制成的稳压管工作在反向击穿区，并且在一定电流范围内（ΔI_Z）稳压管不会损坏。由于稳压管的击穿是齐纳击穿，故稳压管也称为齐纳二极管，其表示符号与伏安特性如图 1-34 所示。

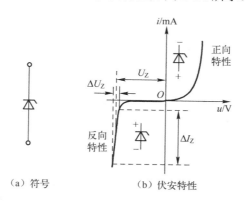

（a）符号　　　　　（b）伏安特性

图 1-34　稳压管的符号及伏安特性

稳压管的主要参数如下。

（1）稳定电压 U_Z：稳压管正常工作时的反向击穿电压。

（2）稳定电流 I_Z：稳压管工作在稳定电压时的参考电流。

（3）最大稳定电流 I_{Zmax}：稳压管反向工作时的最大稳定电流。

（4）最大允许耗散功率 P_{ZM}：稳压管的 PN 结不至于由于结温过高而损坏的最大功率。

（5）动态电阻：在稳压工作区域内电压的变化量与电流变化量的比值。

（6）电压温度系数：反映稳压管稳定电压受温度影响的参数。

1.3.2 并联型稳压电路

由硅稳压管组成的稳压电路如图 1-35 所示，由于负载和稳压管并联，所以又称为**并联型稳压电路**。稳压管在实际工作时要和电阻相配合使用，如图中的 R，其作用为限流，可以将稳压管的稳定电流限制在一定范围内，另外也起到电压的调节作用。

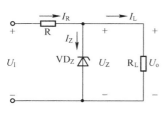

图 1-35 稳压管稳压电路

当负载电阻 R_L 和输入电压 U_I 一定时，若电网电压上升引起 U_I 增大，输出电压 U_O 随之升高，由图 1-35 可以看出，稳压管两端电压的微小增量会引起电流 I_Z 的急剧增加，而电流 $I_R=I_Z+I_L$ 也将增大，使限流电阻 R 上的压降增大，抵消了 U_O 的升高，即输入电压的增加量基本上落在电阻 R 上，使得输出电压基本保持不变。在输入电压 U_I 不变的前提下，当负载电阻 R_L 减小时，电流 I_L 将增大，$I_R=I_Z+I_L$ 增大，U_R 增大，输出电压 U_O 将下降，电流 I_Z 将下降很多，使得 I_R 基本不变，因此输出电压也基本保持不变。

从以上分析可知，稳压管稳压电路能稳定输出电压，是稳压二极管和限流电阻在起着决定作用，因此选择合适的限流电阻及与之配合的稳压管，是保证电路输出能稳定电压的关键。

电阻 R 是根据稳压管的电流不超过正常工作范围来选择的。设稳压管工作电流的允许范围是 $I_{Zmin} \sim I_{Zmax}$。由于电网电压波动，输入电压的变化范围是 $U_{Imin} \sim U_{Imax}$，负载电流的变化范围是 $I_{Lmin} \sim I_{Lmax}$，由图 1-35 所示的电路可知，稳压管的电流 $I_Z = \dfrac{U_I - U_Z}{R} - I_L$，因此 R 的取值应满足：

$$\frac{U_{Imax} - U_Z}{I_{Zmax} + I_{Lmin}} \leqslant R \leqslant \frac{U_{Imin} - U_Z}{I_{Zmin} + I_{Lmax}} \tag{1-12}$$

 知识拓展：串联型稳压电路

用稳压二极管构成的并联型稳压电路的输出电流较小，输出电压也不可调，如图 1-36（a）所示。为了扩大稳压管稳压电路的输出电流，可利用晶体管的电流放大作用，将稳压管稳压电路的输出接到三极管的基极，从发射极输出，如图 1-36（b）所示，电路中的三极管 VT 起调整作用，可使输出电压 U_O 稳定，因此也称为**调整管**。由于调整管与负载相串联，故称这类电路为**串联型稳压电路**。同时，因为调整管工作在线性放大区，故称这类电路为**线性稳压电路**。串联型稳压电路的常见画法如图 1-36（c）所示。

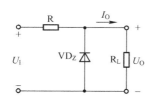

（a）并联型稳压电路

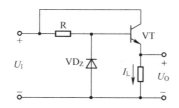

（b）扩大负载电流的串联型稳压电路

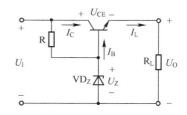

（c）基本串联型稳压电路的常见画法

图 1-36 基本调整管稳压电路

当负载不变，输入电压变化时，稳压过程分析如下：

$$U_I\uparrow\to U_O\uparrow\xrightarrow{U_{BE}=U_Z-U_O}U_{BE}\downarrow\to I_B\downarrow\to I_C\downarrow\to U_{CE}\uparrow\xrightarrow{U_O=U_I-U_{CE}}U_O\downarrow$$，从而达到稳压作用。

此外，基本串联型稳压电路存在两个主要缺点：一是输出电压因 U_{BE} 而变，稳定性较差；二是输出电压不可调，因此可以在电路中引入带电压负反馈的放大环节来改进电路。

改进电路如图 1-37（a）所示，由调整管、基准电压电路、取样电路和比较放大电路组成。其中比较放大电路部分可以用运算放大器或晶体管来实现，如图 1-37（b）、（c）所示。

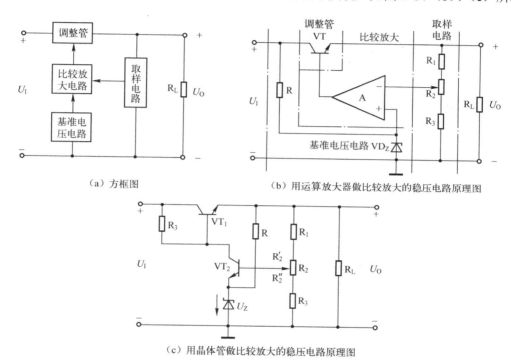

（a）方框图　　　　　（b）用运算放大器做比较放大的稳压电路原理图

（c）用晶体管做比较放大的稳压电路原理图

图 1-37　具有放大环节的串联型稳压电路

串联型稳压电路的调整管的作用相当于一个与负载串联的可变电阻。当输出的直流电压 U_O 因某种因素影响而升高时，通过取样电路取出其变化值，此变化值经过比较放大电路而形成一个控制电压，去控制调整管这个可变电阻，使其电阻增大，即其上的压降增大，从而可使输出电压下降，仍回到 U_O；当输出电压 U_O 减小时，按照上述同样的过程，但变化的极性相反，使这个可变电阻的阻值变小，其上的压降减小，使输出电压 U_O 回升，这样就起到了稳定电压的作用。

可调输出的串联型稳压电路的输出电压 U_O 由基准电压 U_Z 和取样电路共同决定。

由图 1-37（b）可得：

$$U_O = \frac{R_1+R_2+R_3}{R_2''+R_3}U_Z \tag{1-13}$$

由图 1-37（c）可得：

$$U_O = \frac{R_1+R_2+R_3}{R_2''+R_3}(U_Z+U_{BE2}) \tag{1-14}$$

当滑动端滑到最下端时，U_O 最大，则有

$$U_O = \frac{R_1 + R_2 + R_3}{R_3} U_Z \qquad (1\text{-}15)$$

当滑动端滑到最上端时，U_O 最小，则有

$$U_O = \frac{R_1 + R_2 + R_3}{R_2 + R_3} U_Z \qquad (1\text{-}16)$$

在这种串联型稳压电路中，还可以采用多种措施，使其性能大为提高。例如，采用差分放大器作为比较放大器，以抑制零点漂移，提高稳压电源的温度稳定性；采用辅助电源构成基准电压源电路，提高电源的稳定系数；采用限流保护电路防止调整管因电流过大或电压过高超过管耗而损坏；采用复合三极管作为调整管，以扩大输出电流范围等。

 技能训练：稳压电路的测试

1．训练目的

（1）掌握用万用表检测发光二极管的管脚和质量的方法。
（2）掌握用万用表检测稳压二极管的管脚和质量的方法。
（3）熟悉并联型稳压电路的检测及调整方法。

2．训练器材

（1）测试的仪器仪表：万用表、双踪示波器、模拟电子实验台。
（2）配套电子元件及材料：面包板、发光二级管、整流二极管 1N4007×4、稳压二极管 1N4732、限流电阻 200Ω×2、负载电阻 100Ω×2、电解电容 470μF。

3．训练内容及步骤

1）发光二极管的检测

发光二极管简称 LED，其图形符号及实物示意图见图 1-38。发光二极管是多种多样的：从光色上分有发红、绿、黄等多种颜色可见光的及发红外光的；从形状上分有圆柱形、方形及各种特殊形状的。发光二极管一般用作各种显示指示等。

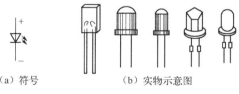

（a）符号　　　　　（b）实物示意图
图 1-38　发光二极管符号及实物示意图

（1）直观识别发光二极管的极性

发光二极管的正负极可以通过管脚的长短来判断，管脚长的是正极，管脚短的是负极。

（2）用万用表测试发光二极管

用万用表检测发光二极管时，必须使用"R×10k"挡。因为发光二极管的管压降为 2V，而万表处于"R×1k"挡及其以下各电阻挡时，表内电池仅为 1.5V，低于管压降，因此无论正、反向接入，发光二极管都不可能导通，也就无法检测。使用"R×10k"挡时表内接有 9V

高压电池，高于管压降，因此可以用来检测发光二极管。

检测时，将两表笔分别与发光二极管的两条引线相连接，如果表针偏转过半（一般正向电阻为 15kΩ 左右），同时发光二极管中有一发亮光点，表示发光二极管是正向接入的，这时与黑表笔（与表内电池正极相连）相连接的是正极；与红表笔（与表内电池负极相连）相连接的是负极，如图 1-39（a）所示。再将两表笔对调后与发光二极管相连接，这时为反向接入，表针应不动，反向电阻无穷大，如图 1-39（b）所示。如果不论正向接入还是反向接入，表针都偏转到头或都不动，则表明该发光二极管已损坏。

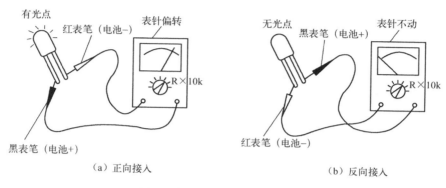

图 1-39　发光二级管的检测方法

2）稳压二极管的判别

稳压二极管也称齐纳二极管或反向击穿二极管，在电路中起稳定电压作用。它是利用二极管被反向击穿后，在一定反向电流范围内反向电压不随反向电流变化这一特点进行稳压的。

（1）直观识别稳压二极管的极性

从外形上看，金属封装稳压二极管管体的正极一端为平面形，负极一端为半圆面形。塑封稳压二极管管体上印有彩色标记的一端为负极，另一端为正极。

（2）用万用表判别稳压二极管的极性

稳压二极管极性判别的方法与普通二极管相同，即使用万用表的"R×1k"挡，将两表笔分别接稳压二极管的两个电极，测出一个结果后，再对调两表笔进行测量。在两次测量结果中，阻值较小的那一次，黑表笔接的是稳压二极管的正极，红表笔接的是稳压二极管的负极。

若测得稳压二极管的正、反向电阻均很小或均为无穷大，则说明该二极管已击穿或开路损坏。

（3）稳压二极管与普通二极管的区分

常用稳压二极管的外形与普通小功率整流二极管的外形基本相似。当其壳体上的型号标记清楚时，可根据型号加以鉴别。当其型号标志脱落时，可使用万用表的电阻挡很准确地将稳压二极管与普通整流二极管区分开来。具体方法如下。

首先利用万用表的"R×1k"挡，按前述方法把被测管的正、负电极判断出来。然后将万用表拨至"R×10k"挡上，黑表笔接被测管的负极，红表笔接被测管的正极，若此时测得的反向电阻值比用"R×1k"挡测量的反向电阻小很多，说明被测管为稳压管；反之，如果测得的反向电阻值仍很大，说明该管为整流二极管或检波二极管。

这种判别方法的原理是：万用表"R×1k"挡内部使用的电池电压为 3V，一般不会将被测管反向击穿，使得测得的电阻值比较大；而用"R×10k"挡测量时，万用表内部电池的电压一般都在 9V 以上，当被测管为稳压管，且稳压值低于电池电压值时，即被反向击穿，使得测得的电阻值大为减小。但如果被测管是一般整流或检波二极管，则无论用"R×1k"挡测量还是用"R×10k"挡测量，所得阻值将不会相差很悬殊。注意，当被测稳压二极管的稳压值高于万用表"R×10k"挡的电压值时，用这种方法是无法进行区分鉴别的。

3）并联型稳压电路搭接及测试

设计参考稳压电路如图 1-40 所示，交流电源 U_2 选择 10～12V 输出，其中 $R_1=200\Omega$ 为稳压管 VZ 的限流电阻。$R_2=200\Omega$ 是发光二极管 VD 的限流电阻，发光二极管支路为稳压电源的工作指示电路。

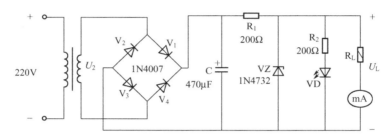

图 1-40   并联型稳压电路原理图

（1）观察桥式整流后的波形，判断整流电路是否正常工作：在滤波电容 C 前断开，用示波器观察并记录整流后的波形 V_1，用万用表测量直流输出电压 V_1，记入表 1-3 中。

（2）然后将线路接通至滤波电容 C 上，断开限流电阻 R_1，接 1kΩ 负载，观察并记录滤波后的波形 V_2，示波器选择交流耦合，选择合适的 Y 轴增益水平，观察并测量纹波电压峰峰值 V_{pp1}，用万用表测量直流输出电压 V_2，记入表 1-3 中。

（3）接通限流电阻 R_1 及稳压管，观察电阻负载 $R_L=1k\Omega$ 上的波形 V_3，并和 V_2 比较波形在示波器 Y 方向的位置高低，再换到交流耦合挡，选择合适的 Y 轴增益水平，观察并测量纹波电压峰峰值 V_{pp2}，用万用表测量负载输出电压有效值 U_O。

表 1-3   并联型稳压电路测试记录表

电路形式	直流输出电压	纹波电压峰峰值	电 压 波 形
整流后	$V_1=$	——	V_1 波形图
滤波后	$V_2=$	$V_{pp1}=$	V_2 波形图

续表

电路形式	直流输出电压	纹波电压峰峰值	电压波形
稳压电路	$U_0=$	$V_{pp2}=$	

注意：① 每次改接电路时，必须切断工频电源。

② 在观察输出电压波形的过程中，"Y 轴灵敏度"旋钮位置调好以后，不要再变动，否则将无法比较各波形的脉动情况。

4．思考与讨论

（1）限流电阻 R_1、R_2 能否去掉，为什么？

（2）如果将稳压二极管正向接入电路，会发生什么情况？

任务 4 线性集成稳压电路

随着半导体工艺的发展，稳压电路也制成了集成器件，因为集成稳压电路具有体积小、质量轻、可靠性高、使用方便等一系列优点，因而得到了广泛应用，它已逐渐取代由分立元件组成的稳压电路。

集成稳压器是稳压电路的核心。根据对输入电压变换过程的不同，集成稳压器可划分为线性集成稳压器和开关集成稳压器；根据输出电压可调性可分为固定式稳压器和可调式稳压器；按管脚数量划分又可分为三端式和多端式。本节仅介绍三端线性集成稳压器及其应用电路。

 基础知识

1.4.1 三端固定式集成稳压器

1．7800、7900 系列集成稳压器的型号、外形及管脚排列

电子产品中常见到的三端稳压集成电路有正电压输出的 78×× 系列和负电压输出的 79×× 系列。输出正电压系列（78××）的集成稳压器，其电压有 5V、6V、9V、12V、15V、18V、24V 七种。例如，7805、7806、7809 等，其中字头 78 表示输出电压为正值，后面的数字表示输出电压的稳压值。

输出负电压系列（79××）的集成稳压器，其电压同样分为-5～-24V 七个挡。例如，7905、7906、7912 等，其型号规格如图 1-41 所示。

图 1-41 三端固定稳压器型号的意义

表 1-4   7800、7900 系列三端稳压器的字母与输出电流值对应表

L	M	无字	T	H	P
0.1A	0.5A	1.5A	3A	5A	10A

例如，78M05 三端稳压器可输出 0.5A、+5V 的稳定电压；7912 三端稳压器可输出 1.5A、-12V 的稳定电压。一般超过 1.5A 的大电流应使用散热片，放置电流过大会导致发热损毁集成芯片。三端固定稳压器的封装形式有金属外壳封装和塑料封装，其外形如图 1-42 所示。

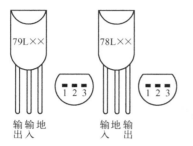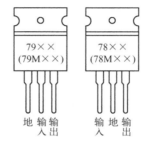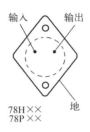

（a）塑料截圆式TO-92封装　　　　（b）塑料直插式TO-220封装　　　　（c）金属外壳TO-3封装

图 1-42   三端固定式集成稳压器外形

不同公司生产的三端集成稳压器的管脚排列可能有所不同，在使用时必须要注意。

2. 三端稳压器的内部电路结构

图 1-43 所示是 CW7800 系列集成稳压器的内部电路组成框图。由图可见，其内部组成与串联型稳压电路一样，只是增加了启动电路、过热过流保护电路和电流源电路而已。

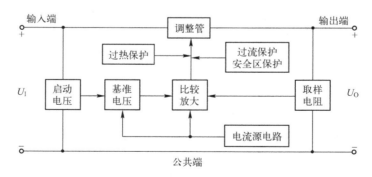

图 1-43   CW7800 系列集成稳压器的内部电路组成框图

启动电路是集成稳压器中的一个特殊环节，它的作用是在加入输入电压后，帮助稳压器快速建立输出电压。采用电流源电路辅助构成基准电压源电路，用以提高电源的稳定系数。保护电路主要用来保护调整管。当输出过流或短路时，过流保护电路动作，以限制整流管电流的增加；当输入、输出压差较大（一般为 3V 左右）时，保护电路也会自动降低整流管的电流，以限制调整管的功耗，使之处于安全工作区内。过热保护电路是集成稳压器独特的保

护措施，当芯片温度上升到最大允许值时，保护电路才工作，迫使输出电流减小，芯片功耗随之减小，从而可避免稳压器因过热而损坏。

3．三端稳压器的应用电路

1）基本应用电路

固定三端稳压器的常见应用电路如图 1-44 所示。为了保证稳压性能，使用三端稳压器时，输入电压与输出电压的差值至少应在 2V 以上，但也不能太大，太大会增大器件本身的功耗以至于损坏器件。在输入端与公共端之间接了 0.33μF 左右的电容 C_i，可以防止自激振荡。在输出端与公共端之间接了 0.1μF 左右的电容 C_o，可以消除高频噪声。还可在输入端和输出端反向接一个二极管，这样在输出电压高于输入电压时使 C_o 不通过稳压器放电，从而起到保护作用。

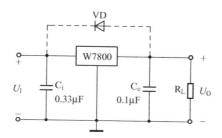

图 1-44　7800 系列三端稳压器基本应用电路

2）输出正、负电压的电路

若把 7800 系列和 7900 系列相配合，可得到正、负输出的稳压电路，如图 1-45 所示。图中采用 7805 和 7905 组成了具有+5V 和-5V 输出的稳压电路。

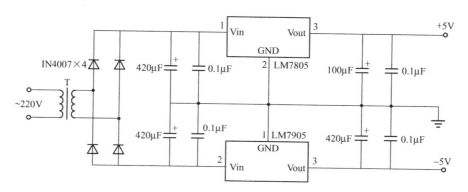

图 1-45　输出±5V 的稳压电路

3）扩大输出电流电路

为使负载电流大于三端稳压器的输出电流，可采用射极输出器进行电流放大，如图 1-46 所示。在稳压器的公共端接了一个二极管，其作用是消除 U_{BE} 对 U_O 的影响。如果三端稳压器的输出电压为 U'_O，则电路的输出电压 $U_O=U'_O+U_D-U_{BE}$，若 $U_{BE}=U_D$，则 $U_O=U'_O$。此时负载上的输出电流为

$$I_L = (1+\beta)(I_0 - I_R) \tag{1-13}$$

一般 I_R 的值很小，所以有 $I_L \approx (1+\beta)I_0$，相当于负载电流比稳压器的输出电流扩大了$(1+\beta)$倍，β 为三极管的电流放大系数。

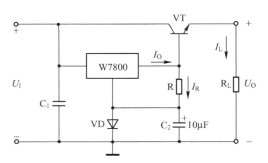

图 1-46　扩大输出电流电路

4）扩大输出电压电路

固定式三端稳压器的输出电压的最大值为 24V，若要高于此值，可采用如图 1-47 所示的电路。图 1-47（a）为电阻分压电路，设稳压器的输出电压为 U'_O，则电路的输出电压为

$$U_O = \left(1 + \frac{R_2}{R_1}\right) \cdot U'_O + I_W R_2 \tag{1-17}$$

式中，I_W 的大小为几毫安与三端稳压器的参数有关，且随负载及输入电压的变化而变化，进而影响了输出电压的稳定性。因此，实际电路中常用电压跟随器将稳压器与取样电阻隔离，如图 1-47（b）所示，图中的运放 A 起到了隔离作用。

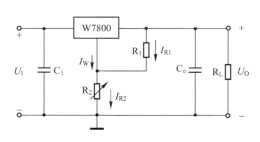

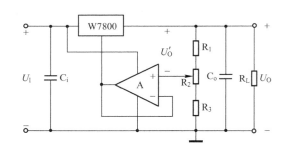

（a）电阻分压式可调稳压电路　　　　　　　　　（b）运放调压式可调稳压电路

图 1-47　扩大输出电压的可调式稳压电路

设电路中的基准电压为 U'_O，则电路的输出电压

$$\frac{R_1 + R_2 + R_3}{R_1 + R_2} \cdot U'_O \leqslant U_O \leqslant \frac{R_1 + R_2 + R_3}{R_1} \cdot U'_O \tag{1-18}$$

从以上分析可知，该电路既提高了输出电压，又达到了输出电压可调的目的；通过调节电位器 R_2 就可调整输出电压。

但在调整 R_2 的同时也改变了加在集成稳压器 1 端和 3 端之间的输入电压，为保证稳压器能正常稳压，电阻 R_2 应满足条件：

$$0 \leqslant R_2 \leqslant \frac{U_I - (U'_O + 3)}{(U'_O / R_1) + I_W}$$

(1-19)

由此可见，调节电阻的选择也是受限制的，否则电路就达不到稳压的目的。

1.4.2 三端可调稳压器

1. 三端可调式集成稳压器的型号、外形及管脚排列

三端可调式集成稳压器的输出电压可调，稳压精度高，输出纹波小，只需外接两个不同的电阻，即可获得各种输出电压。它可分为三端可调正电压与负电压稳压器，产品分类见表 1-5。

表 1-5 三端可调式集成稳压器分类

类型	产品系列或型号	最大输出电流 I_{OM}/A	输出电压 U_O/V
正电压输出	LM117L/217L/317L	0.1	1.2～37
	LM117M/217M/317M	0.5	1.2～37
	LM117/217/317	1.5	1.2～37
	LM150/250/350	3	1.2～33
	LM138/238/338	5	1.2～32
	LM196/396	10	1.25～15
负电压输出	LM137L/237L/337L	0.1	-1.2～-37
	LM137M/237M/337M	0.5	-1.2～-37
	LM137/237/337	1.5	-1.2～-37

三端可调式集成稳压器的管脚排列如图 1-48 所示，除输入、输出端外，另一端称为调整端。

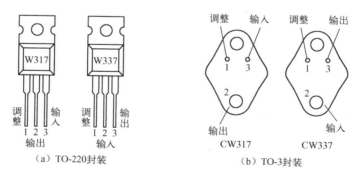

（a）TO-220封装　　（b）TO-3封装

图 1-48 三端可调式集成稳压器的管脚排列图

2. LM317集成稳压器的应用电路

LM317 是美国国家半导体公司的三端可调正稳压器集成电路，其输出电压范围是 1.2～37V，负载电流最大为 1.5A。它的使用非常简单，仅需两个外接电阻来设置输出电压。此

外，它的线性调整率和负载调整率也比标准的固定稳压器好。LM317 内置有过载保护、安全区保护等多种保护电路。通常 LM317 不需要外接电容，除非输入滤波电容到 LM317 输入端的连线超过 6 英寸（约 15 厘米）。使用输出电容能改变瞬态响应。调整端使用滤波电容能得到比标准三端稳压器高得多的纹波抑制比。LM317 有许多特殊的用法，如把调整端悬浮到一个较高的电压上，可以用来调节高达数百伏的电压，只要输入输出压差不超过 LM317 的极限就行，当然，还要避免输出端短路；还可以把调整端接到一个可编程电压上，实现可编程的电源输出。

图 1-49 是 LM317 的典型应用电路，其中 VD_1 用于防止输入短路时，输出滤波电容 C_3 上存储的电荷产生的放电电流损坏稳压器；VD_2 用于防止输出短路时，C_2 通过调整端放电而损坏稳压器。R_1、R_2 构成取样电路，调节 R_2 可以调节输出电压的大小。在实际使用时，集成稳压器内部电路要求流过 R_1 的电流为 $5\sim10\text{mA}$，因此 R_1 一般取 240Ω。VD_1、VD_2 是保护二极管，可选用开关二极管 1N4148。

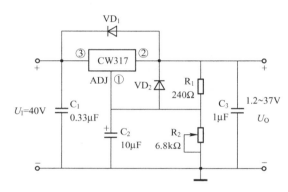

图 1-49   三端可调式集成稳压器的基本应用电路

LM317 的输出端与调整端之间的电压 U_{EF} 固定在 1.2V 之间。调整端（ADJ）的电流很小且十分稳定（$50\mu\text{A}$），因此输出电压为

$$U_{O} = 1.2\left(1 + \frac{R_2}{R_1}\right) \tag{1-20}$$

LM317 要求输入电压范围为 $28\sim40\text{V}$，本例中输出电压最大为 37V，因此要求输入电压为 40V，即输入与输出电压差应大于等于 3V。

🔌 知识拓展：开关型稳压电路

随着全球对能源问题的重视，电子产品的耗能问题将越来越突出，如何降低其待机功耗，提高供电效率成为一个急待解决的问题。传统的线性稳压电源虽然电路结构简单、工作可靠，但它存在效率低（只有 $40\%\sim50\%$）、体积大、工作温度高及调整范围小等缺点，有时还要配备庞大的散热装置。为了克服上述缺点，人们研制出了开关式稳压电源，它的效率可达 85%以上，稳压范围宽。除此之外，它还具有稳压精度高、不使用电源变压器等特点，是一种较理想的稳压电源。因此，开关式稳压电源已广泛应用于各种电子设备中，如现在计算机的 ATX 电源、笔记本电脑的电源适配器、打印机电源、手机充电器等。

开关电源的分类如下。

1. 根据开关管在电路中的连接方式分类

根据开关管在电路中的连接方式分类，开关稳压电源可分为串联型开关稳压电源、并联型开关稳压电源和脉动变压器耦合式开关电源。如图 1-50 所示为四种类型的开关电源电路。

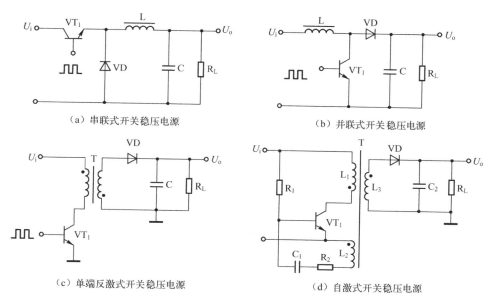

（a）串联式开关稳压电源 　（b）并联式开关稳压电源

（c）单端反激式开关稳压电源 　（d）自激式开关稳压电源

图 1-50 四种类型的开关电源电路

（1）串联型开关稳压电源是指开关管（或储能电感）与负载采用串接方式连接的一种电源电路，如图 1-50（a）所示。

（2）并联型开关稳压电源是指开关管（或储能电感）与负载采用并接方式连接的一种电源电路，如图 1-50（b）所示。

（3）脉冲变压器耦合型开关稳压电源是指开关管与脉冲变压器一次侧绕组串联后与整流电路并联，负载电路与脉冲变压器二次绕组并联，如图 1-50（c）和（d）所示。

2. 根据开关管的激励方式不同分类

根据开关管的激励方式不同分类，开关电源可分为他激式开关稳压电源和自激式开关稳压电源。

（1）他激式开关稳压电源专门设有一个振荡器来启动电源，如图 1-50（c）所示。所谓他激，是指当开关管 VT_1 导通时，整流管 VD_1 处于截止状态，在二次侧负载中无电压、电流；当开关管 VT_1 截止时，整流管 VD_1 处于导通状态，此时二次侧绕组的电压、电流通过 VD_1 整流管和电容 C 向负载输出。

（2）自激式开关稳压电源是利用电源电路中的正反馈电路来完成自激振荡、启动电源的，如图 1-50（d）所示。

3．根据使用的器件种类不同分类

根据使用的器件种类不同分类，开关稳压电源可分为由分立元器件组成的开关稳压电源和由集成电路组成的开关稳压电源。

4．根据稳压控制方式不同分类

根据稳压控制方式不同分类，开关稳压电源分为脉冲调宽式和脉冲调频式两种。

（1）所谓脉冲调宽式（PWM）开关稳压电源是指由相关电路对开关的脉冲宽度进行调制的一种稳压电路。

（2）所谓脉冲调频式（PFM）开关稳压电源是指由相关电路对开关的脉冲频率进行调制的一种稳压电路。

以上这些方式的组合可构成多种方式的开关型稳压电源。因此，设计者需根据各种方式的特征进行有效组合，以制作出满足需要的高质量开关型稳压电源。目前用得较多的是脉冲宽度控制、自激式并联型开关电源。

开关式稳压电源的组成框图如图 1-51 所示，它主要由交流 220V 整流滤波电路、开关振荡电路、脉冲整流滤波电路、取样和稳压控制电路等组成。

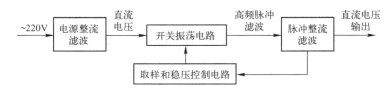

图 1-51　开关式稳压电源的组成框图

电源整流滤波电路将交流 220V 电压变为 300V 左右的直流电压。开关振荡电路包括开关调整管、开关变压器、正反馈电路等。它把整流滤波电路送来的直流电压变换为高频脉冲电压。脉冲整流滤波电路把高频脉冲电压整流为直流电压，为负载供电，同时送取样和稳压控制电路。取样和稳压控制电路包括取样电路、基准电压产生电路、比较放大电路、脉宽（或频率）调整电路等。它将取样电压和基准电压进行比较，得到误差电压并进行放大，用放大后的误差电压去控制开关振荡管（即开关调整管）的导通和截止时间，以改变高频脉冲的频率或脉冲宽度，从而使输出的直流电压稳定。

任务 5　电源指示电路

电子装置的电源指示电路通常是当电路通电或正常工作时用于指示电路在常亮状态。一般采用发光二极管（LED）来设计电源指示电路，这是因为与小白炽灯泡和氖灯相比，发光二极管具有工作电压很低（有的仅一点几伏）、工作电流很小（有的仅零点几毫安即可发光）、抗冲击和抗震性能好、可靠性高、寿命长等特点。它还可以通过调制通过的电流强弱来方便地调制发光的强弱。由于有这些特点，发光二极管在一些光电控制设备中用作光源，在许多电子设备中用作指示灯或信号显示器。

基础知识

1.5.1　认识发光二极管

发光二极管（Light Emitting Diode，LED）是一种半导体组件，它不仅具有一般 PN 结的单向导电性，而且在一定条件下还具有发光特性。

发光二极管的核心部分是由 P 型半导体和 N 型半导体组成的晶片。在 P 型半导体和 N 型半导体之间有一个过渡层，称为 PN 结。在某些半导体材料的 PN 结中，注入的少数载流子与多数载流子复合时会把多余的能量以光的形式释放出来，从而把电能直接转换为光能。当 PN 结加反向电压时，少数载流子难以注入，因此不发光。这种利用注入式电致发光原理制作的二极管就叫作发光二极管，通称 LED。当 LED 处于正向工作状态时（即两端加上正向电压），电流从 LED 的阳极流向阴极，半导体晶体就发出从紫外到红外不同颜色的光线，光的强弱与电流有关。

LED 分类如下。

1．按发光管发光颜色分

按发光管发光颜色分，可分成红色 LED、橙色 LED、绿色 LED、蓝光 LED 等。制作发光二极管时，使用的材料不同，就可以发出不同颜色的光，如砷化镓（GaAs）二极管发红光，磷化镓（GaP）二极管发绿光，碳化硅（SiC）二极管发黄光，氮化镓（GaN）二极管发蓝光等。另外，有的发光二极管中包含两种或三种颜色的芯片。根据发光二极管出光处掺或不掺散射剂、有色还是无色，上述各种颜色的发光二极管还可分成有色透明、无色透明、有色散射和无色散射四种类型。散射型发光二极管适合作为指示灯使用。

2．按发光管出光面特征分

按发光管出光面特征分，可分成圆形灯、方形灯、矩形灯、面发光管、侧向管、表面安装用微型管等，如图 1-52 所示。圆形灯按直径分为 ϕ3mm、ϕ5mm、ϕ8mm、ϕ10mm 及 ϕ20mm 等。

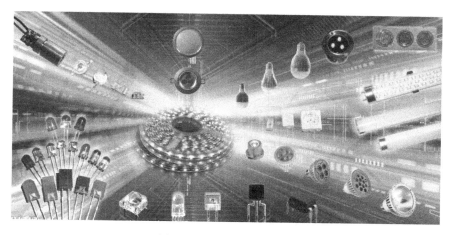

图 1-52　LED 产品展示图

3. 按发光二极管的结构分

按发光二极管的结构分，有全环氧包封装、金属底座环氧封装、陶瓷底座环氧封装及玻璃封装等结构。

4. 按发光强度和工作电流分

按发光强度和工作电流分，有普通亮度的 LED（发光强度为 10mcd）、高亮度的 LED。一般 LED 的工作电流在十几 mA 至几十 mA，而低电流 LED 的工作电流在 2mA 以下（亮度与普通发光二极管相同）；把发光强度在 10～100mcd 间的叫高亮度发光二极管。LED 初时多用作指示灯、显示发光二极管板等；随着高亮 LED 的出现，尤其是照明白光 LED 的研发，它也被广泛用于节能照明、广告宣传、LED 屏幕及科研领域等。

除上述分类方法外，还有按芯片材料及按功能分类的方法。

1.5.2 常见的 LED 电源指示灯电路

本节主要介绍 LED 作为指示灯的常见应用。

1. 交流电源指示灯

交流电源指示灯如图 1-53（a）、（b）所示。图 1-53（a）中将电阻 R、二极管 VD 和发光二极管 LED 串联，只要连接 220V/50Hz 的交流供电线路，LED 就会被点亮，作为工作指示灯。R 起限流作用，阻值为 220V/I_F。VD 除了起到反向电压保护 LED 的作用外，还能减小指示灯电路的功耗，当然在实际电路中也可以省去。VD 必须选用最高反向工作电压大于交流工作电压 220V 的管子，如 1N4007。

此外，也可将 VD 与 LED 并联，如图 1-53（b）所示，此时 VD 两端的反向电压只有 1.7V 左右，可选用 1N4148 或 1N4001 等低压二极管。

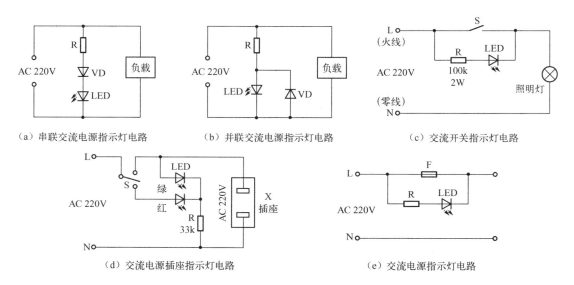

（a）串联交流电源指示灯电路　　　　（b）并联交流电源指示灯电路　　　　（c）交流开关指示灯电路

（d）交流电源插座指示灯电路　　　　　　　（e）交流电源指示灯电路

图 1-53　LED 作为指示灯的常见应用电路

2．交流开关指示灯

用 LED 作照明灯的开关指示灯的电路如图 1-53（c）所示，当开关断开、灯泡熄灭时，电流经 R、LED 和灯泡形成回路，LED 亮，方便人们在黑暗中找到开关，此时由于回路中的电流很小，灯泡是不会亮的。当接通开关时，灯泡被点亮，LED 则熄灭。

3．交流电源插座指示灯

用双色（共阴极）LED 作交流电源插座指示灯的电路如图 1-53（d）所示。插座的供电由开关 S 控制。当红光 LED 亮时，插座无电；当绿光 LED 亮时，插座有电。

4．保险管座指示灯

LED 用作工厂设备配电箱保险管座指示灯的电路如图 1-53（e）所示。当保险管完好时，LED 不亮；当保险管熔断时，LED 会被点亮，以指示用户哪一个熔断器已被烧断，以便更换。这对于用肉眼无法观察好坏的瓷芯式熔断器来说是非常方便的。

5．直流电源指示灯

用 LED 作直流电源指示灯的电路如图 1-54 所示。其中，图 1-54（a）所示为电池供电电路的指示电路，图中的限流电阻 $R=(E-V_F)/I_F$。

图 1-54（b）所示为直流稳压电源的指示灯电路，由电源降压变压器、桥式整流器和以三端稳压器 IC_1 为核心的稳压电路组成，当产生稳定的直流输出时，LED 被点亮。图中的 R_1 为限流电阻。

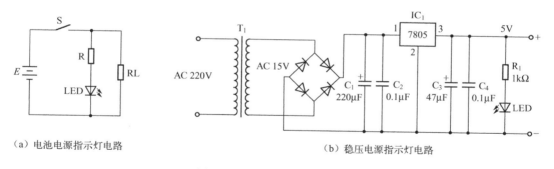

（a）电池电源指示灯电路　　　　　　　　　（b）稳压电源指示灯电路

图 1-54 　直流电源指示灯电路

 知识拓展：特殊二极管

1．光电二极管

光电二极管（也叫光敏二极管）是将光信号变成电信号的半导体器件，与光敏电阻相比，它具有灵敏度高、高频性能好、可靠性好、体积小、使用方便等优点。它的核心部分也是一个 PN 结。和普通二极管相比，在结构上不同的是，为了便于接受入射光照，在光电二极管的管壳上有一个能射入光线的窗口，窗口上镶着玻璃透镜，光线可通过透镜照射到管芯，而且 PN 结面积尽量做得大一些，电极面积尽量小一些，PN 结的结深很浅，一般小于 1μm，这主要是为了提高光的转换效率。

2. 红外对管

将发光二极管和光电二极管或光电三极管组合起来形成红外对管。红外对管是红外线发射管与红外线接收管配合在一起使用时的总称。

在光谱中波长自 0.76μm 至 400μm 的一段称为红外线，红外线是不可见光线。所有高于热力学零度（−273.15℃）的物质都可以产生红外线，现代物理学称之为热射线。红外线发射管的外形和发光二极管差不多。在 LED 封装行业中主要有三个常用的红外光波段，如 850nm、875nm、940nm。根据波长的特性运用的产品也有很大的差异，如 850nm 主要用于红外线控制设备，875nm 主要用于医疗设备，940nm 主要用于红外控制设备，如红外遥控器、光电开关、光电计数设备等。

红外线接收管属于光敏二极管，不受可见光的干扰，只对红外线有反应。接收管在接收和不接受红外线时电阻发生明显变化，利用外围电路可以实时输出产生明显高低电平的变化，高低电平的变化输入单片机就可以被识别，从而实现智能控制。红外线接收管有两种，一种是光电二极管，另一种是光电三极管。光电二极管将光信号转化为电信号，其中红外发射管一般是透明的，红外接收管是黑色的，如图 1-55 所示。红外对管的两个管脚一长一短，长脚是（阳极）正极，短脚是（阴极）负极，和普通二极管相同；光电三极管在将光信号转化为电信号的同时，也把电流放大了。

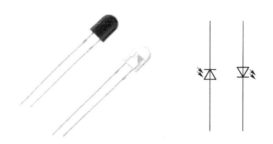

图 1-55　红外发射管与红外接收管的外形及符号

红外对管的发射与接收的方式有两种，一是直射式，二是反射式。直射式指发射管和接收管相对安放在发射与受控物的两端，中间相距一定距离，如图 1-56（a）所示；反射式指发射管和接收管并列在一起，平时接收管始终无光照，只在发光管发出的红外光遇到反射物时，接收管收到反射回来的红外线才工作，如图 1-56（b）所示。

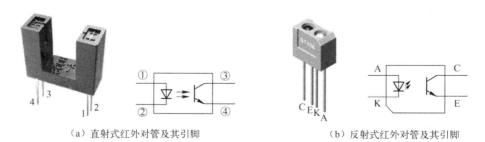

（a）直射式红外对管及其引脚　　　　　　　　（b）反射式红外对管及其引脚

图 1-56　红外对管外形示意图

3．检波二极管

检波和整流的原理相同，整流的目的只是为了得到直流电，而检波则是从高频调幅波中取出信号成分的过程。因检波是对高频波整流，二极管的结电容一定要小，所以应选用点接触二极管。检波二极管的主要参数是最高工作频率、最大反向工作电压。

4．快速二极管

快速二极管的工作原理与普通二极管相同，但普通二极管工作在开关状态下的反向恢复时间较长，为 4～5s，不能适应高频开关电路的要求。快速二极管主要应用于高频整流电路、高频开关电源、高频阻容吸收电路、逆变电路等，其反向恢复时间可达 10ns。

快速二极管主要包括肖特基二极管和快恢复二极管。肖特基二极管是以金属与半导体接触形成的势垒层为基础制成的二极管，其主要特点是正向导通压降小（约 0.45V），反向恢复时间短（10～40ns）和开关损耗小。肖特基二极管应用在高频低压电路中是比较理想的，其符号如图 1-57 所示。

目前，快速恢复二极管主要应用在逆变电源中作整流元件，或用于高频电路中的限幅、钳位等。

图 1-57　肖特基二极管与变容二极管的符号

5．变容二极管

变容二极管是利用外加反向电压改变二极管结电容容量的特殊二极管，与普通二极管相比，其结电容变化范围较大。通常反向偏压越小，结电容越大；反向偏压越大，结电容越小。由于改变反向电压的大小可以改变结电容容量的大小，所以变容二极管常用于自动频率控制、扫描振荡、调频和调谐等电路。

项目实施：双路输出直流稳压电源的设计、制作与调试

一、设计任务要求

该直流稳压电源的输出电压为±5V（或±9V），输出电流为 200～500mA。

二、电路仿真设计与调试

1．电路设计

直流电源电路一般由电源变压器、整流电路、滤波电路及稳压电路组成，其基本电路框图如项目引导所示。因为输出电压是系列标称值，故可选用三端固定稳压器。整流滤波电路优先考虑全波桥式整流和电容滤波电路，设计电路也如项目引导所示。

2．利用 Multisim 仿真软件绘制出直流电源仿真电路

采用 Multisim 软件绘图时，首先设置符号标准为"DIN"形式，然后单击菜单栏→选项→Global Preferences（首选项）→零件→符号标准→DIN，再按图 1-58 连接仿真电路。

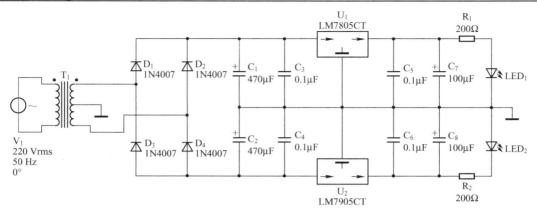

图 1-58　输出±5V 的直流电源仿真电路

3．输出电压、电流测试

运行仿真，将"仪器"工具栏里的测量探针（如图 1-59 所示）放置到三端稳压器 7805 与 7905 的输出端测量输出电压电流，并记录参数。

测量探针

图 1-59　Multisim 软件中的"仪器"工具栏

三、元件与材料清单

直流稳压电源电路元器件明细表如表 1-6 所示。

表 1-6　直流稳压电源电路元器件明细表

元件名称	元件序号	元件注释	封装形式	数量
变压器	T_1	220V/9(12)V	TRF_5	1
整流二极管	D_1, D_2, D_3, D_4	1N4007	DIODE-0.4	4
瓷片电容	C_3, C_4, C_5, C_6	0.1μF	RAD-0.2	4
电解电容	C_1, C_2	470μF/50V	CAPR5-4X5	2
	C_7, C_8	100μF/25V	CAPR5-4X5	2
三端稳压器	U_1	7805	TO-220AB	1
	U_2	7905	TO-220AB	1
电阻	R_1, R_2	200	AXIAL-0.4	2
发光二极管	LED_1, LED_2	LED1	LED-1	2

四、PCB 的设计

输出±5V 的直流电源电路 PCB 设计图如图 1-60 所示。

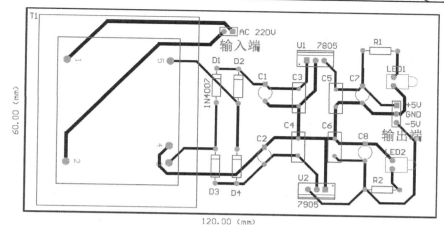

图 1-60 输出±5V 的直流电源电路 PCB 设计图

五、电路装配与调试

（1）在电路板上按照电路图要求组装焊接电路。在焊接之前应该用万用表对所有二极管等元器件进行检查。

（2）焊接二极管时最好使用 45W 以下的电烙铁，并用镊子夹住引线根部，以免烫坏管芯。二极管的引线弯曲处应大于外壳端面 5mm，以免引线折断或外壳破裂。在安装时，二极管元件应尽量避免靠近发热元件。注意检查二极管的极性是否接反，否则会损坏变压器。

（3）滤波的电解电容在焊接时要注意极性，不能接反。

（4）若稳压器散热不良，其承受的输出功率就会降低，稳压器的使用寿命就会缩短。稳压器是否加散热板，取决于稳压器最大承受功率（$P_{omax}=I_{omax}U$）和负载最大消耗功率。需要附加散热器时，应按要求加装散热器并使之良好接触。注意，散热器要放在电路板边沿。若负载最大消耗功率小于稳压器最大承受功率的 1/2 时，可以不加散热板，利用其自带的散热片即可。

（5）检查元器件焊接无误后，用万用表的"R×10"挡测试电源输出正、负极之间的电阻值，应该有几十至几百欧姆（不能为 0）。

（6）将变压器的电源插头插入 220V 的交流电源插座，电路板上的发光二极管点亮，表明电源接通，有输出电压。

（7）指标测试。

① 将万用表的直流电压挡接在电源输出端上，分别测试正电压和负电压的输出是否正确，测试负电压时注意要交换红黑表笔测量电压负值。

② 测试稳压器输入、输出端的电压差是否大于 3V。

③ 纹波电压的测量：将稳压电源的输出通过电容器接至交流毫伏表，读出交流毫伏表的指示值，即为输出电压中的纹波电压有效值。

 项目考核

项目任务考核要求及评分标准如表 1-7 所示。

表 1-7　项目考核表

项目 1　直流稳压电源的设计、制作与调试							
班级			姓名		学号		组别	
项目	配分	考核要求		评分标准		扣分	得分
电路分析	20	能正确分析电路的工作原理		分析错误，扣 5 分/处			
元件清点	10	10min 内完成所有元器件的清点、检测及调换		① 超出规定时间更换元件，扣 2 分/个 ② 检测数据不正确，扣 2 分/处			
组装焊接	20	① 工具使用正确，焊点规范 ② 元件的位置、连线正确 ③ 布线符合工艺要求		① 整形、安装或焊点不规范，扣 1 分/处 ② 损坏元器件，扣 2 分/个 ③ 错装、漏装元器件，扣 2 分/个 ④ 布线不规范，扣 1 分/处			
通电测试	20	直流输出电压约为 ±5V（或 ±9V）		① 直流无输出或输出偏差太大，扣 5 分 ② 不能正确使用测量仪器，扣 5 分/次			
故障分析检修	20	① 能正确观察出故障现象 ② 能正确分析故障原因，判断故障范围 ③ 检修思路清晰、方法得当 ④ 检修结果正确		① 故障现象观察错误，扣 2 分/次 ② 故障原因分析错误，或故障范围判断过大，扣 2 分/次 ③ 检修思路不清，方法不当，扣 2 分/次；仪表使用错误，扣 2 分/次 ④ 检修结果错误，扣 2 分/次			
安全、文明工作	10	① 安全用电，无人为损坏仪器、元件和设备 ② 操作习惯良好，能保持环境整洁，小组团结协作 ③ 不迟到、早退、旷课		① 发生安全事故，或人为损坏设备、元器件，扣 10 分 ② 现场不整洁、工作不文明，团队不协作，扣 5 分 ③ 不遵守考勤制度，每次扣 2～5 分			
合计							

项目拓展：集成可调式稳压电源

一、设计任务要求

该直流稳压电源的输出电压要求在 1.5～15V 连续可调，输出电流为 200～300mA。

二、电路设计及调试

根据设计要求可选用集成稳压器件 LM317 制成的直流稳压电源，该电源的输出电压为 1.25～37V 连续可调，输出最大电流可达 1.5A。但本电路只要求其输出电压为 1.5～15V 连续可调，输出电流为 200～300mA，由于集成稳压器输入与输出电压差要求大于等于 2～3V，故电源变压器使用 5W、220V/18V 即可。

设计原理详见 1.4.2 节的内容，设计电路如图 1-61 所示。图中的 R_1 与 LED_1 构成工作指示电路，当电源线插上市电插座后，若变压、整流、滤波、稳压正常工作，发光二级管 LED_1 发光。R_1 为 LED_1 的限流电阻。

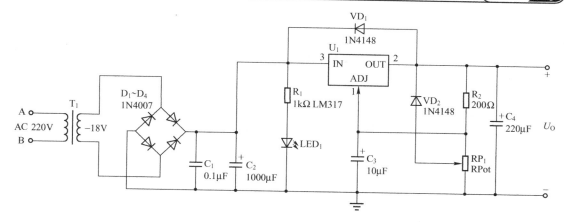

图 1-61 可调式直流稳压电源电路原理图

自行用仿真软件按图搭接电路，并运行仿真测试输出电压，验证设计结果。

三、元件与材料清单

可调式稳压电源元器件明细表如表 1-8 所示。

表 1-8 可调式稳压电源元器件明细表

元 件 名 称	元 件 序 号	元 件 注 释	封 装 形 式	数 量
变压器	T_1	220V/18V/5W	TRANS	1
整流二极管	D_1, D_2, D_3, D_4	1N4007	DIODE-0.4	4
开关二极管	VD_1, VD_2	1N4148	DIODE-0.4	2
瓷片电容	C_1	0.01μF/50V	RAD-0.2	1
电解电容	C_2	1000μF/50V	CAPR5-4X5	1
	C_3	10μF/50V	CAPR5-4X5	1
	C_4	220μF/50V	CAPR5-4X5	1
可调三端稳压器	U_1	LM317	TO-220AB	1
电位器	RP_1	4.7kΩ	HDR1×3	1
电阻	R_1	1kΩ	AXIAL-0.4	1
	R_2	240	AXIAL-0.4	1
发光二极管	LED_1	LED1	LED-1	1

四、电路装配与调试

（1）用万用表对所有二极管等元器件进行检查。在电路板上按照电路图要求组装焊接电路。

（2）制作时，LM317 外配散热器使用。注意，散热器要放在电路板边沿，可调电位器也要安装在方便调节的位置。焊接时，应使 R_2、C_2、C_3 尽可能靠近 LM317 的管脚。

（3）二极管及电解电容在焊接时要注意极性，不能接反。

（4）检查元器件焊接无误后，用万用表的"R×10"挡测试电源输出正、负极之间的电阻值，应该有几十至几百欧姆（不能为 0）。

（5）将变压器的电源插头插入 220V 的交流电源插座，电路板上的发光二极管点亮，表明电源接通，有输出电压。

（6）指标测试。

① 将万用表的直流电压挡接在电源输出端上，调节电位器，测试电压的输出范围是否正确。

② 测试稳压器输入、输出端的电压差是否大于 3V。

③ 纹波电压的测量：将稳压电源的输出通过电容器接至交流毫伏表，读出交流毫伏表的指示值，即为输出电压中的纹波电压有效值。

 项目习题

1.1   选择题

（1）P 型半导体中的多数载流子是（   ），N 型半导体中的多数载流子是（   ）。

　　　A．电子　　　　　　B．空穴　　　　　　　C．正离子　　　　　　　D．负离子

（2）杂质半导体中少数载流子的浓度（   ）本征半导体中载流子浓度。

　　　A．高于　　　　　　B．等于　　　　　　　C．低于

（3）在本征半导体中加入（   ）元素可形成 N 型半导体，加入（   ）元素可形成 P 型半导体。

　　　A．五价　　　　　　B．四价　　　　　　　C．三价

（4）PN 结加正向电压时，空间电荷区将（   ）。

　　　A．变窄　　　　　　B．基本不变　　　　　C．变宽

（5）常温下，当温度升高时，杂质半导体中（   ）的浓度明显增加。

　　　A．载流子　　　　　B．多数载流子　　　　C．少数载流子

（6）硅二极管的正向导通压降比锗二极管（   ），反向饱和电流比锗二极管（   ）。

　　　A．大　　　　　　　B．小　　　　　　　　C．相等

（7）温度升高时，二极管在正向电流不变情况下的正向电压将（   ），反向饱和电流将（   ）。

　　　A．增大　　　　　　B．减小　　　　　　　C．不变

（8）桥式整流电容滤波电路的输入交流电压有效值为 10V，用万用表测得直流输出电压为 9V，则说明电路中（   ）。

　　　A．滤波电容开路　　　　　　　　　　B．滤波电容短路
　　　C．负载开路　　　　　　　　　　　　D．负载短路

（9）稳压管正常稳压工作时，其工作在（   ）区。

　　　A．正向导通　　　　B．反向截止　　　　　C．反向击穿

（10）稳压二极管稳压时，其工作在（   ），发光二极管发光时，其工作在（   ）。

　　　A．正向导通区　　　B．反向截止区　　　　C．反向击穿区

（11）下列型号是线性正电源可调输出集成稳压器的是（   ）。

　　　A．CW7812　　　　B．CW7905　　　　　C．LM317　　　　　　D．LM137

1.2 填空题

（1）PN 结的反向击穿又叫_____击穿，分为_____击穿和_____击穿。

（2）PN 结在_____时导通，_____时截止，这种特性称为 PN 结的_____性。

（3）用指针式万用表的欧姆挡测量有极性电容和半导体器件时，黑表笔接的是万用表的内部电池的_____极，而红表笔接的是_____极。

（4）二极管的主要特性是具有_____。Si 二极管的死区电压约为_____ V，Ge 二极管的死区电压约为_____ V；Si 二极管导通时的管压降约为_____ V，Ge 二极管导通时的管压降约为_____ V。

（5）图 1-62 所示电路中的二极管均为理想器件，如果都以 O 点为参考点，则 VD_1 工作在_____状态，V_A 为_____ V；VD_2 工作在_____状态，V_B 为_____ V；VD_3 工作在_____状态，VD_4 工作在_____状态，V_C 为_____ V。

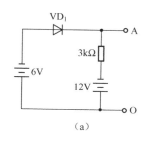 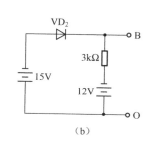 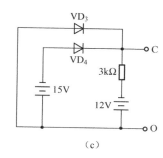

图 1-62 题 1.2（5）图

（6）直流稳压电源一般由_____、_____、_____和_____组成。

（7）发光二极管能将_____信号转变为_____信号，它工作时需加偏置电压_____。

1.3 如图 1-63 所示，求出下列几种情况下的输出电压 U_o。（设二极管为理想器件）。

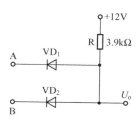

图 1-63 题 1.3 图

（1）$U_A = U_B = 0$；

（2）$U_A = 3V$、$U_B = 0$；

（3）$U_A = U_B = 3V$。

1.4 在图 1-64 所示的各限幅电路中，设二极管为理想器件，试画出输出电压波形。

1.5 已知稳压管的稳定电压 $V_Z = 6V$，稳定电流的最小值 $I_{Zmin} = 5mA$，最大功耗 $P_{ZM} = 150mW$。试求图 1-65 所示电路中电阻 R 的取值范围。

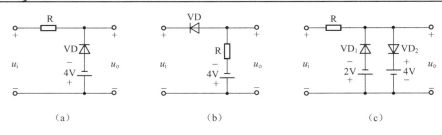

图 1-64   题 1.4 图

1.6   在图 1-66 所示电路中，问发光二极管是否会发光？为什么？

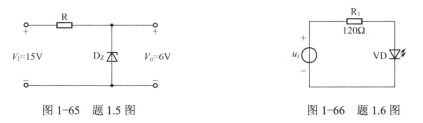

图 1-65   题 1.5 图   图 1-66   题 1.6 图

项目2
电子生日蜡烛控制电路

 项目概述

无论在工农业生产，还是日常生活中，经常需要将微弱的非电信号转换成较大的电信号，以推动设备进行工作。例如，声音通过话筒转换成的信号电压往往在几十毫伏以下，不可能使扬声器发出足够音量的声音；而从天线接收到的无线电信号电压更小，只有微伏数量级。因此，信号放大电路是电路系统中最基本的电路，应用十分广泛。

控制电路在实际应用中非常普遍，本项目选择制作一款简易的电子生日蜡烛控制电路，该电路主要依靠三极管的放大、开关作用实现电路功能。

项目引导

项目名称	电子生日蜡烛控制电路的设计、制作与调试		建议学时	24 学时
项目说明	教学目的	1. 半导体三极管的结构、图形符号、特性曲线、主要参数及三极管的工作原理 2. 半导体三极管的型号命名方法、管脚识别方法 3. 放大电路的基本概念、一般组成、性能指标和工作原理 4. 多级放大器的级间耦合方式、性能特点及放大电路的频率特性 5. 电路仿真软件 Multisim 的熟练使用，仿真电路的连接与调试 6. 电路装配与调试；仪器仪表的使用方法 7. 电路常见故障排查		
	项目要求	1. 工作任务：电子生日蜡烛控制电路的设计、制作与调试 2. 电路功能：当用火给热敏器件加热后，点亮 LED，并使得音乐 IC 演奏乐曲 当嘴对着 MIC 吹气时，LED 断电熄灭，音乐 IC 也断电，停止播放音乐		

续表

项目说明	参考电路	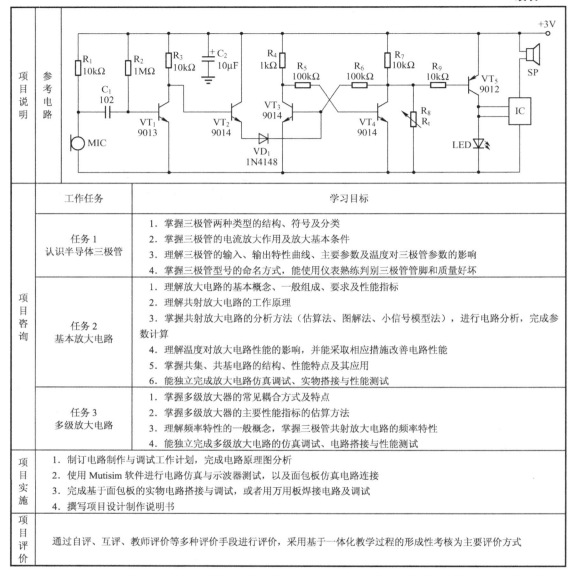

	工作任务	学习目标
项目咨询	任务1 认识半导体三极管	1. 掌握三极管两种类型的结构、符号及分类 2. 掌握三极管的电流放大作用及放大基本条件 3. 理解三极管的输入、输出特性曲线、主要参数及温度对三极管参数的影响 4. 掌握三极管型号的命名方式，能使用仪表熟练判别三极管管脚和质量好坏
	任务2 基本放大电路	1. 理解放大电路的基本概念、一般组成、要求及性能指标 2. 理解共射放大电路的工作原理 3. 掌握共射放大电路的分析方法（估算法、图解法、小信号模型法），进行电路分析，完成参数计算 4. 理解温度对放大电路性能的影响，并能采取相应措施改善电路性能 5. 掌握共集、共基电路的结构、性能特点及其应用 6. 能独立完成放大电路仿真调试、实物搭接与性能测试
	任务3 多级放大电路	1. 掌握多级放大器的常见耦合方式及特点 2. 掌握多级放大器的主要性能指标的估算方法 3. 理解频率特性的一般概念，掌握三极管共射放大电路的频率特性 4. 能独立完成多级放大电路的仿真调试、电路搭接与性能测试

项目实施	1. 制订电路制作与调试工作计划，完成电路原理图分析 2. 使用 Mutisim 软件进行电路仿真与示波器测试，以及面包板仿真电路连接 3. 完成基于面包板的实物电路搭接与调试，或者用万用板焊接电路及调试 4. 撰写项目设计制作说明书
项目评价	通过自评、互评、教师评价等多种评价手段进行评价，采用基于一体化教学过程的形成性考核为主要评价方式

任务 1　认识半导体三极管

 **基础知识**

2.1.1　三极管的结构与类型

半导体三极管通常指双极型三极管，又称晶体三极管，简称三极管（或晶体管），是电子电路中最常用的半导体器件之一，是组成各种电子电路的核心器件，在电路中主要起放大和电子开关作用。

1．三极管的结构和符号

三极管的结构示意图如图 2-1（a）所示，它是由三层不同性质的半导体组合而成的。按半导体的组合方式不同，可将其分为 NPN 型管和 PNP 型管。

无论是 NPN 型管还是 PNP 型管，它们内部均含有三个区，即发射区、基区、集电区。这三个区的作用分别是：发射区用来发射载流子，基区用来控制载流子的传输，集电区用来收集载流子。从三个区各引出一个金属电极，分别称为发射极（e）、基极（b）和集电极（c）；同时在三个区的两个交界处分别形成两个 PN 结，发射区与基区之间形成的 PN 结称为发射结，集电区与基区之间形成的 PN 结称为集电结。三极管的电路符号如图 2-1（b）所示，符号中的箭头方向表示发射结正向偏置时的电流方向。

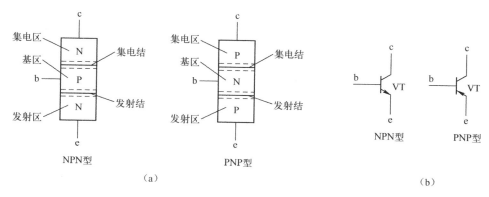

（a）   （b）

图 2-1 三极管的结构示意图与电路符号

由于三极管三个区的作用不同，所以在制作三极管时，每个区的掺杂及面积均不同。其内部结构特点是：

（1）发射区的掺杂浓度高；

（2）基区做得很薄，且掺杂浓度低；

（3）集电结面积大于发射结面积。

以上特点是三极管实现放大作用的内部条件。

2．三极管的类型

三极管的种类很多，常见的有下列 5 种分类形式：

（1）按其结构类型分为 NPN 型管和 PNP 型管；

（2）按其制作材料分为硅管和锗管；

（3）按其工作频率分为高频管和低频管；

（4）按其功率大小分为大功率管、中功率管和小功率管；

（5）按其工作状态分为放大管和开关管。

3．三极管的外形结构

常见三极管的外形结构如图 2-2 所示。

图 2-2　常见三极管的外形结构

2.1.2　三极管的电流分配与放大原理

1. 三极管放大的条件

三极管实现放大作用的外部条件是发射结正向偏置，集电结反向偏置。图 2-3（a）是为 NPN 型管提供偏置的电路，U_{BB} 通过 R_b 给发射结提供正向偏置电压（$U_B > U_E$），使之形成发射极电流 I_E 和基极电流 I_B；U_{CC} 通过 R_c 给集电结提供反向偏置电压（$U_C > U_B$），使之形成集电极电流 I_C。这样，三个电极之间的电压关系为 $U_C > U_B > U_E$，实现了发射结的正向偏置，集电结的反向偏置。图 2-3（b）为 PNP 型管的偏置电路，和 NPN 型管的偏置电路相比，电源极性正好相反。同理，为保证三极管实现放大作用，则必须满足 $U_C < U_B < U_E$。

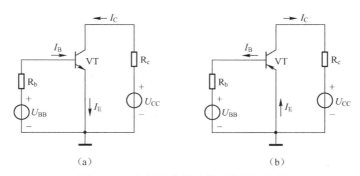

（a）　　　　　　　　　　　　　（b）

图 2-3　三极管具有放大作用的外部条件

2. 三极管的电流放大原理

三极管各极的电流分配关系可用图 2-4 所示的电路进行测试。

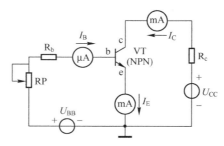

图 2-4　电流分配关系测试电路

1）测试数据

调节图中的电位器 R_P，由电流表可测得相应的 I_B、I_C、I_E 的数据如表 2-1 所示。

表 2-1 I_B、I_C、I_E 的测试数据

I_B/mA	-0.001	0	0.01	0.02	0.01	0.04	0.05
I_C/mA	0.001	0.10	1.01	2.02	3.04	4.06	5.06
I_E/mA	0	0.10	1.02	2.04	3.07	4.10	5.11

2）数据分析

（1）I_E、I_C、I_B 间的关系。由表 2-1 中的每一列都可得到：

$$I_E = I_B + I_C \tag{2-1}$$

此结果满足基尔霍夫电流定律，即流进管子的电流等于流出管子的电流。

（2）I_C、I_B 间的关系。从表 2-1 中的第三列、第四列数据可知：

$$\frac{I_C}{I_B} = \frac{1.01}{0.01} = \frac{2.02}{0.02} = 101$$

这就是三极管的电流放大作用。

上式中的 I_C 与 I_B 的比值表示其直流放大性能，表达式如下式所示：

$$\bar{\beta} = \frac{I_C}{I_B} \tag{2-2}$$

我们通常将其称作共射极直流电流放大系数。由式（2-2）可得：

$$I_C = \bar{\beta} I_B \tag{2-3}$$

将式（2-3）代入式（2-1），可得

$$I_E = (1+\bar{\beta})I_B \tag{2-4}$$

此即 I_E、I_B 间的电流变化关系。用表 2-1 中第四列的电流减去第三列对应的电流，即

$$\Delta I_B = 0.02 - 0.01 = 0.01(\text{mA})$$
$$\Delta I_C = 2.02 - 1.01 = 1.01(\text{mA})$$
$$\frac{\Delta I_C}{\Delta I_B} = \frac{1.01}{0.01} = 101$$

可以看出集电极电流的变化要比基极电流的变化大得多，这表示三极管具有交流放大性能，用 β 表示，即

$$\beta = \frac{\Delta I_C}{\Delta I_B} \tag{2-5}$$

我们通常将 β 称作共射极交流电流放大系数。由上述数据分析可知 $\beta \approx \bar{\beta}$，为了表示方便，以后不加区分，统一用 β 表示。

（3）从表 2-1 可知，当 $I_E=0$，即发射极开路时，$I_C=-I_B$。这是因为集电结加反偏电压，引起少子的定向运动，形成一个由集电区流向基区的电流，称之为反向饱和电流，用

I_{CBO} 表示（注意，表 2-1 中 I_B 的第一格为负值是因为规定 I_B 的正方向是流进基极的）。

（4）从表 2-1 可知，当 $I_B=0$，即基极开路时，$I_C=I_E\neq0$，此电流称为集电极－发射极的穿透电流，用 I_{CEO} 表示。

三极管的电流分配关系可用图 2-5 表示。

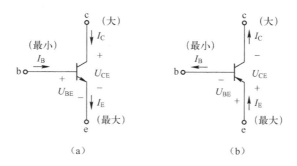

（a）   （b）

图 2-5　三极管的电流分配关系

2.1.3　三极管的伏安特性及主要参数

1. 三极管的伏安特性曲线

三极管的各个电极上电压和电流之间的关系曲线称为三极管的伏安特性曲线或特性曲线。常用的是输入特性曲线和输出特性曲线。三极管在电路中的连接方式（组态）不同，其特性曲线也不同。

用 NPN 型管组成的共射特性曲线测试电路如图 2-6 所示。

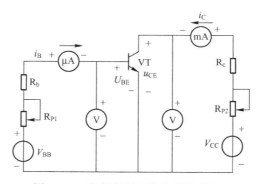

图 2-6　三极管共射特性曲线测试电路

1）输入特性曲线

三极管的输入特性曲线如图 2-7 所示（图中以 NPN 型硅管 3DG4 为例），该曲线是指当集电极与发射极之间的电压 u_{CE} 一定时，输入回路中的基极电流 i_B 与基-射电压 u_{BE} 之间的关系曲线，用函数式可表示为

$$i_B = f(u_{BE})\big|_{u_{CE}=常数}$$

由图 2-7 可见：

（1）当 $u_{CE}=0$ 时，c 极与 b 极相连，相当于两个二极管并联，输入特性曲线与二极管伏

安特性曲线的正向特性相似；

（2）当 $u_{CE}=1V$ 时，曲线右移；

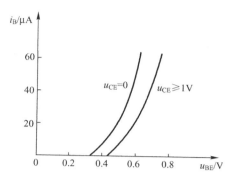

图 2-7 共射输入特性曲线

（3）当 $u_{CE}>1V$ 时，曲线与 $u_{CE}=1V$ 时的曲线近乎重合，实际中通常就用 $u_{CE}=1V$ 这条曲线来代表；

（4）三极管放大状态的依据为硅管 $|U_{BE}|\approx0.7V$，锗管 $|U_{BE}|\approx0.2V$。

2）输出特性曲线

输出特性曲线是指当 i_B 一定时，输出回路中的 i_C 与 u_{CE} 之间的关系曲线，用函数式可表示为

$$i_C = f(u_{CE})|_{i_B=常数}$$

测试时，依据图 2-6 所示电路，先调节 R_{P1} 使 i_B 为某一值固定不变，再调节 R_{P2}，得到与之对应的 u_{CE} 和 i_C 值。根据所对应的值可在直角坐标系中画出一条曲线。重复上述步骤，可得出不同 I_B 值的曲线簇，如图 2-8 所示。

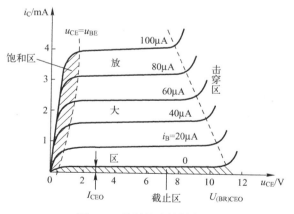

图 2-8 共射输出特性曲线

由图 2-8 可知：曲线的起始部分较陡，且不同 i_B 曲线的上升部分几乎重合；对一条曲线而言，u_{CE} 增大，i_C 增大，但当 u_{CE} 大于 0.3V 左右以后，曲线较平坦，只略有上翘，说明三极管具有恒流特性；输出特性曲线不是直线，是非线性的，说明三极管是一种非线性器件。

根据输出特性曲线的形状，可将其划分成三个区域：放大区、饱和区、截止区。

（1）放大区。

当 $i_B > 0$ 时，$u_{CE} > 1V$ 以右曲线比较平坦的区域称为放大区。 此时，三极管的发射结正向偏置，集电结反向偏置。根据曲线特征，可总结放大区有如下重要特性。

受控特性：i_C 随着 i_B 的变化而变化，即 $i_C = \beta i_B$。

恒流特性：当输入回路中有一个恒定的 i_B 时，输出回路便对应一个不受 u_{CE} 影响的恒定的 i_C。

各曲线间的间隔大小可体现 β 值的大小。

（2）饱和区。

将 $u_{CE} \leqslant u_{BE}$ 时的区域称为饱和区。此时，发射结和集电结均处于正向偏置，三极管失去了基极电流对集电极电流的控制作用，这时，i_C 由外电路决定，而与 i_B 无关。将此时所对应的 u_{CE} 值称为饱和压降，用 U_{CES} 表示。一般情况下，小功率管的 U_{CES} 小于 0.4V（硅管约为 0.3V，锗管约为 0.1V），大功率管的 U_{CES} 为 1～3V。在理想条件下，$U_{CES} \approx 0$，三极管 C－E 之间相当于短路状态，类似于开关闭合。

（3）截止区。

一般将 $i_B = 0$ 以下的区域称为截止区。$i_B = 0$，$i_C = I_{CEO}$，此时，发射结零偏或反偏，集电结反偏，即 $u_{BE} \leqslant 0$，$u_{CB} > 0$。这时，$u_{CB} = U_{CC}$，三极管的 C－E 之间相当于开路状态，类似于开关断开。

在实际分析中，常把以上三种不同的工作区域又称为三种工作状态，即放大状态、饱和状态及截止状态。

由以上分析可知，三极管在电路中既可以作为放大元件使用，又可以作为开关元件使用。

2．三极管的主要参数及温度的影响

1）主要参数

（1）电流放大系数。

三极管接成共射电路时，其电流放大系数用 β 表示。在选择三极管时，如果 β 值太小，则电流放大能力差；如果 β 值太大，则会使工作稳定性差。低频管的 β 值一般选择 20～100，而高频管的 β 值只要大于 10 即可。

β 的数值可以直接从曲线上求取，也可以用图示仪测试。实际上，由于管子特性的离散性，同型号、同一批管子的 β 值也有所差异。当三极管连接成共基极放大电路时，其电流放大系数用 α 表示， 其表达式为

$$\alpha = \frac{i_C}{i_E} \tag{2-6}$$

可以看出，由于在三极管中 $i_C < i_E$，因此 α 是小于 1 而近似于 1 的数。

（2）反向饱和电流 I_{CBO}。

I_{CBO} 是指发射极开路，集电结在反向电压作用下形成的反向饱和电流。因为该电流是由少子定向运动形成的，所以它受温度变化的影响很大。常温下，小功率硅管的 $I_{CBO} < 1\mu A$，锗管的 I_{CBO} 在 10μA 左右。I_{CBO} 的大小反映了三极管的热稳定性，I_{CBO} 越小，说明其稳定性越好。因此，在温度变化范围大的工作环境中，应尽可能地选择硅管。

（3）穿透电流 I_{CEO}。

I_{CEO} 是指基极开路，集电极-发射极间加上一定数值的反偏电压时，流过集电极和发射极之间的电流，它与 I_{CBO} 的关系为

$$I_{CEO} = (1+\beta)I_{CBO}$$

I_{CEO} 也受温度的影响很大，温度升高，I_{CBO} 增大，I_{CEO} 随之增大。穿透电流 I_{CEO} 的大小是衡量三极管质量的重要参数，硅管的 I_{CEO} 比锗管的小。

（4）集电极最大允许电流 I_{CM}。

当集电极的电流太大时，三极管的 β 值下降。我们把 i_C 增大到使 β 值下降到正常值的 2/3 时所对应的集电极电流称为集电极最大允许电流 I_{CM}。为了保证三极管正常工作，在实际使用中，流过集电极的电流 i_C 必须满足 $i_C < I_{CM}$。

（5）集电极-发射极间的击穿电压 $U_{(BR)CEO}$。

$U_{(BR)CEO}$ 是指当基极开路时，集电极与发射极之间的反向击穿电压。当温度上升时，击穿电压 $U_{(BR)CEO}$ 要下降，因此在实际使用中，必须满足 $u_{CE} < U_{(BR)CEO}$。

（6）集电极最大耗散功率 P_{CM}。

集电极最大耗散功率是指三极管正常工作时最大允许消耗的功率。三极管消耗的功率 $P_C = U_{CE}I_C$ 转化为热能损耗于管内，并主要表现为温度升高。因此，当三极管消耗的功率超过 P_{CM} 时，其发热量将使管子的性能变差，甚至烧坏管子。因此，在使用三极管时，P_C 必须小于 P_{CM} 才能保证管子正常工作。

2）温度对三极管的特性与参数的影响

温度对三极管特性的影响，主要体现在以下三个参数的变化上。

（1）温度对 U_{BE} 的影响。

三极管的输入特性曲线与二极管的正向特性曲线相似，温度升高曲线左移，如图 2-9（a）所示。在 I_B 相同的条件下，输入特性随温度升高而左移，使 U_{BE} 减小。温度每升高 $1℃$，U_{BE} 就减小 $2\sim2.5\text{mV}$。

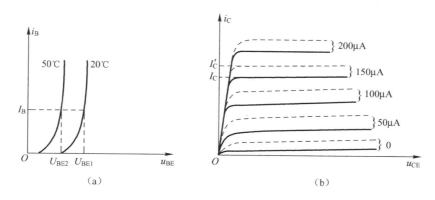

图 2-9　温度对三极管特性的影响

（2）温度对 I_{CBO} 的影响。

三极管的输出特性曲线随温度升高将向上移动，这是因为温度升高，本征激发产生的载流子浓度增大，少子增多，因此 I_{CBO} 增加，导致 I_{CEO} 增长，从而使输出特性曲线上移，如

图 2-9（b）虚线所示。温度每升高 10℃，I_{CBO}、I_{CEO} 约增大 1 倍。

（3）温度对 β 的影响。

温度升高，输出特性各条曲线之间的间隔增大。这是因为温度升高，载流子运动加剧，载流子在基区渡越的时间缩短，从而使在基区复合的数目减少，而被集电区收集的数目增多，使得 β 值增加。温度每升高 1℃，β 值就增加 0.5%～1%。

U_{BE} 减小，I_{CBO} 和 β 增加，集中体现为管子的集电极电流 I_C 增大，从而影响了三极管的工作状态。因此，一般电路中应采取限制因温度变化而影响三极管性能变化的措施。

知识拓展：特殊三极管

1．光电三极管

光电三极管也称光敏三极管，是在光电二极管的基础上发展起来的光电器件。它和光电二极管一样，能把输入的光信号变成电信号输出，但与光电二极管不同的是，它能对光信号产生的电信号进行放大，因而其灵敏度比光电二极管高得多。为了对光有良好的响应，要求基区面积做得比发射区面积大得多，以扩大光照面积，提高光敏感性。其原理电路相当于在基极和集电极间接入光电二极管的三极管，一般其外表只引出集电极和发射极两个电极，这种管子的光窗口即为基极。其等效电路和电路符号如图 2-10 所示。

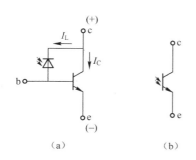

图 2-10　光电三极管的等效电路与电路符号

2．光电耦合器

光电耦合器是将发光二极管和光敏元件（光敏电阻、光电二极管、光电三极管、光电池等）组装在一起而形成的二端口器件，其电路符号如图 2-11 所示。它的工作原理是以光信号作为媒体将输入的电信号传送给外加负载，实现电—光—电的传递与转换。光电耦合器主要用于高压开关、信号隔离器、电平匹配等电路中，起信号的传输和隔离作用。

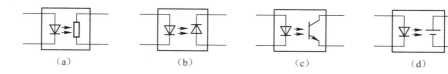

（a）　　　　　　　　（b）　　　　　　　　（c）　　　　　　　　（d）

图 2-11　光电耦合器的电路符号

技能训练：半导体三极管的判别与检测方法

普通三极管是指在普通电路中起电流放大、开关作用的三极管。三极管的质量好坏，直接影响电路性能。本训练项目主要通过万用表判别三极管的管脚和管型，判别三极管的质量好坏，并通过查阅晶体管手册确定其主要参数。

1．训练目的

（1）识别常用三极管的种类。

（2）掌握检测三极管的质量、管脚及选用方法。

2．训练器材

（1）万用表。

（2）需要识别和测试的器件：各种三极管，如 3DG120 型、3CG120 型等。

3．操作步骤

1）由三极管型号判别管子类型

根据三极管外壳上的型号，初定其类型。例如，3DG 管就是 NPN 型、硅材料的高频小功率三极管。

国产三极管的型号一般由五大部分组成，如 3AX31A、 3DG12B、3CG14G 等。下面以 3DG110B 为例说明各部分的命名含义。

$$\underset{(1)}{\underline{3}} \quad \underset{(2)}{\underline{D}} \quad \underset{(3)}{\underline{G}} \quad \underset{(4)}{\underline{110}} \quad \underset{(5)}{\underline{B}}$$

（1）第一部分由数字组成，表示电极数，如"3"代表三极管。

（2）第二部分由字母组成，表示三极管的材料与类型。例如，A 表示 PNP 型锗管，B 表示 NPN 型锗管，C 表示 PNP 型硅管，D 表示 NPN 型硅管。

（3）第三部分由字母组成，表示管子的类型，即表明管子的功能，如 G（高频小功率管）、X（低频小功率管）、A（高频大功率管）、D（低频大功率管）、K（开关管）等。

（4）第四部分由数字组成，表示三极管的序号。

（5）第五部分由字母组成， 表示三极管的规格号。

2）由管外形初判管脚

可根据三极管的外形特点，初判其管脚。常见典型三极管的管脚排列如图 2-12 所示。

（1）塑料封装三极管管脚分布规律。

如图 2-12（a）所示为 S-1A 型，图 2-12（b）所示为 S-1B 型，都是带切面的圆柱体，将管脚面向自己，切面向上，从左至右依次为 e、b、c。

如图 2-12（c）所示为 S-2 型，呈矩形状，在顶面有一个斜切口，将管脚面向自己，斜切面向上，从左至右依次为 e、b、c。

如图 2-12（d）所示为 S-4 型，呈半圆状，将管脚面向自己，平面向上，从左至右依次为 e、b、c。

如图 2-12（e）所示为 S-5 型，管子中央开了一个三角形的孔，将管脚向下，印有标志符号的面朝向自己，从左至右依次为 e、b、c，上面为金属散热片。

如图 2-12（f）所示为 S-6A 型，图 2-12（g）所示为 S-6B 型，都带有散热片，将管脚面向自己，切面或印有标志的面向上，从左至右依次为 b、c、e。

如图 2-12（h）所示为 S-7 型，带有散热片，将管脚面向自己，印有标志的面向上，从左至右依次为 b、c、e。

如图 2-12（i）所示为 S-8 型，带有散热片，将管脚面向自己，印有标志的面向上，从左至右依次为 b、c、e。

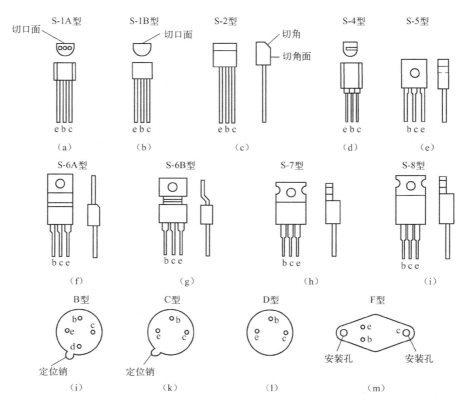

图 2-12　典型三极管的管脚排列图

（2）金属壳封装三极管管脚分布规律（底视图）。

如图 2-12（j）所示为 B 型，它的特点是外壳上有一个凸出的定位销，并有四个管脚。将管脚面向自己，从定位销开始顺时针方向依次为 e、b、c 和 d，其中 d 为连接外壳的管脚。

如图 2-12（k）所示为 C 型，它的外壳上有一个凸出的定位销，并有三个管脚。将管脚面向自己，从定位销开始顺时针方向依次为 e、b、c。

如图 2-12（1）所示为 D 型，它没有定位销，三个管脚呈等腰三角形排列，底边长度大于腰长，顶点是 b，e、c 在底边上。

如图 2-12（m）所示为大功率三极管，F 型，它只有两个管脚，将管脚面向自己，且将靠近两个管脚的安装孔置于下方，则右边的管脚是 b，左边的管脚是 e，外壳是 c。

3）用万用表检测三极管的管脚和管型

（1）判断基极和管型。

根据三极管 3 区 2 结的特点，可以利用 PN 结的单向导电性，首先确定出三极管的基极和管型。 测试方法如图 2-13 所示。

测试步骤如下：将万用表的功能开关拨至"R×1k"挡；假设三极管中的任一电极为基极，并将黑（红）表笔始终接在假设的基极上；再用红（黑）表笔分别接触另外两个电极；轮流测试，直到测出的两个电阻值都很小时为止，则假设的基极是正确的。 这时，若黑表笔接基极，则该管为 NPN 型；若红表笔接基极，则为 PNP 型。图 2-13（a）、（b）所示的两次测试中的阻值都很小，且黑表笔接在中间管脚不动，因此中间管脚为基极，且为 NPN 型，如图 2-13（c）所示。

（2）判断集电极和发射极。

其测试步骤如下。

① 假定基极之外的两个管脚中的其中一个为集电极，在假定的集电极与基极之间接一电阻。图 2-13（d）中是用左手的大拇指做电阻，此时，集电极与基极不能碰在一起。

② 对于 NPN 型管，用黑表笔接假定的集电极，红表笔接发射极，红、黑表笔均不要碰基极，读出电阻值并记录，如图 2-13（e）所示。

③ 将另外一个管脚假定为集电极，将假定的集电极与基极顶在大拇指上，如图 2-13（f）所示。

④ 用黑表笔接假定的集电极，红表笔接发射极，红、黑表笔均不要碰基极，读出电阻值并记录；比较两次测试的电阻值，阻值小的那次假定是正确的，如图 2-13（g）所示。比较图（e）与图（g），图（g）中的万用表指针偏转大，阻值小，此图的黑表笔接的是集电极。测试得出的各电极名称如图 2-13（h）所示。

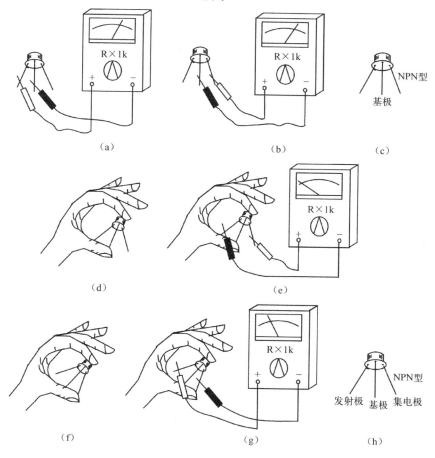

图 2-13　三极管的管脚及管型的测试

4）三极管的质量粗判及代换方法

（1）判别三极管的质量好坏。

根据三极管的基极与集电极、基极与发射极之间的内部结构为两个同向 PN 结的特点，用万用表分别测量其两个 PN 结（发射结、集电结）的正、反向电阻。若测得两 PN 结的正向电阻均很小，反向电阻均很大，则三极管一般为正常，否则已损坏。

（2）三极管的代换方法。

通过上述方法的判断，如果发现电路中的三极管已损坏，更换时一般应遵循下列原则。

① 更换时，尽量更换相同型号的三极管。

② 无相同型号更换时，新换三极管的极限参数应等于或大于原三极管的极限参数，如参数 I_{CM}、P_{CM}、$U_{(BR)CEO}$ 等。

③ 性能好的三极管可代替性能差的三极管。例如，穿透电流 I_{CEO} 小的三极管可代替 I_{CEO} 大的，电流放大系数 β 高的可代替 β 低的。

④ 在集电极耗散功率允许的情况下，可用高频管代替低频管，如 3DG 型可代替 3DX 型。

⑤ 开关三极管可代替普通三极管，如 3DK 型代替 3DG 型，3AK 型代替 3AG 型。

5）操作练习

（1）判别三极管的管脚和管型（NPN 型和 PNP 型）。

① 先用万用表的电阻挡判别出基极和管型，再判别出集电极 c 和发射极 e。

② 用万用表测出三个电极之间的阻值，并将测试值填入表 2-2、表 2-3 中。

表 2-2 检测记录表

三极管 3DG120	管　型					
红表笔接	b	e	b	c	c	e
黑表笔接	e	b	c	b	e	c
阻　值						

表 2-3 检测记录表

三极管 3CG120	管　型					
红表笔接	b	e	b	c	c	e
黑表笔接	e	b	c	b	e	c
阻　值						

（2）找一些常用三极管进行识别和检测，并查阅相关晶体管手册将主要参数摘录填入表 2-4 中。

表 2-4 检测与查阅参数记录表

序号	标志符号	万用表量程	导电类型	管脚判别	放大能力	质量判别	P_{CM}	U_{CEO}	f_T
1									
2									
3									
4									

说明：三极管手册的查阅方法

三极管手册给出了三极管的技术参数和使用方法,是我们正确使用三极管的依据。三极管的种类很多,其性能、用途和参数指标也各不相同。在使用时,若不了解它的特性、参数和用途,就无法准确地选择出电路中所需要的三极管,甚至会因三极管的某项参数不满足电路的要求,而损坏三极管或使电路的性能达不到实际要求。因此,要正确使用三极管,而正确使用三极管的前提就是必须了解并会准确查阅三极管手册。

(1)三极管手册的基本内容。

① 三极管的型号。

② 电参数符号说明。

③ 主要用途。

④ 主要参数。

(2)三极管手册的查阅方法。

在实际工作中,可根据实际需要来查阅三极管手册,一般分以下两种情况。

① 已知三极管的型号查阅其性能参数和使用范围。若已知三极管的型号,则通过查阅三极管的手册,可以了解其类型、用途和主要参数等技术指标。这种情况常出现在设计、制作电路过程中,对已知型号的三极管进行分析,看其是否满足电路要求之时。

② 根据使用要求选择三极管。根据手册选择满足电路要求的三极管,是三极管手册的另一重要用途。查阅手册时,首先要确定所选三极管的类型,然后在手册中查找对应三极管栏目。确定栏目以后,将栏目中各型号三极管参数逐一与要求参数比较,看是否满足电路的要求,以此来确定所用三极管的型号。

常用晶体三极管参数如表 2-5～表 2-7 所示。

表 2-5　常用小功率晶体三极管的主要参数

型号			极限参数			直流参数			交流参数		
新型号	旧型号	类型	$U_{(BR)CEO}$ (V)	I_{CM} (mA)	P_{CM} (mW)	I_{CBO} (μA)	I_{CEO} (mA)	h_{FE}	f_T (MHz)	$f_β$ (kHz)	NF (dB)
3AX31A	3AX71A	PNP	≥12	125	125	≤20	≤1	30～200			
3AX31B	3AX71B		≥18	125	125	≤10	≤0.75	50～150		≥8	
3AX31C	3AX71C		≥25	125	125	≤6	≤0.5	50～150		≥8	
3AX31D	3AX71D		≥12	30	100	≤12	≤0.75	30～150		≥8	≤15
3AX31E	3AX71E		≥12	30	100	≤12	≤0.5	20～85		≥15	≤8
3CX200A.B			A≥12 B≥18			≤1	≤0.002	55～400		低频	
3CX201A.B											
3CX202A.B											
3DG100A	3DG6A	NPN	≥20	300	300	≤0.01	≤0.01μA	≥30	≥30	≥150	
3DG100B	3DG6B		≥30					≥30	≥30	≥150	
3DG100C	3DG6C		≥30					≥20	≥20	≥250	
3DG100D	3DG6D		≥30					≥30	≥30	≥300	
3DG201			≥30	20	100			≥55	≥55	≥100	
3BX31A			≥12			≤20	≤0.8	40～180			
3BX31B			≥18			≤12	≤0.6	40～180			
3BX31C			≥24			≤6	≤0.4	40～180			
3BX81A			≥10	200	200	≤30	≤1	40～270		≥6	

表 2-6　常用中功率晶体三极管的主要参数

型号			极限参数			直流参数			交流参数		
新型号	旧型号	类型	$U_{(BR)CEO}$ (V)	I_{CM} (mA)	P_{CM} (mW)	I_{CBO} (μA)	I_{CEO} (mA)	h_{FE}	f_T (MHz)	f_β (kHz)	NF (dB)
3CG130A											
3CG130B				300	700	≤0.5	≤1μA				
3CG130C											
9012			≥20	500	625			≥64			
9015			≥45	100	400			≥60		≥100	≤3.5
3DG130A	3DG12A		≥30				≤0.5μA				
3DG130B	3DG12B		≥45					≥30			
3DG130C	3DG12C		≥30							≥300	
9011			≥30	30	400			≥29		≥100	
9013			≥25	500	625	≤0.1	≤0.1μA	≥64			
9014			≥25	100	450			≥60		≥150	
9018			≥15	50	450			≥28		≥600	

表 2-7　常用大功率晶体三极管的主要参数

极限参数			直流参数					交流参数		
新型号	类型	$U_{(BR)CEO}$ (V)	I_{CM} (mA)	P_{CM} (mW)	I_{CBO} (μA)	I_{CEO} (mA)	h_{FE}	f_T (MHz)	f_β (kHz)	NF (dB)
3AD30A		≥12	4	20	≤500	≤15	12~100	≤1.5		
3AD30B		≥18				≤10	12~100	≤1	≥2	
3AD50A	PNP	≥18	3	10	≤300	≤2.5	20~140	≤0.8		4
3AD50B		≥24								
3AD51A		≥18	2	10						
3AD51B		≥24								
3DD51B		≥50	1	1		≤0.4	20~30	≤1		
3DD51C		≥80							低频	
3DD53B		≥50	2	5		≤0.5		≤1		
3DD53C	NPN	≥80					≥10			
3DD102A		≥200	3	50		≤1			2	
3DD102B		≥300						≤3		
3DA5A		≥50	5	40		≤2	≥10		≥60	
3DA5B		≥70			≤1000	≤1	≥15		≥80	

任务 2 基本放大电路

所谓放大，从表面上看是将信号由小变大，实质上，放大的过程是实现能量转换的过程。由于在电子线路中输入信号往往很小，它所提供的能量不能直接推动负载工作，因此需要另外提供一个能源，由能量较小的输入信号控制这个能源，经三极管使之放大去推动负载工作，我们把这种小能量对大能量的控制作用称为放大作用。

 基础知识

2.2.1 基本共发射极放大电路的组成

如图 2-14 所示为共发射极接法的基本交流放大电路。输入端接交流信号源，输入电压为 u_i，输出端接负载，其等效电阻为 R_L，输出电压为 u_o，电路中各个元件的作用简述如下。

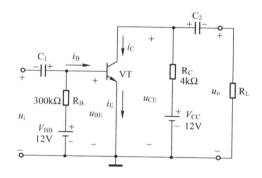

图 2-14 基本共发射极放大电路

1. 三极管 VT

三极管是电路中的核心元件，利用它的电流放大作用，放大电路在集电极获得放大了的电流，这个电流受到输入信号的控制。放大电路仍然遵守能量守恒定律，输出的较大能量来自于直流电源 V_{CC}。也就是输入信号通过三极管的控制作用，去控制电源 V_{CC} 所提供的能量，在输出端获得一个能量较大的信号。因此，三极管也可以说是一个控制元件。

2. 集电极电源 V_{CC}

集电极电源有两方面的作用：一方面，它为放大电路提供电源；另一方面，它保证集电结处于反向偏置，以使三极管起到放大作用。V_{CC} 一般为几伏到几十伏。

3. 集电极负载电阻 R_C

集电极负载电阻简称集电极电阻，它主要是将集电极电流的变化转换为电压的变化，以实现电压放大，即 $u_{CE} = V_{CC} - i_C R_C$，如果 $R_C = 0$，则 u_{CE} 恒等于 V_{CC}，也就是没有交流信号电压传送给负载。R_C 的另一个作用是提供大小适当的集电极电流，以使放大电路获得合适的静态工作电压。R_C 的阻值一般为几千欧到几十千欧。

4. 基极电源 V_{BB} 和基极电阻 R_B

基极电源和基极电阻的共同作用是使发射结处于正向偏置，并提供大小合适的基极电流 I_B，以使放大电路获得合适的静态工作点。实际应用中，该电源也可以由集电极电源提供。R_B 的电阻值一般为几十千欧到几百千欧。

5. 耦合电容 C_1 和 C_2

耦合电容 C_1 和 C_2 有"隔断直流"和"交流耦合"两个作用。一方面，C_1 用来隔断放大电路与信号源之间的直流通路，C_2 用来隔断放大电路与负载之间的直流通路，使三者之间无直流联系，互不影响。另一方面，C_1 和 C_2 起到交流耦合作用，保证交流信号畅通无阻地经过放大电路，沟通信号源、放大电路和负载三者之间的交流通路。一般要求耦合电容上的交流压降小到可以忽略不计，即对交流信号可视为短路。根据容抗计算公式 $X_C=1/\omega C$，要求电容值取得较大一些，对交流信号而言其容抗很小。一般 C_1 和 C_2 的电容值为几微法到几十微法，采用电解电容，且连接时要注意其正、负极性。

6. 放大电路的静态与动态

由以上电路的工作情况可知，在放大电路中，首先必须先对晶体管建立直流偏置电压，形成直流电流，使放大器处于放大（工作）状态，然后才能对输入的交流小信号进行放大，因此，在工作状态下的放大电路中，既存在直流电流，也存在交流电流。通常把放大电路在没有交流信号输入时的状态称为静态，有交流信号输入时的状态则称为动态。

7. 放大电路中电压、电流的方向及符号规定

1）电压、电流正方向的规定

为了便于分析，我们规定：电压以输入、输出回路的公共端为负，其他各点为正；电流以三极管各电极电流的实际方向为正方向。

2）电压、电流符号的规定

为了便于对概念及公式的讨论，对于图 2-14 所示的放大电路，在交流信号 u_i 的作用下，可以得到图 2-15 所示的三极管基极电流波形，其表示的符号有如下规定。

（1）直流分量。如图 2-15（a）所示的波形，用大写字母和大写下标表示，如 I_B 表示基极的直流电流。

（2）交流分量。如图 2-15（b）所示的波形，用小写字母和小写下标表示，如 i_b 表示基极的交流电流。

（3）总变化量。如图 2-15（c）所示的波形，是直流分量和交流分量之和，即交流叠加在直流上，用小写字母和大写下标表示，如 i_B 表示基极电流总的瞬时值，其数值为 $i_B=I_B+i_b$。

（4）交流有效值，用大写字母和小写下标表示，如 I_b 表示基极的正弦交流电流的有效值。

由图 2-15 可清楚地看到，在放大电路中，既有直流电源，又有交流信号源，因此电路中交、直流并存。具体对一个放大电路进行定性、定量分析时，首先要求出电路各处的直流电压和电流的数值，以便判断放大电路是否工作在放大区，这也是放大电路放大交流信号的

前提和基础。其次分析放大电路对交流信号的放大性能，如放大电路的放大倍数、输入电阻、输出电阻及电路的失真问题。前者讨论的对象是直流成分，后者讨论的对象则是交流成分。

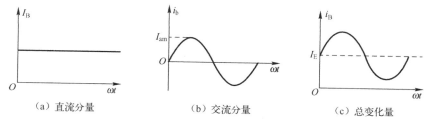

（a）直流分量　　　　　　（b）交流分量　　　　　　（c）总变化量

图 2-15　三极管基极的电流波形

2.2.2　基本共发射极放大电路的静态分析

所谓静态，是指输入信号为零时放大电路中只有直流电量的工作状态。

静态分析的目的是通过直流通路分析放大电路中三极管的工作状态。为了使放大电路能够正常工作，三极管必须处于放大状态。因此，要求三极管各极的直流电压、直流电流必须具有合适的静态工作参数 I_B、I_C、U_{BE}、U_{CE}。这些值在特性曲线上确定一点，这一点就称为静态工作点（Q 点）。当放大电路输入信号后，电路中各处的电压、电流便处于变动状态，这时电路处于动态工作状态，称为动态。

对于静态工作点的电压、电流情况，既可以近似地进行估算，也可以用图解法求解。

1．估算法计算静态工作参数

这里以图 2-14 所示电路为例估算电路的 Q 点，该电路的另一变形画法如图 2-16（a）所示。要估算静态工作点，首先要分析该电路的直流通路。这时，由于所有电容对于直流信号而言相当于开路，因此将耦合电容 C_1、C_2 开路，此时放大电路简化为如图 2-16（b）所示，称为直流等效电路。

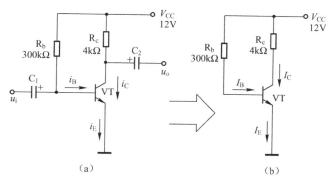

图 2-16　三极管基极的电流波形

此时，由 V_{CC}、R_b 和三极管 VT 构成的基极回路可得：

$$I_{BQ} = \frac{V_{CC} - U_{BEQ}}{R_b} \approx \frac{V_{CC}}{R_b} \qquad (2-7)$$

式（2-7）中，U_{BEQ}（硅管为 0.6～0.8V，锗管为 0.2～0.3V）比 V_{CC} 小得多，因此为分析计算方便，U_{BEQ} 可以忽略不计。

利用 $I_C = \beta I_B$ 的关系，可以求得：

$$I_{CQ} = \overline{\beta} I_{BQ} \approx \beta I_{BQ} \tag{2-8}$$

从 V_{CC}、R_c 和三极管 VT 构成的集电极回路可得 U_{CEQ}，即：

$$U_{CEQ} = V_{CC} - I_{CQ} R_c \tag{2-9}$$

2．用图解法确定 Q 点

静态工作点不但可以通过估算法求得，而且可以用图解法来确定。图解法能直观地分析和了解静态值的变化对放大电路的影响。所谓图解法，就是利用三极管的特性曲线，通过作图来分析放大电路性能的方法。

在图 2-16 所示电路的输出直流通路中，三极管与集电极负载电阻 R_c 串联后接于电源 V_{CC} 上，由此可以列出方程：

$$U_{CE} = V_{CC} - I_C R_c$$

或

$$I_C = \frac{V_{CC} - U_{CE}}{R_c} \tag{2-10}$$

根据上式的直线方程作图，可表示出电压和电流之间的关系，即伏安特性的直线部分，也称为放大电路的直流负载线。

令 $I_C = 0$，得 $U_{CE} = V_{CC}$，可确定直线经过点（V_{CC}，0）；

令 $U_{CE} = 0$，得 $I_C = V_{CC} / R_c$，可知直线也经过点（0，V_{CC}/R_c）。

于是，在三极管输出特性曲线中画出经过（V_{CC}，0）和（0，V_{CC}/R_c）两点的直线，如图 2-17 所示，显然，这是一条斜率为 $-1/R_c$ 的直线。

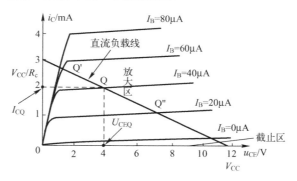

图 2-17　直流负载线

由于这里讨论的是基本共射放大电路的静态工作情况，电路中的电压、电流值都是直流量，所以上述直线称为**直流负载线**。

由直流负载线与三极管输出特性曲线的伏安特性的交点即可确定 Q 点（U_{CEQ}，I_{CQ}）。

此外，由图 2-17 可知，I_B 不同，静态工作点在负载线上的位置也不同。因此，在 V_{CC} 和 R_c 等参数均保持不变时，只需要调整 R_b，即可改变 I_B 的大小，从而调整静态工作点 Q 的位置。

Q 沿直流负载线的变化情况如下：$R_b \uparrow \to I_B \downarrow \to$ Q 点沿负载线下移；$R_b \downarrow \to I_B \uparrow \to$ Q 点沿负载线上移。

【例 2-1】 在图 2-16（a）所示的电路中，已知晶体管的 $\beta = 50$，$U_{BEQ} = 0.7V$，其他参数如图中所示，试估算电路的静态工作点 I_{BQ}、I_{CQ}、U_{CEQ}。

解： 根据已知条件，估算电路的静态工作点可分为以下四个步骤。

第 1 步：画出电路的直流通路，如图 2-16（b）所示。

第 2 步：根据基极回路计算基极电流 I_{BQ}，则：

$$I_{BQ} = \frac{V_{CC} - U_{BEQ}}{R_b} = \frac{(12 - 0.7)V}{300k\Omega} \approx 40\mu A$$

第 3 步：利用基极电流与集电极电流之间的关系，可得：

$$I_{CQ} = \beta I_{BQ} = 50 \times 40\mu A = 2mA$$

第 4 步：根据集电极回路可得 U_{CEQ}，即：

$$U_{CEQ} = V_{CC} - I_{CQ}R_c = 12V - 2mA \times 4k\Omega = 4V$$

【例 2-2】 在图 2-18（a）所示的电路中，已知 $V_{CC} = 12V$，$R_b = 120k\Omega$，$R_c = 3k\Omega$，$R_L = 3k\Omega$，晶体管的电流放大系数 $\beta = 50$，试求放大电路的静态工作点 I_{CQ}、I_{BQ}、U_{CEQ}。

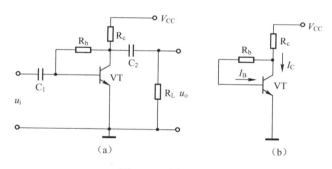

图 2-18 例 2-2 图

解： 首先画出电路的直流通路，如图 2-18（b）所示。其次，根据基极回路有：

$$I_{BQ}R_b + R_c I_{BQ} + R_c \beta I_{BQ} = V_{CC} - U_{BEQ}$$

根据上式可得：

$$I_{BQ} = \frac{V_{CC} - U_{BEQ}}{R_b + R_c + \beta R_c} = \frac{(12 - 0.7)}{(120 \times 10^3 + 3 \times 10^3 + 50 \times 3 \times 10^3)\Omega} \approx 41\mu A$$

再次，利用基极电流与集电极电流之间的关系，可得：

$$I_{CQ} = \beta I_{BQ} = 50 \times 41\mu A = 2.1mA$$

最后，根据集电极回路，可得：

$$U_{CEQ} = V_{CC} - R_c(I_{BQ} + I_{CQ}) = [12 - 3 \times (41 \times 10^{-3} + 2.1)]V = 5.67V$$

2.2.3　基本共发射极放大电路的动态分析

所谓动态，是指放大电路输入信号不为零时的工作状态。动态时，放大电路在输入电压 u_i 和直流电源 V_{CC} 的共同作用下工作，这时电路中既有直流分量，也有交流分量，各极的电流和各极间的电压都是在静态值的基础上叠加一个随输入信号 u_i 作相应变化的交流分量。动态分析即是在放大电路处于动态时选用合适的分析方法计算放大电路的相关性能指标和技术参数。

1. 放大电路的主要性能指标

放大电路的基本功能是放大电信号。评价放大电路放大能力的指标应该反映信号输入与输出的关系、放大电路中各部分电压与电流的关系等。放大电路可以看成一个二端口网络，如图 2-19 所示。放大电路在实际电路中并不是孤立的，它总是与前后级电路相连接。为了使放大电路能够有效地实现放大和级联功能，必须考虑它的输入端和输出端的电压与电流的大小、相位等情况，以及输入电阻和输出电阻的大小。因此，放大电路的主要性能指标一定包含（电压、电流、功率）放大倍数、输入电阻、输出电阻等。

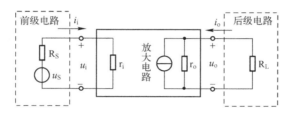

图 2-19　复杂电路中的放大电路

（1）（电压、电流、功率）放大倍数：

$$A_i = \frac{i_o}{i_i} \qquad A_u = \frac{u_o}{u_i} \qquad A_P = \frac{P_o}{P_i} \qquad (2-11)$$

（2）输入电阻：

$$r_i = \frac{u_i}{i_i} \qquad\qquad (2-12)$$

（3）输出电阻：

$$r_o = \frac{u_o}{i_o} \qquad\qquad (2-13)$$

2. 图解法动态分析

1）交流负载线

放大电路在工作时，输出端总要接上一定的负载，如在图 2-20（a）中，若负载电阻 R_L =4kΩ，这时放大电路的工作情况是否会因为 R_L 的接入而受到影响呢？

（1）画交流通路。

根据前面所学内容，很显然，在静态时，由于隔直电容 C_2 的作用，R_L 对电路的 Q 点没有影响。而动态工作时的情况则不同，隔直电容 C_1 和 C_2 在具有一定频率的信号作用下，其容抗可以忽略；同时考虑到电源 V_{CC} 的内阻很小，故可视其为短路。这样便可画出如图 2-20（a）所示电路的交流通路，如图 2-20（b）所示。此时图中的电压和电流都是交流成分。

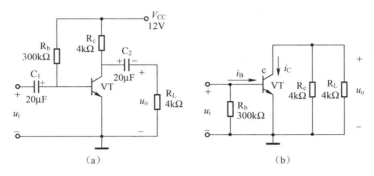

图 2-20　基本共发射极放大电路与其交流通路

（2）交流负载电阻的计算。

从图 2-20（b）中可以看出，放大电路的交流负载电阻为 R_L 与 R_c 的并联值，即：

$$R_L' = R_L \mathbin{/\mkern-5mu/} R_C = \frac{R_L R_C}{R_L + R_C}$$

$$\because R_L' < R_c \qquad \therefore \frac{1}{R_L'} > \frac{1}{R_c}$$

根据直流负载线的内容可知，直流负载线的斜率是 $-1/R_c$，显然，交流负载线的斜率为 $-1/R_L'$，由此可见，交流负载线要比直流负载线更陡峭一些。

另外，交流负载线和直流负载线必然在 Q 点相交，这是因为在线性工作范围内，输入电压在变化过程中是一定经过零点的。通过零点时 $u_i = 0$，这一时刻既是动态过程中的一个点，又与静态工作情况相符，因此这一时刻的 i_C 和 u_{CE} 应同时在两条负载线上，这只有是两条负载线的交点才有可能。因此，为画出交流负载线，再确定一点即可。

由上述分析可知，$I_{CQ} = 2\text{mA}$，$U_{CEQ} = 4\text{V}$，$R_L' = 2\text{k}\Omega$，则根据斜率的概念有：

$$\frac{1}{R_L'} = \frac{I_{CQ}}{U_{CEM} - U_{CEQ}}$$

可得：

$$U_{CEM} = I_{CQ} R_L' + U_{CEQ} = 2\text{mA} \times 2\text{k}\Omega + 4\text{V} = 8\text{V}$$

式中，U_{CEM} 表示在动态情况下，三极管集电极的最大电压值。

因此，只要作经过点 $Q(U_{CEQ}, I_{CQ})$ 和点 $U_{CEM}(U_{CEM}, 0)$ 的直线，即为交流负载线，如图 2-21 所示。

由此可见，在放大电路输出端接有一定负载的情况下，直流负载线将会被交流负载线所代替，电路的动态分析应该在交流负载线上进行。

2）图解法分析放大电路的动态工作情况

当接入交流信号时，放大电路将处在动态工作情况，此时可以根据输入信号电压 u_i 的波形，通过图形变换过程确定输出电压 u_o 的波形，从而得出 u_i 与 u_o 之间的相位关系和动态范围。图解法动态分析的步骤是先根据输入信号电压 u_i 在输入特性上画出 i_B 的波形，然后根据 i_B 的变化在输出特性上画出 i_C 和 u_{CE} 的波形，即可得到 u_o 的波形。

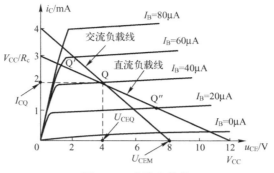

图 2-21 交流负载线

（1）根据 u_i 在输入特性曲线上计算 i_B。

设放大电路的输入电压 u_i 为正弦波，当它加到放大电路的输入端后，三极管的基极和发射极之间的电压 u_{BE} 就是在原有直流电压 U_{BE} 的基础上叠加了一个交流量 $u_i(u_{be})$，根据 u_{BE} 的变化规律，便可从在输入特性曲线上画出对应的 i_B 的波形图，如图 2-22（a）所示。从图中可读出对应的峰-峰值为 0.2V 的输入电压，基极电流 i_B 将在 60μA 与 20μA 之间变动。

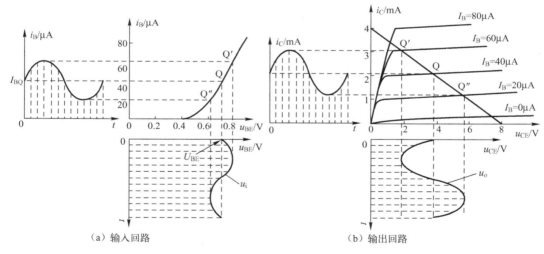

（a）输入回路　　　　　　　　　　　　（b）输出回路

图 2-22 动态分析

（2）根据 i_C 在输出特性曲线上计算 u_{CE}。

当放大电路的元件参数确定以后，交流负载线也就确定不变了，但当 i_B 在 60μA 与 20μA 之间变动时，交流负载线与输出特性曲线簇的交点会随之而变，对应于 $i_B = 60$μA 的一条输出特性曲线与交流负载线的交点是 Q′点，对应于 $i_B = 20$μA 的一条输出特性曲线与交流负载线的交点是 Q″点，这样放大电路只能在负载线的 Q′Q″ 线段上工作，即放大电路的工作点随着 i_B 的变动将沿着交流负载线在 Q′点与 Q″点之间移动，因此，直线段 Q′Q″ 是工作点移动的轨迹，通常称为动态工作范围。

由图 2-22 可见，在 u_i 的正半周，i_B 由 40μA 增大到 60μA，放大电路的工作点由 Q 点移到 Q′点，相应的 i_C 和 I_C 增到最大值，而 u_{CE} 由原来的 U_{CE} 减小到最小值；然后 i_B 由 60μA 减小到 40μA，放大电路的工作点由 Q′点回到 Q 点，相应的 i_C 也由最大值回到 I_C，而 u_{CE} 则由最小值回到 U_{CE}。在 u_i 的负半周，其变化规律恰好相反，放大电路的工作点先由 Q 点移到 Q″点，再由 Q″点回到 Q 点。

这样，就可以在坐标平面上画出对应的 i_B、i_C 和 u_{CE} 的波形图，如图 2-22（b）所示，u_{CE} 中的交流量 u_{ce} 的波形就是输出电压 u_o 的波形。

综上分析，可将图解动态分析总结如下。

① 没有输入交流信号时，三极管的各电极都是恒定的电流和电压（I_B、I_C、U_{CE}），当在放大电路输入端加入输入信号电压后，i_B、i_C、u_{CE} 都在原来静态直流量的基础上叠加了一个交流量，即：

$$（i_B = I_B + i_b，i_C = I_C + i_c，u_{CE} = U_{CE} + u_{ce}）$$

因此，放大电路中的电压、电流包含两个分量：一个是静态工作情况决定的直流成分 I_B、I_C、U_{CE}；另一个是由输入电压引起的交流成分 i_b、i_c 和 u_{ce}。虽然这些电流、电压的瞬时值是变化的，但它们的方向始终是不变的。

② u_{CE} 中的交流分量 u_{ce}（即经 C_2 隔直后的交流输出电压 u_o）的幅度远远比 u_i 大，且同为正弦波电压，体现了放大作用。

③ 从图 2-22 中还可以看到，$u_o(u_{ce})$ 与 u_i 相位相反。这种现象称为放大电路的反相作用，因此共射极放大电路又叫作反相电压放大器，它是一种重要的三极管电路组态。

④ 合适的静态工作点是电路实现不失真放大的必要条件。

3．三极管的小信号微变等效电路模型

通过前面介绍的图解法可以直观地了解三极管的工作情况，能在特性曲线上选择合适的静态工作点，并能大致确定其动态工作范围。其缺点是作图比较麻烦，而且在计算放大电路的输入电阻和输出电阻等方面无能为力。在实际应用中，常常需要计算电路的输入电阻、输出电阻、电压和电流放大倍数等，这时就需采用微变等效电路进行分析。

在实际应用中，如果放大电路的输入信号电压很小，可以设想把三极管小信号范围内的特性曲线近似地用直线来代替，从而可以把三极管这个非线性器件所组成的电路当作线性电路来处理，这就是三极管小信号建模的指导思想。这种方法是把非线性问题线性化的工程处理方法，在工程误差范围内是完全可行的。

三极管的小信号微变等效电路模型如图 2-23 所示，利用这个简化模型来表示三极管时，将使三极管放大电路的分析计算进一步简化。

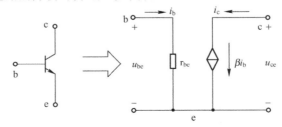

图 2-23　三极管的小信号微变等效电路模型

利用这个简化模型来分析低频放大电路，可以得出放大电路的各主要指标，如电压、电流放大倍数、放大电路的输入电阻及输出电阻等，其误差很小，在工程上是可以满足要求的。

由图 2-23 可知，r_{be} 是微变等效电路的重要参数，只要得到它，就可得到微变等效电路模型。r_{be} 是对交流而言的一个动态电阻，在小信号情况下为常数。经常使用下列估算公式来计算，它：

$$r_{be} = r_{bb'} + (1 + \beta)\frac{U_T(mV)}{I_{EQ}(mA)} \tag{2-14}$$

式中，$r_{bb'}$ 为基区体电阻，对于低频小功率管，$r_{bb'}$ 约为 300Ω；U_T 为温度相关的常量，在室温（300K）时，其值为 26mV。

这样在工程上，上式就简化为

$$r_{be} \approx 300\Omega + (1 + \beta)\frac{26(mV)}{I_{EQ}(mA)} = 300\Omega + \frac{26(mV)}{I_{BQ}(mA)}$$

应注意的是，上式的适用范围为 0.1mA < I_E < 5mA，实验表明，超越此范围，将带来较大的误差。

需要说明的是，微变等效电路的分析方法是针对交流变化量而言的，只能解决交流分量的计算，不能用于计算静态工作点（Q 点）。

4. 共发射极放大电路的微变等效电路分析

基本共发射极放大电路的原理电路如图 2-24 所示。现以此电路为例介绍其微变等效电路的分析方法和步骤。

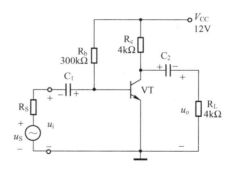

图 2-24　基本共发射极放大电路

（1）确定电路的静态工作点（Q 点），即求出直流状态下的 I_B、I_C 和 U_{CE}。由输入和输出回路容易得到如下关系式，据此可求出静态工作点 I_{BQ}、I_{CQ} 和 U_{CEQ}。

$$I_B = \frac{V_{CC} - U_{BE}}{R_b} \tag{2-15}$$

$$I_C = \beta I_B \tag{2-16}$$

$$U_{CE} = V_{CC} - I_C R_C \tag{2-17}$$

（2）求出电路的微变等效参数 r_{be}。

$$r_{be} \approx 300\Omega + (1+\beta)\frac{26(mV)}{I_{EQ}(mA)} = 300\Omega + \frac{26(mV)}{I_{BQ}(mA)}$$

（3）画出放大电路的微变等效电路。

基本共发射极放大电路的微变等效电路如图 2-25（b）所示，画出微变等效电路的基本步骤如下：

① 将电源和电容器视为短路，画出交流通路，如图 2-25（a）所示；

② 用三极管的小信号模型代替交流通路中的三极管符号（注意管脚），如图 2-25（b）所示；

③ 标出各支路和节点之间的电流、电压关系，如图 2-25（b）所示。

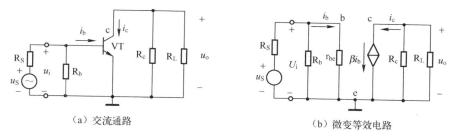

（a）交流通路　　　　　　　　　　　　（b）微变等效电路

图 2-25　基本共发射极放大电路的微变等效电路

（4）求解电压放大倍数 A_u、输入电阻 r_i、输出电阻 r_o。

① 计算电压放大倍数 A_u。根据电压放大倍数的定义，有：

$$A_u = \frac{u_o}{u_i}$$

根据图 2-25（b），可得：

$$u_i = i_b r_{be}$$

$$u_o = -i_c \times (R_c \mathbin{/\mkern-5mu/} R_L) = -i_c R_L'$$

所以有

$$A_u = \frac{u_o}{u_i} = -\frac{i_c R_L'}{i_b r_{be}} = -\frac{\beta R_L'}{r_{be}} \tag{2-18}$$

上式表明，共发射极放大电路的电压放大倍数与晶体管的电流放大系数 β 及集电极负载电阻成正比，与发射结电阻成反比；负号表示输出电压与输入电压的相位相反。

对于源电压放大倍数来说，因为：

$$u_i = \frac{R_b \mathbin{/\mkern-5mu/} r_{be}}{R_S + R_b \mathbin{/\mkern-5mu/} r_{be}} U_S$$

所以有

$$A_{us} = \frac{u_o}{u_s} = \frac{u_o}{u_i} \cdot \frac{u_i}{u_s} = \frac{R_b \mathbin{/\mkern-5mu/} r_{be}}{R_S + R_b \mathbin{/\mkern-5mu/} r_{be}} A_u \tag{2-19}$$

② 计算输入电阻 r_i、根据输入电阻的定义，从图 2-26 可以看出，显然有：

$$r_i = \frac{u_i}{i_i} = R_b \text{ // } r_{be} \tag{2-20}$$

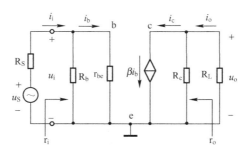

图 2-26　计算输入电阻与输出电阻的微变等效电路

③ 计算输出电阻 r_o，根据定义，输出电阻是输入信号短路，负载电阻无穷大时，输出电压与输出电流的比值，即：

$$r_o = \frac{u_o}{i_o} \bigg|_{U_s=0}$$

因为 $u_S = 0$，$i_b = 0$，所以 $i_c = 0$，于是，根据图 2-26 可知：

$$r_o = \frac{u_o}{i_o} = R_c \tag{2-21}$$

2.2.4　稳定静态工作点的放大电路——射极偏置电路

在实际工作中，由于温度的变化、BJT 的更换、电路元件的老化和电源电压的波动等原因，都可能导致静态工作点不稳定，在这诸多的因素中，以温度变化的影响最大。

前面进行了阐述，如温度每升高 1℃，u_{BE} 就减小 $2 \sim 2.5$ mV；温度每升高 10℃，I_{CBO}、I_{CEO} 约增大 1 倍；温度每升高 1℃，β 值就增加 $0.5\% \sim 1\%$。U_{BE} 的减小，I_{CBO} 和 β 的增加，集中体现为管子的集电极电流 I_C 增大，这又促使管温升高，造成恶性循环，从而影响三极管的工作状态。而射极偏置电路能改善这种状态。

射极偏置电路如图 2-27（a）所示，又称为基极分压式偏置电路。

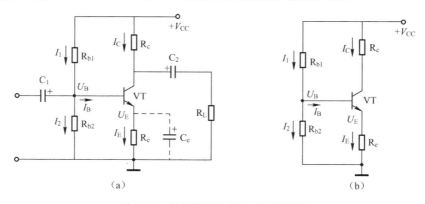

图 2-27　射极偏置电路与其直流通路

1. 稳定静态工作点的原理

利用 R_{b1} 和 R_{b2} 的分压作用固定基极电位 U_B。在图 2-27（a）中，当选用 R_{b1} 和 R_{b2} 时，使 I_1（或 I_2）>>I_B，则只是由 V_{CC} 通过 R_{b1} 和 R_{b2} 的分压关系，使得 $U_B = \dfrac{R_{b2}}{R_{b1} + R_{b2}} \times V_{CC}$ 固定不变，不受 BJT 和温度的影响。

R_e 为发射极电阻，如果温度升高使 I_C 增大，则 I_E 增大，发射极电位 $U_E = I_E R_e$ 升高，结果使 $U_{BE} = U_B - U_E$ 减小，I_B 相应减小，从而限制了 I_C 的增大，使 I_C 基本保持不变，达到自动稳定静态工作点的作用。

注意：要提高工作点的热稳定性，应要求 $I_1 >> I_B$ 和 $U_B >> U_{BE}$。

应指出，分压式工作点稳定电路只能使工作点基本不变。实际上，当温度变化时，由于 β 变化，I_C 也会有变化。在热稳定性中，β 随温度变化的影响最大，利用 R_e 可减小 β 对 Q 点的影响，也可采用温度补偿的方法减小温度变化的影响。

2. 静态工作点的估算

计算射极偏置电路的静态工作点应从计算 U_B 入手。由图 2-27（b）所示直流通路可得：

$$U_B = \frac{R_{b2}}{R_{b1} + R_{b2}} \times V_{CC} \tag{2-22}$$

$$I_C \approx I_E = \frac{U_B - U_{BE}}{R_e} \approx \frac{U_B}{R_e} \tag{2-23}$$

$$I_B = \frac{I_C}{\beta} \tag{2-24}$$

$$U_{CE} = V_{CC} - I_C R_c - I_E R_e \approx V_{CC} - I_C(R_c + R_e) \tag{2-25}$$

当 $R_{b1} = 15\text{k}\Omega$，$R_{b2} = 6.2\text{k}\Omega$，$R_e = 2\text{ k}\Omega$，$R_c = 3.3\text{k}\Omega$，$R_L = 6.8\text{ k}\Omega$，$\beta = 60$，$V_{CC} = 12\text{V}$ 时，则有：

$$U_B = \frac{R_{b2}}{R_{b1} + R_{b2}} \times V_{CC} = \frac{6.2}{15 + 6.2} \times 12\text{V} \approx 3.5\text{V}$$

$$I_C \approx I_E = \frac{U_B - U_{BE}}{R_e} \approx \frac{3.5\text{V} - 0.7\text{V}}{2\text{k}\Omega} \approx 1.4\text{mA}$$

$$I_B = \frac{I_C}{\beta} = \frac{1.4\text{mA}}{60} \approx 23.3\mu\text{A}$$

$$U_{CE} \approx V_{CC} - I_C(R_c + R_e) = 12\text{V} - 1.4\text{mA} \times (3.3 + 2)\text{k}\Omega = 4.58\text{V}$$

3. 动态分析

首先画出图 2-27（a）所示射极偏置电路的小信号模型电路，如图 2-28 所示。

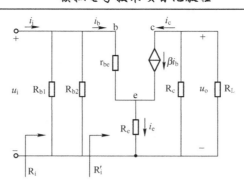

图 2-28　射极偏置电路的小信号模型电路

1）计算电压放大倍数 A_u

由图 2-28 可得：

$$u_o = -i_c \times (R_c \mathbin{/\!/} R_L) = -i_c R'_L = -\beta i_b R'_L$$

$$u_i = i_b r_{be} + i_e R_e = i_b r_{be} + (1+\beta) i_b R_e$$

所以有

$$A_u = \frac{u_o}{u_i} = \frac{-\beta i_b R'_L}{i_b r_{be} + (1+\beta) i_b R_e} = -\frac{\beta R'_L}{r_{be} + (1+\beta) R_e} \tag{2-26}$$

又因为：

$$r_{be} \approx 300\Omega + (1+60)\frac{26\text{mV}}{1.4\text{mA}} = 1.4\text{k}\Omega$$

根据前面给定的参数可得：

$$R'_L = \frac{3.3\text{k}\Omega \times 6.8\text{k}\Omega}{3.3\text{k}\Omega + 6.8\text{k}\Omega} = 2.22\text{k}\Omega$$

故有

$$A_u = -\frac{\beta R'_L}{r_{be} + (1+\beta) R_e} = -\frac{60 \times 2.22}{1.43 + (1+60) \times 2} = -1.08$$

根据上式可以看出，射极偏置电路与固定偏置电路的电压放大倍数计算公式相比，在分母上增加了一项 $(1+\beta)R_e$。R_e 的接入，使得放大倍数减小了很多。通常的补救措施是在 R_e 两端并联一个大电容 C_e（约几十微法至几百微法），如图 2-27（a）所示，该电容称为射极旁路电容。由于电容对于直流可视作开路，故对 Q 点没有影响；对交流可视作短路，R_e 被短接，此时射极偏置电路与固定偏置电路的电压放大倍数计算公式完全相同，放大倍数没有减少。

2）计算输入电阻 R_i

由图 2-28 可知：

$$R'_i = r_{be} + (1+\beta) R_e$$

$$R_i = R'_i \mathbin{/\!/} R_{b1} \mathbin{/\!/} R_{b2} = [r_{be} + (1+\beta) R_e] \mathbin{/\!/} R_b \tag{2-27}$$

式中，$R_b = R_{b1} \mathbin{/\!/} R_{b2}$。

由上式可见，接入 R_e 后输入电阻增大了。

把图 2-27 中的元件参数代入上列公式可得：

$$R_b = R_{b1} /\!/ R_{b2} = 15\text{k}\Omega /\!/ 6.2\text{ k}\Omega = 4.38\text{ k}\Omega$$

$$R_i = [1.43 + (1+60) \times 2]\text{k}\Omega /\!/ 4.38\text{k}\Omega = 4.23\text{k}\Omega$$

若 R_e 并接了电容 C_e，则有

$$R_i = r_{be} /\!/ R_{b1} /\!/ R_{b2} = r_{be} /\!/ R_b$$

代入参数可得

$$R_i = \frac{1.43\text{k}\Omega \times 4.38\text{k}\Omega}{1.43\text{k}\Omega + 4.38\text{k}\Omega} = 1.08(\text{k}\Omega)$$

可见，并接电容 C_e 后，该放大电路的输入电阻减小了很多，此时 R_i 的计算公式与前述的固定偏流式放大电路的计算公式相同。

3）计算输出电阻 R_o

根据定义，将图 2-28 中的 u_i 短路，因而有 $i_b=0$，$\beta i_b=0$，受控电流源开路，则可得

$$R_o = R_c \tag{2-28}$$

代入参数可得

$$R_o = R_c = 3.3\text{k}\Omega$$

又因为 $(1+\beta)R_e \gg r_{be}$，则有

$$A_u \approx -\frac{R_L'}{R_e} = -\frac{2.22}{2} = -1.11$$

可见，两次计算结果相差不大，管子的 β 和温度的变化对电压放大倍数无多大影响，这种电路性能较稳定且维修更换管子较为方便。

2.2.5 共集电极放大电路和共基极放大电路

1. 共集电极放大电路

三极管共集电极放大电路又称为电压跟随器、射极跟随器或射极输出器，是一种典型的负反馈放大器。其电路如图 2-29（a）所示，图中的 R_b 是偏置电阻，C_1、C_2 是耦合电容。信号从基极输入，从发射极输出。由于信号从晶体管基极输入、发射极输出，集电极作为输入、输出公共端，故该电路为共集电极电路，又称射极输出器或电压跟随器。

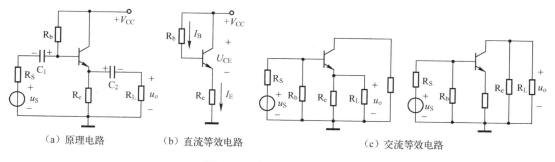

（a）原理电路　　　　（b）直流等效电路　　　　　（c）交流等效电路

图 2-29　共集电极放大电路

1）静态分析

共集电极放大电路的直流等效电路如图 2-29（b）所示，根据静态工作点的相关概念，可得

$$V_{CC} = I_B R_b + U_{BE} + I_E R_e$$

由此可得

$$I_B = \frac{V_{CC} - U_{BE}}{R_b + (1+\beta)R_e} \qquad (2-29)$$

$$I_C \approx I_E = (1+\beta)I_B \qquad (2-30)$$

$$U_{CE} = V_{CC} - I_E R_e = V_{CC} - (1+\beta)I_B R_e \qquad (2-31)$$

当 V_{CC}=12V，$R_b = 300k\Omega$，$R_e = 1k\Omega$，$R_L = 1k\Omega$，$\beta = 120$ 时，代入上述计算式，可得

$$I_B = \frac{(12 - 0.7)\ V}{[300 + (1+120) \times 1]k\Omega} \approx 0.027mA$$

$$I_C \approx I_E = 120 \times 0.027mA = 3.24mA$$

$$U_{CE} = 12V - 3.24mA \times 1k\Omega = 8.76V$$

2）动态分析

画出共集电极放大电路的小信号模型电路，如图 2-30 所示。

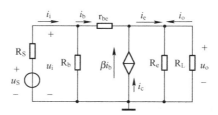

图 2-30   共集电极放大电路的小信号模型电路

由该等效电路可知

$$u_i = i_b r_{be} + u_o = i_b r_{be} + (1+\beta)i_b R'_L$$

式中

$$R'_L = R_e /\!/ R_L$$

$$u_o = i_e R'_L = (1+\beta)i_b R'_L$$

故电压放大倍数为

$$A_u = \frac{u_o}{u_i} = \frac{(1+\beta)R'_L}{r_{be} + (1+\beta)R'_L} < 1 \qquad (2-32)$$

代入元件参数，可得

$$r_{be} \approx 300\Omega + (1+120)\frac{26mV}{3.24mA} = 1.27k\Omega$$

$$R'_L = 1k\Omega /\!/ 1k\Omega = 0.5k\Omega$$

$$A_u = \frac{(1+120)\times 0.5}{1.27 + (1+120)0.5} \approx 0.98$$

由上式可知，从大小上看 $A_u \approx 1$（略小于 1），但由于 $(1+\beta)R_L' \gg r_{be}$，表明共集电极电路的输出信号电压和输入信号电压数值相近，从相位上看，相位相同。由于输出信号电压近似跟随输入信号电压变化，所以共集电极电路又称为电压跟随器。

尽管这个共集电极放大电路无电压放大作用，但射极电流 i_E 是基极 i_B 的 $(1+\beta)$ 倍，输出功率也近似为输入功率的 $(1+\beta)$ 倍，因此它具有一定的电流放大作用和功率放大作用。

由图 2-30 可知，输入电阻为

$$R_i = R_b // [r_{be} + (1+\beta)R_L'] \tag{2-33}$$

式中

$$R_L' = R_e // R_L$$

代入元件参数，可得

$$R_i = \frac{300 \times [1.27 + (1+120)\times 0.5]}{300 + [1.27 + (1+120)\times 0.5]} \approx 51.2 \text{k}\Omega$$

以上计算结果说明，共集电极放大电路的输入电阻比较大，一般比基本共发射级放大电路的输入电阻大几十倍至几百倍。

由图 2-30 可知，输出电阻为

$$R_o \approx R_e // \left(\frac{r_{be} + R_S'}{1 + \beta} \right)$$

式中

$$R_S' = R_S // R_b$$

通常有 $R_e \gg \left(\dfrac{r_{be} + R_S'}{1 + \beta} \right)$，故有

$$R_o \approx \frac{r_{be} + R_S'}{1 + \beta} = \frac{r_{be} + (R_S // R_b)}{1 + \beta} \tag{2-34}$$

代入参数，可得

$$R_o \approx \frac{1.27 \text{k}\Omega + (1 // 300)\text{k}\Omega}{1 + 120} = 18.76 \Omega$$

3）特点与应用

共集电极放大电路的输出电阻与共发射极放大电路的输出电阻相比是较小的，一般为几欧到几十欧。当 R_o 较小时，共集电极放大电路的输出电压几乎具有恒压性。

综上所述，共集电极放大电路具有电压放大倍数恒小于 1，且接近于 1；输入、输出电压同相，输入电阻大，输出电阻小的特点；尤其是输入电阻大，输出电阻小的特点，使得共集电极放大电路获得了广泛的应用。

由于共集电极放大电路的输入电阻大，常被用于多级放大电路的输入级。这样，可减轻信号源的负担，又可获得较大的信号电压。这对内阻较高的电压信号来讲更有意义。在电子测量仪器的输入级采用共集电极放大电路作为输入级，较大的输入电阻可减小对测量电路的影响。

由于共集电极放大电路的输出电阻小，常被用于多级放大电路的输出级。当负载变动时，共集电极放大电路具有几乎为恒压源的特性，输出电压不随负载变动而保持稳定，具有较强的带负载能力。

共集电极放大电路也常作为多级放大电路的中间级。共集电极放大电路的输入电阻大，即前一级的负载电阻大，可提高前一级的电压放大倍数；共集电极放大电路的输出电阻小，即后一级的信号源内阻小，可提高后一级的电压放大倍数。对于多级共发射极放大电路来讲，共集电极放大电路起到了阻抗变换的作用，提高了多级共发射极放大电路的总的电压放大倍数，改善了多级共发射极放大电路的工作性能。

2．共基极放大电路

图 2-31（a）所示是共基极放大电路的基本构成。从图中可见，它由交流电源 u_s、R_s，直流电源 V_{CC}，三极管 VT，耦合电容 C_1、C_2，旁路电容 C_b 及电阻 R_{b1}、R_{b2}、R_c、R_e 组成。各个元件的功能类似于前面介绍的共发射极放大电路中所起到的功能，这里不再叙述。

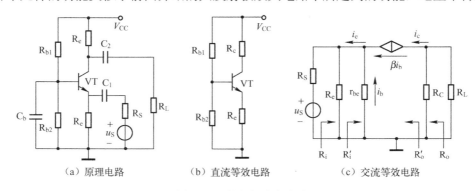

（a）原理电路　　　　　　（b）直流等效电路　　　　　（c）交流等效电路

图 2-31　共基极放大电路

1）静态分析

共基极放大电路的直流等效电路如图 2-31（b）所示，根据静态工作点的相关概念，可得

$$U_B = \frac{R_{b2}}{R_{b1} + R_{b2}} \times V_{CC}$$

$$I_C \approx I_E = \frac{U_B - U_{BE}}{R_e} \approx \frac{U_B}{R_e} \qquad (2-35)$$

$$I_B = \frac{I_C}{\beta} \qquad (2-36)$$

$$U_{CE} = V_{CC} - I_C R_c - I_E R_e \approx V_{CC} - I_C(R_c + R_e) \qquad (2-37)$$

当 $R_{b1} = 51\text{k}\Omega$，$R_{b2} = 18\text{k}\Omega$，$R_e = 1.2\ \text{k}\Omega$，$R_c = 2.2\ \text{k}\Omega$，$R_L = 4.3\ \text{k}\Omega$，$\beta = 60$，$V_{CC}=12\text{V}$ 时，有：

$$U_B = \frac{R_{b2}}{R_{b1} + R_{b2}} \times V_{CC} = \frac{18}{51 + 18} \times 12\text{V} \approx 3.1\text{V}$$

$$I_C \approx I_E = \frac{U_B - U_{BE}}{R_e} \approx \frac{3.1\text{V} - 0.7\text{V}}{1.2\text{k}\Omega} = 2\text{mA}$$

$$I_B = \frac{I_C}{\beta} = \frac{2\text{mA}}{60} \approx 33.3\mu\text{A}$$

$$U_{\text{CE}} \approx V_{\text{CC}} - I_{\text{C}}(R_{\text{c}} + R_{\text{e}}) = 12\text{V} - 2\text{mA} \times (2.2 + 1.2)\text{k}\Omega = 5.2\text{V}$$

2）动态分析

共基极放大电路的小信号模型电路如图 2-31（c）所示。由该等效电路可知

$$u_{\text{i}} = -i_{\text{b}}r_{\text{be}}$$

$$u_{\text{o}} = -i_{\text{c}}R'_{\text{L}} = -\beta i_{\text{b}}R'_{\text{L}}$$

式中

$$R'_{\text{L}} = R_{\text{e}} \,//\, R_{\text{L}}$$

故电压放大倍数为

$$A_{\text{u}} = \frac{u_{\text{o}}}{u_{\text{i}}} = \frac{-\beta i_{\text{b}}R'_{\text{L}}}{-i_{\text{b}}r_{\text{be}}} = \frac{\beta R'_{\text{L}}}{r_{\text{be}}} \qquad (2\text{-}38)$$

代入元件参数，可得

$$r_{\text{be}} \approx 300\Omega + (1+60)\frac{26\text{mV}}{2\text{mA}} = 1.09\text{k}\Omega$$

$$R'_{\text{L}} = 2.2 \,//\, 4.3 = 1.46\text{k}\Omega$$

$$A_{\text{u}} = \frac{60 \times 1.46}{1.09} \approx 80.4$$

上式表明，共基极放大电路具有电压放大作用，其电压放大倍数与共发射极放大电路的电压放大倍数在数值上相等。共基极放大电路的输出电压与输入电压在相位上是一致的。

由图 2-31（c）可知，输入电阻为

$$R_{\text{i}} = R_{\text{e}} \,//\, \frac{r_{\text{be}}}{1+\beta} \qquad (2\text{-}39)$$

代入元件参数，可得

$$R_{\text{i}} = \frac{1.2\text{k}\Omega \times \dfrac{1.09}{1+60}\text{k}\Omega}{1.2\text{k}\Omega + \dfrac{1.09}{1+60}\text{k}\Omega} \approx 0.0176\text{k}\Omega$$

以上计算结果说明，共基极放大电路的输入电阻很小，一般为几欧到几十欧。

由图 2-31（c）可知，输出电阻为

$$R_{\text{o}} \approx R_{\text{c}} = 2.2\text{k}\Omega \qquad (2\text{-}40)$$

共基极放大电路的特征：输出电压与输入电压同相，输入电阻小，输出电阻大，常用于高频或宽频带电路。

3. 三种基本放大电路的比较

以上对共发射极、共集电极、共基极三种接法（组态）的基本放大电路进行了分析，这三种组态又可以根据输出电压（电流）和输入电压（电流）之间的大小与相位关系分别归类为电压放大器（反相）、电压跟随器（同相）、电流跟随器（同相）。共发射极电路的电压、电流、功率放大倍数都比较大，因此应用比较广泛，常作为多级放大电路的中间级；但在高频或宽频带情况下，使用共基极电路比较合适，因为它的频率特性比较好；共集电极电路常

用于输入级、输出级和中间缓冲级，主要利用它的输入电阻大、输出电阻小的特点。

知识拓展：场效应晶体管及其放大电路

场效应管（Field Effect Transistor，FET）是另一种重要的半导体器件，它具有输入阻抗大、噪声低、热稳定性好和抗辐射能力强的特点，在工艺上又便于集成，因此应用很广。由于场效应管只依靠半导体中的多子实现导电，故称为单极型晶体管。根据结构和原理的不同，场效应管分为结型场效应管和绝缘栅型场效应管两类。

1. 结型场效应管

三极管的输入电阻小，是由于发射结正偏引入一定的输入电流的缘故。在结型场效应管（Junction Type Field Effect Transistor，JFET）中，PN结反偏，因此输入电阻较大。

1）结型场效应管的结构

结型场效应管有N沟道和P沟道两类。N沟道JFET的结构如图2-32（a）所示，它在一块N型硅半导体两侧制作两个P型区域，形成两个PN结，把两个P型区相连后引出一个电极，称为栅极，用字母G（或g）表示；在N型硅的两端各引出一个电极，分别称为源极S（或s）和漏极D（或d）。三个电极的作用分别相当于三极管的b、e和c极。两个PN结之间的N型区域，称为导电沟道，它是载流子流通的渠道，即电流的通道。由于导电沟道是N型，所以称为N沟道，其符号如图2-32（b）所示。

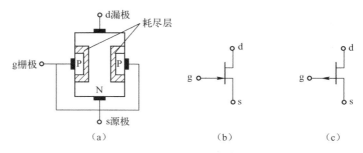

图2-32　结型场效应管结构与符号图

2）工作原理

结型场效应管外加偏置电压的极性，应保证两个PN结在导电沟道的任何一处都反偏。因此，栅源极之间应加负电压，漏源极之间则加正电压，如图2-33所示。

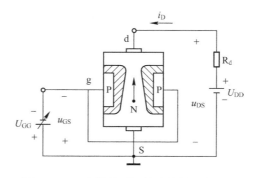

图2-33　N沟道结型场效应管的工作原理

2．绝缘栅型场效应管

1）增强型绝缘栅型场效应管的结构

为了进一步提高输入电阻，可采用绝缘栅型场效应管（Insulated Gate Type Field Effect Transistor，IGFET），其栅极与漏极、源极都是绝缘的。应用最为广泛的 IGFET 是以二氧化硅作为金属栅极和半导体之间的绝缘层，即它是由金属、氧化物和半导体组成的，称为 MOSFET，简称为 MOS 管。MOS 管也有 N 沟道和 P 沟道两类，其中每一类又可分为增强型和耗尽型两种。图 2-34（a）为 N 沟道的结构示意图，图 2-34（b）、（c）分别为 N 沟道、P 沟道的电路符号。

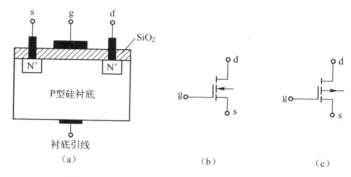

图 2-34　增强型 MOS 管的结构及电路符号

2）工作原理

MOS 管的衬底和源极通常是连在一起的。对于 N 沟道 EMOS 管，为了能形成导电沟道，栅源之间应加正电压；为了使 P 型硅衬底和漏端 N^+ 区之间的 PN^+ 结处于反偏状态，漏源之间也应加正电压。因此，N 沟道 MOS 管的偏置电压的极性如图 2-35 所示。

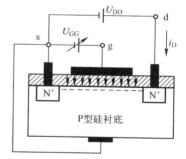

图 2-35　N 沟道增强型 MOS 管的工作原理

3．场效应管放大电路

与三极管一样，根据输入、输出回路公共端选择不同，场效应管放大电路可分成共源、共漏和共栅三种组态，这里不进行过多介绍。

 技能训练：基本放大电路的性能测试

1．训练目的

（1）学会对电路中使用的元器件进行检测与筛选。

（2）学会共发射极单管放大器测试电路的搭接方法。

（3）学会共发射极放大电路的调试与测试方法，即能够根据要求调试放大电路并能测试放大电路的主要性能指标，分析静态工作点对放大器性能的影响。

（4）熟悉常用电子仪器及模拟电路实验设备的使用方法。

2．训练器材

（1）万用表、双踪示波器、+12V 直流稳压电源、函数信号发生器、交流毫安表、直流毫安表、直流电压表、频率计。

（2）搭接、测试电路及配套电子元件及材料，详见表 2-8。

表 2-8　配套电子元件与材料明细表

代　号	名　　称	规　格	代　号	名　　称	规　格
R_S	金属膜电阻	1kΩ/1/2W	C_1	电解电容器	10μF/400V
R_{B1}	金属膜电阻	20kΩ/1/2W	C_2	电解电容器	10μF/400V
R_{B2}	金属膜电阻	20kΩ/1/2W	C_E	电解电容器	47μF/25V
R_C	金属膜电阻	2.4kΩ/1/2W	T	三极管	3DG6 或 9011
R_E	金属膜电阻	1kΩ/1/2W		面包板 SYB-130	
R_L	金属膜电阻	2.4kΩ/1/2W		面包板连接线	
R_W	微调电位器	100kΩ/1/2W			

注：晶体三极管 3DG6×1(β = 50～100)或 9011×1 管脚排列参照图 2-12 自行判别。

3．测试电路分析

图 2-36 所示为共发射极单管放大器测试电路图。它的偏置电路采用 R_{B1} 和 R_{B2} 组成的分压电路，并且在发射极中接有电阻 R_E，以稳定放大器的静态工作点。当在放大器的输入端加一输入信号 u_i 后，在放大器的输出端便可得到一个与 u_i 相位相反，幅值被放大了的输出信号 u_o，从而实现了电压放大。

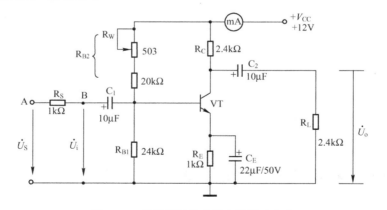

图 2-36　共发射极单管放大器测试电路

在图 2-36 所示电路中，当流过偏置电阻 R_{B1} 和 R_{B2} 的电流远大于晶体管 VT 的基极电流 I_B 时（一般为 5～10 倍），它的静态工作点可用下式估算：

$$U_B \approx \frac{R_{B1}}{R_{B1} + R_{B2}} U_{CC} \qquad\qquad I_E = \frac{U_B - U_{BE}}{R_E} \approx I_C$$

$$U_{CE} = U_{CC} - I_C(R_C + R_E)$$

电压放大倍数为

$$A_u = -\beta\frac{R_C // R_L}{r_{be}}$$

输入电阻：$R_i = R_{B1} // R_{B2} // r_{be}$　　　　　　　　输出电阻：$R_o \approx R_C$

由于电子器件性能的分散性比较大，因此在设计和制作晶体管放大电路时，离不开测量和调试技术。在设计前应测量所用元器件的参数，为电路设计提供必要的依据，在完成设计和装配以后，还必须测量和调试放大器的静态工作点和各项性能指标。一个优质放大器，必定是理论设计与实验调整相结合的产物。因此，除了学习放大器的理论知识和设计方法外，还必须掌握必要的测量和调试技术。放大器的测量和调试一般包括：放大器静态工作点的测量与调试，消除干扰与自激振荡及放大器各项动态参数的测量与调试等。

1）放大器静态工作点的测量与调试原理

（1）静态工作点的测量。

测量放大器的静态工作点，应在输入信号 $u_i = 0$ 的情况下进行，即将放大器输入端与地端短接，然后选用量程合适的直流毫安表和直流电压表，分别测量晶体管的集电极电流 I_C 及各电极对地的电位 U_B、U_C 和 U_E。一般实验中，为了避免断开集电极，一般采用测量电压，然后算出 I_C 的方法。例如，只要测出 U_E，即可用 $I_C \approx I_E = U_E/R_E$ 算出 I_C（也可根据 $I_C = (U_{CC} - U_C)/R_C$，由 U_C 确定 I_C），同时也能算出 $U_{BE} = U_B - U_E$，$U_{CE} = U_C - U_E$。为了减小误差，提高测量精度，应选用内阻较高的直流电压表。

（2）静态工作点的调试。

放大器静态工作点的调试是指对管子集电极电流 I_C（或 U_{CE}）的调整与测试。静态工作点是否合适，对放大器的性能和输出波形有很大影响。如果工作点偏高，放大器在加入交流信号以后易产生饱和失真，此时 u_o 的负半周将被削底，如图 2-37（a）所示；如果工作点偏低则易产生截止失真，即 u_o 的正半周被缩顶（一般截止失真不如饱和失真明显），如图 2-37（b）所示。这些情况都不符合不失真放大的要求，因此在选定工作点以后还必须进行动态调试，即在放大器的输入端加入一定的 u_i，检查输出电压 u_o 的大小和波形是否满足要求。如果不满足，应调节静态工作点的位置。

改变电路参数 U_{CC}、R_C、R_B（R_{B1}、R_{B2}）都会引起静态工作点的变化，如图 2-38 所示。但通常多采用调节偏置电阻 R_{B2} 的方法来改变静态工作点，如减小 R_{B2} 可使静态工作点提高等。

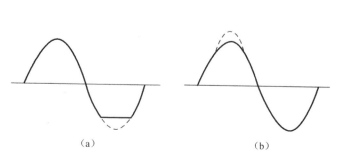

图 2-37　静态工作点对 u_o 波形失真的影响

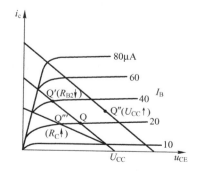

图 2-38　电路参数对静态工作点的影响

最后还要说明的是，上面所说的工作点"偏高"或"偏低"不是绝对的，应该是相对信号的幅度而言的，如果信号幅度很小，即使工作点较高或较低也不一定会出现失真。因此，确切地说，产生波形失真是信号幅度与静态工作点设置配合不当所致。如果需满足较大信号幅度的要求，静态工作点最好尽量靠近交流负载线的中点。

2）放大器动态指标测试原理及方法

放大器动态指标包括：电压放大倍数、输入电阻、输出电阻、最大不失真输出电压（动态范围）和通频带等。

（1）电压放大倍数 A_u 的测试。

调整放大器到合适的静态工作点，然后加入输入电压 u_i，在输出电压 u_o 不失真的情况下，用交流毫伏表测出 u_i 和 u_o，则有

$$A_u = \frac{U_o}{U_i}$$

（2）输入电阻 R_i 的测试。

为了测量放大器的输入电阻，按图 2-39 所示电路在被测放大器的输入端与信号源之间串入一个已知电阻 R，在放大器正常工作的情况下，用交流毫伏表测出 U_s 和 U_i。

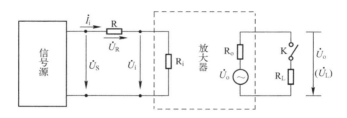

图 2-39   输入、输出电阻测量电路

则根据输入电阻的定义可得

$$R_i = \frac{U_i}{I_i} = \frac{U_i}{\dfrac{U_R}{R}} = \frac{U_i}{U_S - U_i} R$$

测量时应注意：

a）由于电阻 R 两端没有电路公共接地点，所以测量 R 两端电压 U_R 时必须分别测出 U_s 和 U_i，然后根据 $U_R = U_S - U_i$ 计算出 U_R 值；

b）电阻 R 的值不宜取得过大或过小，以免产生较大的测量误差，通常取 R 与 R_i 为同一数量级为好，本实训项目可取 $R = 1 \sim 2\text{k}\Omega$。

（3）输出电阻 R_o 的测量。

按图 2-39 所示电路，在放大器正常工作条件下，测出端不接负载 R_L 的输出电压 U_o 和接入负载后的输出电压 U_L，根据 $U_L = \dfrac{R_L}{R_O + R_L} U_o$，即可求出 $R_o = \left(\dfrac{U_o}{U_L} - 1\right) R_L$。

在测试中应注意，必须保持 R_L 接入前后输入信号的大小不变。

（4）最大不失真输出电压 U_{OPP} 的测试（最大动态范围）。

如上所述，为了得到最大动态范围，应将静态工作点调在交流负载线的中点。为此在放大器正常工作情况下，逐步增大输入信号的幅度，并同时调节 R_W（改变静态工作点），用示波器观察 u_o，当输出波形同时出现削底和缩顶现象（如图 2-40 所示）时，说明静态工作点已调在交流负载线的中点。然后反复调整输入信号，使波形输出幅度最大，且无明显失真时，用交流毫伏表测出 U_o（有效值），则动态范围等于 $2\sqrt{2}\,U_o$。或用示波器直接读出 U_{OPP} 来。

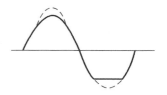

图 2-40　静态工作点正常，输入信号太大引起的失真

（5）放大器频率特性的测试。

放大器的频率特性是指放大器的电压放大倍数 A_u 与输入信号频率 f 之间的关系曲线。单管阻容耦合放大电路的幅频特性曲线如图 2-41 所示，A_{um} 为中频电压放大倍数，通常规定电压放大倍数随频率变化下降到中频放大倍数的 $1/\sqrt{2}$，即 $0.707A_{um}$ 所对应的频率为下限频率 f_L 和上限频率 f_H，则通频带 $F_{BW}=f_H-f_L$。

放大器的幅率特性就是测量不同频率信号时的电压放大倍数 A_u。为此，可采用前述测 A_u 的方法，每改变一个信号频率，测量其相应的电压放大倍数。测量时应注意取点要恰当，在低频段与高频段应多测几点，在中频段可以少测几点。此外，在改变频率时，要保持输入信号的幅度不变，且输出波形不得失真。

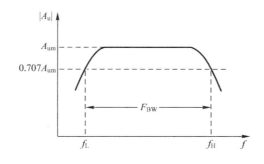

图 2-41　幅频特性曲线

4. 操作步骤

1）读识电路，了解电路组成

读电路图，认识电路中各元件的符号及参数大小、各元件的特性和作用。

2）元器件的清点、识别、测试

根据元件外形或用万用表测试，确定各实际元件的参数和管脚。

3）在面包板上进行电路搭接

熟悉面包板的使用和搭接技巧，按工艺要求在面包板上搭接电路。要注意三极管的管脚和电容器的极性，不要出现短路，要多检查。

4）放大电路的调整与测试

测试电路如图 2-36 所示。为防止干扰，各仪器的公共端必须连在一起，同时信号源、交流毫伏表和示波器的引线应采用专用电缆线或屏蔽线。如果使用屏蔽线，则屏蔽线的外包金属网应接在公共接地端上。

（1）静态工作点测试。

接通电源前，先将 R_W 调至最大，函数信号发生器输出旋钮旋至零。

接通+12V 电源，调节 R_W，使 I_E=2.0mA（即 U_E=2.0V），用直流电压表测量 U_B、U_E、U_C 及用万用表测量 R_{B2} 值，记入表 2-9 中。

表 2-9　I_E=2mA 时的静态工作点测试记录

测　量　值				计　算　值		
U_B（V）	U_E（V）	U_C（V）	R_{B2}（kΩ）	U_{BE}（V）	U_{CE}（V）	I_C（mA）

（2）电压放大倍数测试。

在放大器输入端加入频率为 1kHz 的正弦信号 u_s，调节函数信号发生器的输出旋钮使 U_i=30mV，同时用示波器观察放大器输出电压 u_o 的波形，在波形不失真的条件下用交流毫伏表测量下述两种情况下的 u_o 值，并用双踪示波器观察 u_o 和 u_i 的相位关系，记入表 2-10 中。

表 2-10　I_C=2.0mA，U_i=(　　)mV 时的电压放大倍数测试记录

R_C（kΩ）	R_L（kΩ）	U_o（V）	A_u	观察记录一组 u_o 和 u_i 波形
2.4	∞			
2.4	2.4			

（3）观察静态工作点对电压放大倍数的影响。

置 R_C=2.4kΩ，R_L=∞，u_i 适当，调节 R_W，用示波器监视输出电压波形，在 u_o 不失真的条件下，测量数组 I_C 和 U_o 值，记入表 2-11 中。

表 2-11　R_C=2.4kΩ，R_L=∞，U_i=(　　)mV 时的测试数据记录表

I_C（mA）			2.0		
U_o（V）					
A_u					

测量 I_C 时，要先将信号源输出旋钮旋至零（即使 u_i=0）。

（4）观察静态工作点对输出波形失真的影响。

置 R_C=2.4kΩ，R_L=2.4kΩ，u_i=0，调节 R_W 使 I_C=2.0mA，测出 U_{CE} 值，再逐步加大输入信号，使输出电压 u_o 足够大但不失真。然后保持输入信号不变，分别增大和减小 R_W，使波形出现失真，绘出 u_o 的波形，并测出失真情况下的 I_C 和 U_{CE} 值，记入表 2-12 中。每次测 I_C 和 U_{CE} 值时都要将信号源的输出旋钮旋至零。

表 2-12 $R_C = 2.4\text{k}\Omega$，$R_L = \infty$，$U_i = ($ $)$mV 时的测试数据记录表

I_C（mA）	U_{CE}（V）	U_o波形	失真情况分析	管子工作状态
		↑→		
2.0		↑→		
		↑→		

5．思考

（1）阅读教材中有关单管放大电路的内容并估算实验电路的性能指标。

假设：3DG6 的 $\beta = 100$，$R_{B1} = 20\text{k}\Omega$，$R_{B2} = 60\text{k}\Omega$，$R_C = 2.4\text{k}\Omega$，$R_L = 2.4\text{k}\Omega$。估算放大器的静态工作点、电压放大倍数 A_u、输入电阻 R_i 和输出电阻 R_o。

（2）为什么实验中要采用先测量 U_B、U_E，再间接算出 U_{BE} 的方法？

（3）怎样测量 R_{B2} 的阻值？

（4）当调节偏置电阻 R_{B2}，使放大器输出波形出现饱和或截止失真时，晶体管的管压降 U_{CE} 怎样变化？

（5）改变静态工作点对放大器的输入电阻 R_i 有否影响？改变外接电阻 R_L 对输出电阻 R_o 有否影响？

（6）在测试 A_u、R_i 和 R_o 时怎样选择输入信号的大小和频率？为什么信号频率一般选 1kHz，而不选 100kHz 或更高？

（7）测试中，如果将函数信号发生器、交流毫伏表、示波器中任一仪器的两个测试端子接线换位（即各仪器的接地端不再连在一起），将会出现什么问题？

任务3 多级放大电路

实际中大多数的放大电路或系统，需要把微弱的毫伏级或微伏级信号放大为具有足够大的输出电压或电流信号去推动负载工作，而前面讨论的基本单元放大电路，其性能通常很难满足电路或系统的这种要求。因此，实际使用时需采用两级或两级以上的基本单元放大电路连接起来组成多级放大电路，以满足电路或系统的需要，如图 2-42 所示。通常把与信号源相连接的第一级放大电路称为输入级，与负载相连接的末级放大电路称为输出级，输出级与输入级之间的放大电路称为中间级。由于输入级与中间级处于多级放大电路的前几级，故又称为前置级。前置级一般都属于小信号工作状态，主要进行电压放大；输出级属于大信号放大，以提供负载足够大的信号，常采用功率放大电路。

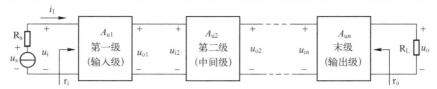

图 2-42　多级放大电路的组成框图

2.3.1　多级放大电路的耦合方式与基本特点

多级放大电路各级间的连接方式称为耦合。耦合方式可分为阻容耦合、直接耦合、光电耦合和变压器耦合等。阻容耦合方式在分立元件多级放大电路中被广泛使用，放大缓慢变化的信号或直流信号则采用直接耦合的方式。变压器耦合由于频率响应不好、笨重、成本高、不能集成等缺点，在放大电路中的应用越来越少，因此下面只讨论前两种级间耦合方式。

1. 阻容耦合

如图 2-43 所示是两级共发射极阻容耦合放大电路。两级间的连接通过耦合电容 C_2 将前级的输出电压加在后级的输入电阻上（即前级的负载电阻），故称为阻容耦合放大电路。在这种电路中，由于耦合电容隔断了级间的直流通路，因此各级的直流工作点彼此独立，互不影响，这也使得电容耦合放大电路不能放大直流信号或缓慢变化的信号，若放大的交流信号的频率较低，则需要采用大容量的电解电容作为耦合电容。

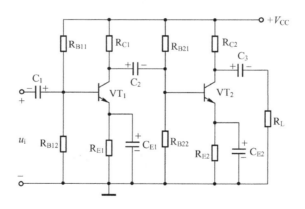

图 2-43　两级共发射极阻容耦合放大电路

阻容耦合放大电路的特点如下。

（1）优点：因电容具有隔直作用，所以各级电路的静态工作点相互独立，互不影响。这给放大电路的分析、设计和调试带来了很大的方便。此外，它还具有体积小、质量轻等优点。

（2）缺点：因电容对交流信号具有一定的容抗，所以信号在传输过程中会受到一定的衰减。尤其是对于变化缓慢的信号的容抗很大，不便于传输。此外，在集成电路中，制造大容量的电容很困难，因此这种耦合方式下的多级放大电路不便于集成。

2．直接耦合

放大缓慢变化的信号（如热电偶测量炉温变化时送出的电压信号）或直流信号（如电子测量仪表中的放大电路）时，就不能采用阻容耦合方式的放大电路，而要采用直接耦合放大电路。如图 2-44 所示就是两级直接耦合放大电路，即前级的输出端与后级的输入端直接相连。

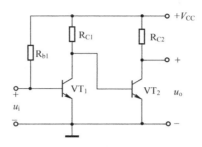

图 2-44 两级直接耦合放大电路

直接耦合方式可省去级间耦合元件，信号传输的损耗小，不仅能放大交流信号，而且还能放大变化十分缓慢的信号。但由于级间为直接耦合，所以前后级之间的直流电位相互影响，使得多级放大电路的各级静态工作点不能独立，当某一级的静态工作点发生变化时，其前后级也将受到影响。例如，当工作温度或电源电压等外界因素发生变化时，直接耦合放大电路中的各级静态工作点将跟随变化，这种变化称为工作点漂移。

值得注意的是，第一级的工作点漂移会随着信号传送至后级，并逐级被放大。这样一来，即使输入信号为零，输出电压也会偏离原来的初始值而上下波动，这种现象称为**零点漂移**。零点漂移将会造成有用信号的失真，严重时有用信号将被零点漂移"淹没"，使人们无法辨认输出电压是漂移电压，还是有用的信号电压。

在引起工作点漂移的外界因素中，工作温度变化引起的漂移最严重，称为**温漂**。这主要是由于晶体管的 β、I_{CBO}、U_{BE} 等参数都随温度的变化而变化，从而引起工作点的变化。如果输入级采用差动放大电路可有效抑制零点漂移。

2.3.2 多级放大电路的参数计算

在图 2-42 所示的多级放大电路框图中，如果各级电压放大倍数分别为 $A_{u1} = u_{o1}/u_i$，$A_{u2} = u_{o2}/u_{i2}$，$\cdots$，$A_{un} = u_o/u_{in}$，由于信号是逐级被传送放大的，前级的输出电压便是后级的输入电压，即 $u_{o1} = u_{i2}$，$u_{o2} = u_{i3}$，$\cdots$，$u_{o(n-1)} = u_{in}$，因此整个放大电路的电压放大倍数为

$$A_u = \frac{u_o}{u_i} = \frac{u_{o1}}{u_i} \cdot \frac{u_{o2}}{u_{i2}} \cdots \frac{u_o}{u_{in}} = A_{u1} \cdot A_{u2} \cdots A_{un} \tag{2-41}$$

上式表明，多级放大电路的电压放大倍数等于各级电压放大倍数的乘积。显然，总的放大倍数的数值很大。在实际工程应用中，为便于计算，常采用分贝（dB）表示放大倍数，此时称为增益。增益和相应的放大倍数之间的关系定义如下。

电压增益 $\qquad\qquad\qquad A_u(\mathrm{dB}) = 20\lg\left|A_u\right|$

电流增益

$$A_i(dB) = 20\lg|A_i|$$ (2-42)

功率增益

$$A_p(dB) = 10\lg|A_p|$$

若用增益表示，则多级放大电路的电压总增益等于各级电压增益之和，即

$$A_u(dB) = A_{u1}(dB) + A_{u2}(dB) + \cdots + A_{un}(dB)$$ (2-43)

需要注意的是，在计算多级放大电路的各级电压放大倍数时，必须要考虑后级的输入电阻对前级的负载效应，即计算每级电压放大倍数时，下一级电路的输入电阻应作为上一级的负载来考虑。

由图 2-42 可见，多级放大电路的总输入电阻就是由第一级考虑到后级放大电路影响后的输入电阻求得的，即 $r_i = r_{i1}$。

多级放大电路的输出电阻就是由末级放大电路求得的输出电阻，即 $r_o = r_{on}$。

【例 2-3】 两级共发射极阻容耦合放大电路如图 2-45（a）所示，若晶体管 VT_1 的 β_1 =60，r_{be1} =2kΩ，VT_2 的 β_2 =100，r_{be2} =2.2kΩ，其他参数如图中所示，各电容的容量足够大，试求放大电路的 A_u、r_i、r_o。

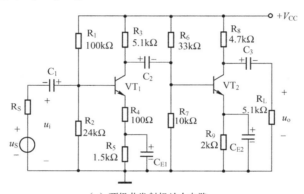

（a）两级共发射极放大电路

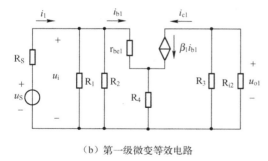

（b）第一级微变等效电路

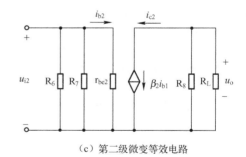

（c）第二级微变等效电路

图 2-45　两级阻容耦合放大电路

解： 在小信号工作情况下，两级共发射极放大电路的微变等效电路如图 2-45（b）、（c）所示，其中图 2-45（b）中的负载电阻 R_{i2} 即为后级放大电路的输入电阻，即

$$R_{i2} = R_6 // R_7 // r_{be2} = \frac{1}{\dfrac{1}{33} + \dfrac{1}{10} + \dfrac{1}{2.2}} = 1.7(k\Omega)$$

因此，第一级放大电路的负载为

$$R'_L = R_3 // R_{i2} = 5.1 // 1.7 \approx 1.3(k\Omega)$$

第一级电压放大倍数为

$$A_{u1} = \frac{u_{o1}}{u_i} = \frac{-\beta_1 R'_{L1}}{r_{be1} + (1+\beta_1)R_4} = \frac{-60 \times 1.3}{2 + (1+60) \times 0.1} \approx -9.6$$

分贝表示为

$$A_{u1}(dB) = 20\lg 9.6 = 19.6(dB)$$

第二级电压放大倍数为

$$A_{u2} = \frac{u_o}{u_{i2}} = \frac{-\beta_2 R'_{L2}}{r_{be2}} = \frac{-100 \times (4.7//5.1)}{2.2} \approx -111$$

分贝表示为

$$A_{u2}(dB) = 20\lg 111 = 41(dB)$$

两级放大电路的总电压放大倍数为

$$A_u = A_{u1} \cdot A_{u2} = (-9.6) \times (-111) = 1066$$

分贝表示为

$$A_u(dB) = A_{u1}(dB) + A_{u2}(dB) = 19.6 + 41 = 60.6(dB)$$

该式中没有负号，说明两级放大电路的输出电压与输入电压相位相同。

两级放大电路的输入电阻等于第一级电路的输入电阻，即

$$R_i = R_{i1} = R_1 // R_2 // [r_{be1} + (1+\beta)R_4] = 100 // 24 // (2 + 61 \times 0.1) \approx 5.7(k\Omega)$$

两级放大电路的输出电阻等于第二级的输出电阻，即 $R_o = R_8 = 4.7k\Omega$。

2.3.3　放大电路的频率特性

1. 单管共发射极放大电路的频率特性

如图 2-46（a）所示是单管共发射极放大电路，图 2-46（b）、（c）是其频率响应特性，其中，图（b）是幅频特性曲线，图（c）是相频特性曲线。图中表明，在某一段频率范围内，电压放大倍数与频率无关，输出信号与输入信号的相位差为-180°，这一个频率范围称为中频区。在中频区之外，随着频率的降低或升高，电压放大倍数都要减小，相位差也要发生变化。

在中频区，由于耦合电容和射极旁路电容的容量较大，其等效容抗很小，故可视为短路。另外，因为三极管的结电容及电路中的杂散电容很小，等效容抗很大，故可视为开路。因此在中频区，可认为信号在传输过程中不受电容的影响，从而使电压放大倍数几乎不受频率变化的影响，则该区的特性曲线较平坦。而在中频区以外的低频区、高频区，放大电路的电压放大倍数的幅值均随频率变化而下降。

在低频区，A_u 下降的原因是：由于耦合电容 C_1、C_2 及射极旁路电容 C_e 的等效容抗随频率下降而增加，从而使信号在这些电容上的压降也随之增加，因而减少了输出电压 u_o，导致低频段 A_u 的下降。

在高频区，由于三极管的极间电容和电路中的分布电容因频率升高而使得等效容抗减小，对信号的分流作用增大，降低了集电极电流和输出电压 u_o，导致高频段 A_u 的下降。

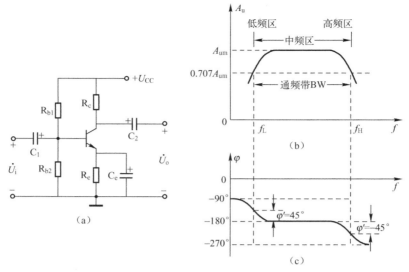

图 2-46　单管共发射极放大电路的频率响应特性

工程上，把因频率变化使电压放大倍数 A_u 下降到中频放大倍数 A_{um} 的 $\dfrac{1}{\sqrt{2}}$（即 0.707

倍）时，所对应的低频频率点和高频频率点分别称为中频区的下限截止频率 f_L 和上限截止频率 f_H。把 f_L 与 f_H 之间的频率范围称为通频带，用 BW 表示，即

$$\text{BW} = f_H - f_L \tag{2-44}$$

通频带是放大电路频率响应的一个重要指标。通频带越宽，表示放大电路工作的频率范围越宽。例如，质量好的音频放大器，其通频带可达 20Hz～20kHz。

由于通频带不会是无穷大，因此当输入信号包含若干多次谐波成分时，放大器对不同频率信号的放大倍数不同和相位移不同，从而使输出信号与输入信号不同，即产生了频率失真。由于它是电抗元件引起的，电抗元件是线性元件，故这种失真称为线性失真。

2. 多级放大电路的频率特性

在多级放大电路中，随着级数的增加，其通频带变窄，且窄于任何一级放大电路的通频带。这是因为多级放大电路总的放大倍数是各级放大倍数的乘积，即

$$A_u = A_{u1} \cdot A_{u2} \cdot A_{u3} \cdots A_{un}$$

式中，n 为放大电路的级数。

下面以两级共发射极放大电路为例，分析多级放大电路的通频带变窄的原因。两个单级共发射极放大电路的幅频特性曲线如图 2-47（a）所示。

设 $A_{um1} = A_{um2}$，$f_{L1} = f_{L2}$，$f_{H1} = f_{H2}$，$\text{BW}_1 = \text{BW}_2$，由它们级联组成的多级放大电路，其总放大倍数 $A_u = A_{u1} \cdot A_{u2}$。

中频段时，$A_{um} = A_{um1} A_{um2} = A_{um1}^2 = A_{um2}^2$。

在上、下限截止频率处，各级放大电路的电压放大倍数均为中频区电压放大倍数的 0.707 倍，即

$$A_{uL1} = 0.707 A_{um1} = A_{uL2} = 0.707 A_{um2}$$

$$A_{\mathrm{uH1}} = 0.707 A_{\mathrm{um1}} = A_{\mathrm{uH2}} = 0.707 A_{\mathrm{um2}}$$

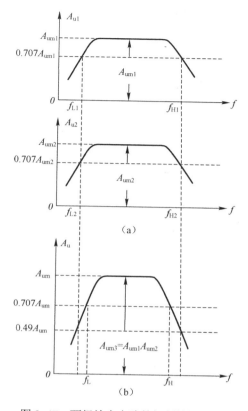

图 2-47　两级放大电路的幅频特性曲线

在耦合后的多级放大电路中，在所对应的 f_{L1}（f_{L2}）及 f_{H1}（f_{H2}）处的总电压放大倍数为

$$A_{\mathrm{u}} = 0.707 A_{\mathrm{um1}} \cdot A_{\mathrm{um2}} = 0.49 A_{\mathrm{um1}} A_{\mathrm{um2}} = 0.49 A_{\mathrm{um1}}^2$$

根据上、下限截止频率的定义，应有

$$A_{\mathrm{uL}} = 0.707 A_{\mathrm{um1}} A_{\mathrm{um2}}$$

$$A_{\mathrm{uH}} = 0.707 A_{\mathrm{um1}} A_{\mathrm{um2}}$$

由图 2-47（b）可看出，多级放大电路的上限截止频率小于单级放大电路的上限截止频率，下限截止频率大于单级放大电路的下限截止频率。因此，其通频带窄于单级放大电路的通频带。

由上述分析可知，多级放大器的放大倍数与通频带是一对矛盾，多级放大器虽然使放大倍数提高了，但通频带却变窄了，且级数越多，通频带越窄。

 技能训练：多级放大电路的性能测试

1．训练目的

（1）加深对多级放大器的特性的理解。

（2）学会检查、调试电路和测量电路主要性能指标的方法。

（3）了解负载和工作点对放大器输出波形的影响。

（4）能够检测和排除放大电路中的故障。

2．训练器材

（1）测试用仪器仪表：直流稳压电源、低频信号发生器或函数信号发生器、双踪示波器、万用表、交流毫伏表。

（2）测试电路及配套电子元件及材料，如表 2-13 所示。

表 2-13　配套元件及材料明细表

代号	名　称	规　格	代号	名　称	规　格
R	碳膜（或金属膜）电阻	10kΩ/1/4W	R_{W1}	微调电位器	3296W-504
R_{B1}	碳膜（或金属膜）电阻	100kΩ/1/4W	R_{W2}	微调电位器	3296W-503
R_{C1}	碳膜（或金属膜）电阻	1.2kΩ/1/4W	V_1	三极管	3DG6
R_{E1}	碳膜（或金属膜）电阻	100Ω/1/4W	V_2	三极管	3DG6
R_{E2}	碳膜（或金属膜）电阻	2kΩ/1/4W	C_1	电解电容器	10μF/16V
R_{B2}	碳膜（或金属膜）电阻	5.1kΩ/1/4W	C_2	电解电容器	10μF/16V
R_{B3}	碳膜（或金属膜）电阻	5.1kΩ/1/4W	C_3	电解电容器	10μF/16V
R_{C2}	碳膜（或金属膜）电阻	390Ω/1/4W	C_{E1}	电解电容器	47μF/16V
R_{E3}	碳膜（或金属膜）电阻	100Ω/1/4W	C_{E2}	电解电容器	100μF /16V
R_{E4}	碳膜（或金属膜）电阻	1kΩ/1/4W		面包板	
R_L	碳膜（或金属膜）电阻	4.7kΩ/1/4W		插接导线	

调整、测试电路如图 2-48 所示。

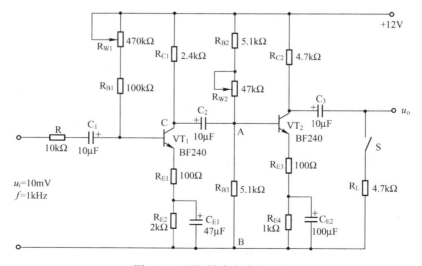

图 2-48　两级放大电路原理图

3．电路原理

多级放大器由许多单级放大器组成，多级放大器的倍数等于组成它的单级放大器的放大倍数之积：

$$A_u = A_{u1} \cdot A_{u2} \cdot A_{u3} \cdots A_{un}$$

在理论计算中，求分立元件多级放大电路的电压放大倍数时有两种处理方法：一是将后一级的输入电阻作为前一级的负载考虑，即将第二级的输入电阻与第一级集电极负载电阻并联，简称输入电阻法；二是将后一级与前一级开路，计算前一级的开路电压放大倍数和输出电阻，并将其作为信号源内阻加以考虑，共同作用到后一级的输入端，简称开路电压法。其中后者较简单。但在实际应用时往往采用测试法求电压放大倍数。

放大倍数的测量，实际上是对交流电压的测量，对于低频正弦电压，可用数字式交流毫伏表直接测量 U_o 及 U_i。为了避免不必要的机壳间的感应和干扰，必须将所有仪器的接地端连在一起。示波器接在放大器的输出端，用于观察输出信号是否有失真（对于正弦波电压，应无明显的削波现象），因此测量放大倍数，必须是输出信号不失真条件下的放大倍数，如果信号波形已经失真，再测量放大倍数就毫无意义了。

4．操作步骤

1）电路分析

如图 2-48 所示电路是用电容 C_2 将两个单级放大器连接起来的两级放大器，前级是固定偏置共发射极放大电路，后者为分压式偏置共发射极放大电路。由于第一级是通过电容和下一级连接起来的，故为阻容耦合。因此，各级的直流电路互不相通，每一级的静态工作点各自独立，互不影响，这样就给电路的设计、调试和维修带来了很大的方便。但它不能用于直流或缓慢变化信号的放大。

2）放大电路的调整与测试

（1）静态调整。

① 将直流稳压电源的输出调至 12V，接入电路的电源端。

② 调节 470kΩ 电位器，使三极管 VT_1 的 C、E 极两端的电压 U_{CE1}＝6V；然后调节 47kΩ 电位器，使三极管 VT_2 的 C、E 极两端的电压 U_{CE2}＝6V（可将万用表的直流电压挡直接接在 C、E 两端测试）。

（2）测试放大倍数。

① 调节低频信号发生器使其输出 U_i＝10mV，f＝1kHz 的信号，将该低频信号接入电路输入端，然后接入负载电阻。

② 将毫伏表接在 A、B 两点，读出电压大小，此电压值即为第一级放大器的输出电压，将该值填入表 2-14 中，并计算出第一级的电压放大倍数 A_{u1}。

表 2-14　两级放大电路数据记录表

测试值 电路	输入电压 U_i	输出电压 U_o	A_u
第一级放大			
第二级放大			
两级放大			

③ 断开 C、B 两点，将输入信号（U_i=10mV，f=1kHz）接在 C、B 端，将毫伏表接在 U_o 端测量电压，测出的值即为第二级放大器的输出电压，将该值填入表 2-14 中，并计算出第二级电压放大倍数 A_{u2}。

④ 将电路恢复正常，再用毫伏表测 U_o 值，此值即为两级放大器的输出电压，将该值填入表 2-14 中。

⑤ 根据所测数据，计算出两级放大电路的总电压放大倍数 A_u，填入表 2-14 中，并验证测试数据是否与公式 $A_u = A_{u1} \times A_{u2}$ 的计算结果一致。

 项目实施：电子生日蜡烛控制电路的设计、制作与调试

一、设计任务要求

该电路模拟真实生日蜡烛，用火点亮，用嘴吹灭。点亮时同时播放"祝你生日快乐"的乐曲，吹灭时乐曲停止播放。

二、电路设计

1. 电路具体设计

生日蜡烛控制电路一般由两级基本共发射极放大电路、二极管单向整流电路、双稳电路、LED 驱动电路和 IC 控制电路组成，设计电路如本章开篇的项目引导所示。

2. 利用 Multisim 仿真软件绘制出直流电源仿真电路

采用 Multisim 软件绘图时，首先设置符号标准为"DIN"形式，单击菜单栏→选项→Global Preferences（首选项）→零件→符号标准→DIN。电路仿真时，驻极话筒 MIC 使用函数信号发生器代替，热敏电阻采用电位器代替，三极管 9013、9014 采用 2N2222A 代替，三极管 9012 采用 2SA1015 代替，然后按图 2-49 更改标签和显示设置，连接仿真电路，并进行调试（音乐 IC 采用通电发音式，不宜仿真实现）。

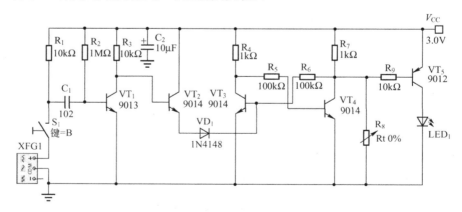

图 2-49 电子生日蜡烛仿真电路

3. 电路性能测试

运行仿真，调节电位器 R_8，模拟点火，给热敏电阻加热，使得 LED_1 正常发光；再调节

R_8 回到初始状态，闭合开关 S_1，LED_1 熄灭，模拟吹灭蜡烛。

三、元件与材料清单

电子蜡烛控制电路元器件明细表如表 2-15 所示。

表 2-15　电子蜡烛控制电路元器件明细表

元件名称	元件序号	元件注释	封装形式	数量
电阻	R_4、R_7	1kΩ	TRF_5	2
	R_1、R_3、R_9	10kΩ	DIODE-0.4	3
	R_5、R_6	100kΩ		2
	R_2	1MΩ		1
热敏电阻	R_8	MF11 -10kΩ		1
瓷片电容	C_1	1000pF/50V	RAD-0.2	1
电解电容	C_2	10μF/10V	CAPR5-4X5	1
二极管	VD_1	1N4148		1
发光二极管	LED_1	红		3～5
三极管	VT_1	9013	TO-220AB	1
	VT_2、VT_3、VT_4	9014	TO-220AB	3
	VT_5	9012		1
驻极体话筒	MIC			1
音乐集成芯片	IC	祝你生日快乐	AXIAL-0.4	1
扬声器	SP	0.25W	LED-1	1

四、PCB 的设计

电子生日蜡烛 PCB 设计图如图 2-50 所示。

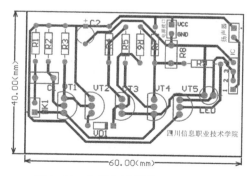

图 2-50　电子生日蜡烛 PCB 设计图

五、电路装配与调试

1. 安装工艺

接线工艺图绘制完成后，对照电路原理图认真检查无误，再在实验板上进行电路焊装，

要求:

(1) 严格按照图纸进行电路安装;

(2) 所有元件焊装前必须按要求先成型;

(3) 元件布置必须美观、整洁、合理;

(4) 所有焊点必须光亮、圆润、无毛刺、无虚焊、错焊和漏焊;

(5) 连接导线应正确、无交叉,走线美观简洁;

(6) 音乐 IC 接法为供电端与触发端接于 VT5 集电极。

(7) 热敏电阻不能直接烧烤,应在其上缠绕金属丝。

2. 调试工艺

按图纸插接好元件。由于本电路所用元件稍多,故连接完成后要仔细检查,确认无误后再接入+3V 电源,用打火机烧烤热敏电阻 R_t,LED 应能点亮,同时音乐 IC 开始工作,扬声器播出"祝你生日快乐"的乐曲。然后用嘴对着 MIC 吹气,LED 和音乐 IC 能断电停止工作。

 项目考核

项目任务考核要求及评分标准如表 2-16 所示。

表 2-16 项目考核表

项目 2 电子生日蜡烛控制电路的设计、制作与调试							
班级		姓名		学号		组别	
项目	配分	考核要求		评分标准		扣分	得分
电路分析	20	能正确分析电路的工作原理		分析错误,扣 5 分/处			
元件清点	10	10min 内完成所有元器件的清点、检测及调换		① 超出规定时间更换元件,扣 2 分/个 ② 检测数据不正确,扣 2 分/处			
组装焊接	20	① 工具使用正确,焊点规范 ② 元件的位置、连线正确 ③ 布线符合工艺要求		① 整形、安装或焊点不规范,扣 1 分/处 ② 损坏元器件,扣 2 分/个 ③ 错装、漏装元器件,扣 2 分/个 ④ 布线不规范,扣 1 分/处			
通电测试	20	电路功能能够完全实现		① LED 不发光,扣 5 分 ② 扬声器无法播放音乐,扣 5 分 ③ 不能正确吹灭 LED,扣 5 分			
故障分析检修	20	① 能正确观察出故障现象 ② 能正确分析故障原因,判断故障范围 ③ 检修思路清晰、方法得当 ④ 检修结果正确		① 故障现象观察错误,扣 2 分/次 ② 故障原因分析错误,或故障范围判断过大,扣 2 分/次 ③ 检修思路不清,方法不当,扣 2 分/次;仪表使用错误,扣 2 分/次 ④ 检修结果错误,扣 2 分/次			
安全、文明工作	10	① 安全用电,无人为损坏仪器、元件和设备 ② 操作习惯良好,能保持环境整洁,小组团结协作 ③ 不迟到、早退、旷课		① 发生安全事故,或人为损坏设备、元器件,扣 10 分 ② 现场不整洁、工作不文明,团队不协作,扣 5 分 ③ 不遵守考勤制度,每次扣 2~5 分			
合计							

项目习题

2.1 选择题

（1）某由 NPN 管构成的单级共发射极放大器的输出电压波形如图 2-51 所示，则该放大器发生了（ ）。

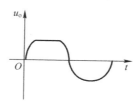

图 2-51 题 2.1（1）图

  A．饱和失真   B．截止失真   C．频率失真   D．无法判断

（2）双极型晶体管放大电路不包含（ ）组态。

  A．共射   B．共栅   C．共集   D．共基

（3）某三极管的 $I_B=10\mu A$ 时，$I_C=0.44mA$，当 $I_B=20\mu A$ 时，$I_C=0.89mA$，则它的电流放大系数 β 为（ ）。

  A．45   B．44   C．30   D．35

（4）阻容耦合放大电路（ ）信号。

  A．只能放大直流信号

  B．只能放大交流信号

  C．既能放大交流信号，也能放大直流信号

  D．既不能放大交流信号，也不能放大直流信号

（5）某双极型三极管多级放大电路中，测得 $A_{u1}=25$，$A_{u2}=-10$，$A_{u3}\approx1$，则可判断这三级电路的组态分别是（ ）。

  A．共发射极、共基极、共集电极   B．共基极、共发射极、共集电极

  C．共基极、共基极、共集电极   D．共集电极、共基极、共基极

（6）某三极管的 $P_{CM}=100mW$，$I_{CM}=20mA$，$U_{(BR)CEO}=15V$，则下列状态下三极管能正常工作的是（ ）。

  A．$U_{CE}=3V$，$I_C=10mA$ B．$U_{CE}=2V$，$I_C=40mA$

  C．$U_{CE}=6V$，$I_C=20mA$ D．$U_{CE}=20V$，$I_C=2mA$

（7）为了获得电压放大，同时又使得输出与输入电压同相，应选用（ ）放大电路。

  A．共发射极   B．共集电极

  C．共基极   D．共漏极

（8）图 2-52 所示电路中，出现下列哪种故障必使三极管截止（ ）。

  A．R_{B1} 开路   B．R_{B2} 开路

  C．R_C 短路   D．CE 短路

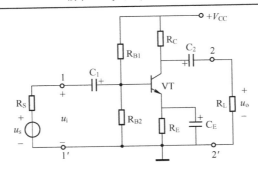

图 2-52　题 2.1（8）图

（9）当发射结和集电结都正偏时三极管工作于（　　）状态。

    A．放大　　　　　　　B．截止　　　　　　　　C．饱和　　　　　　　D．无法确定

（10）放大电路如图 2-53 所示，已知三极管的 $\beta=50$，则该电路中三极管的工作状态为（　　）。

    A．截止　　　　　　　B．饱和　　　　　　　　C．放大　　　　　　　D．无法确定

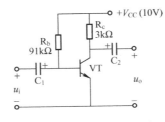

图 2-53　题 2.1（10）图

（11）硅三极管放大电路中，静态时测得集-射极之间的直流电压 $U_{CE}=0.3V$，则此时三极管工作于（　　）状态。

    A．饱和　　　　　　　B．截止　　　　　　　　C．放大　　　　　　　D．无法确定

（12）若测得放大电路中三极管的三个对地电位分别是 $U_1=5.8V$，$U_2=6V$，$U_3=2V$，则该管为（　　）。

    A．NPN 硅管　　　　B．PNP 锗管　　　　　C．NPN 锗管　　　D．PNP 硅管

（13）用万用表的"R×1k"电阻挡测量一个能正常放大的三极管，若用红表笔接触一个管脚，黑表笔接触另两个管脚时测得的电阻均较大且基本相等，则该三极管是（　　）。

    A．PNP 型　　　　　B．NPN 型　　　　　　C．无法确定

（14）在共发射极基本放大电路中，集电极电阻 R_C 的作用是（　　）。

    A．放大电流

    B．调节 I_{BQ}

    C．防止输出信号交流对地短，把放大了的电流转换成电压

    D．以上都不对

（15）为了使高阻输出的放大电路与低阻输入的放大负载很好地配合，可以在放大电路与负载之间插入（　　）。

    A．共射电路　　　B．共集电路　　　　　C．共基电路　　　　D．无法确定

2.2　填空题

（1）三极管属于_____控制型器件。

（2）在构建放大电路时，双极型三极管应工作于_____区，即发射结应为_____偏置，集电结应为_____偏置。

（3）共发射极基本电路的电压放大倍数为负值，说明输出信号与输入信号相位相差_____。

（4）如果三极管符号箭头向外，则该三极管的管型为_____。

（5）某三极管，当测得 $I_B = 30\mu A$ 时，$I_C = 1.2mA$，则发射极电流 $I_E = $ _____mA。

（6）共发射极放大器的输出电压与输入电压的相位_____，共集电极放大器的输出电压与输入电压的相位_____，共基极放大器的输出电压与输入电压的相位_____。

（7）已知某放大电路的 $|A_u| = 100$，则增益为_____dB。

（8）三极管放大电路中，既能放大电压又能放大电流的是共_____极电路，只能放大电压不能放大电流的是共_____极电路，只能放大电流不能放大电压的是共_____极电路。

（9）根据图 2-54 填空（设晶体管处于放大状态）。

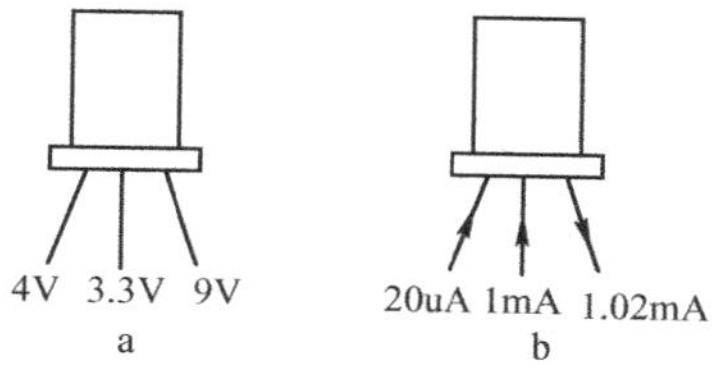

图a：类型（　　　）
　　　状态（　　　）

图b：类型（　　　）
　　　$\bar{\beta} = $（　　　）

4V　3.3V　9V
a

20uA 1mA 1.02mA
b

图 2-54　题 2.2（9）图

（10）NPN 型三极管构成的放大器在放大信号时，必须设置合适的静态工作点 Q。若 Q 点过高，易引起_____失真；若 Q 点过低，易引起_____失真。

（11）某处于放大状态的三极管，测得三个电极的对地电位为 $U_1 = -9V$，$U_2 = -6V$，$U_3 = -6.2V$，则三极管为_____型管。

（12）三极管的电流放大系数 β 反映了放大电路中_____极电流对_____极电流的控制能力。

（13）NPN 型管和 PNP 型管构成放大电路时，所需的工作电压极性_____，但这两种管子的微变等效电路_____。

（14）射极输出器的主要特点是：电压放大倍数_____、输入电阻_____、输出电阻_____。

（15）若希望带负载能力强，宜选用共_____极电路，若希望从信号源索取的电流小，宜选用共_____极电路。

（16）一个三极管构成的放大电路，测得输入电压的有效值为 2mV，输出电压的有效值为 0.1V，则该电路的放大倍数为_____。

（17）一个两级三极管放大电路，其中第一级电路的放大倍数为 10，第二级电路的放大倍数为 15，则这个电路的放大倍数为_____。

（18）放大电路的频率响应，包括_____响应和_____响应两种。

（19）三极管微变等效电路的适用条件是_____。

（20）当温度升高时，三极管的 β_____，反向饱和电流 I_{CBO}_____，U_{BE}_____。

（21）有两个三极管：A 管的 $\beta=200$，$I_{CEO}=200\mu A$；B 管的 $\beta=80$，$I_{CEO}=10\mu A$，其他参数大致相同，一般应选管_____。

2.3　判断题

（　　）1．放大器的输出幅度和频率之间的关系曲线，通常称为伏安特性曲线。

（　　）2．放大器常采用分压式偏置电路，主要目的是为了稳定静态工作点。

（　　）3．多级放大电路的输入电阻等于第一级输入电阻，输出电阻等于末级输出电阻。

（　　）4．用晶体三极管组成放大电路时基极可作为输出端。

（　　）5．放大电路中交、直流信号共存，交流信号给放大电路提供合适的静态工作点，直流信号是电路放大的对象。

（　　）6．放大电路的静态是指无输入信号时的状态。

（　　）7．可用晶体三极管来构成电子开关和电流源。

（　　）8．已知某放大器幅频特性曲线中 $f_L=80kHz$，$f_H=108kHz$，则其通频带 $f_{BW}=28kHz$。

（　　）9．直接耦合的多级放大电路，各级之间的静态工作点相互影响；电容耦合的多级放大电路，各级之间的静态工作点相互独立。

（　　）10．在单管共发射极放大电路实验中，一般通过调节基极电阻 R_b 来给电路设置合适的静态工作点。

（　　）11．放大电路只要静态工作点合理，就可以放大电压信号。

（　　）12．输入电阻反映了放大电路带负载的能力。

（　　）13．直接耦合放大电路存在零点漂移主要是由于晶体管参数受温度影响。

（　　）14．频率失真是由于线性的电抗元件引起的，它不会产生新的频率分量，因此是一种线性失真。

（　　）15．放大电路必须加上合适的直流电源才可能正常工作。

（　　）16．多级放大电路增益分贝为各级放大增益分贝之和。

（　　）17．双极型三极管由两个 PN 结构成，因此可以用两个二极管背靠背相连构成一个三极管。

（　　）18．只有直接耦合的放大电路中三极管的参数才随温度而变化，电容耦合的放大电路中三极管的参数不随温度而变化，因此只有直接耦合放大电路存在零点漂移。

（　　）19．多级放大器级数越多，通频带越窄。

（　　）20．三极管各电极的电流关系为 $I_E<I_C<<I_B$。

（　　）21．三极管的 C、E 两个区所用半导体材料相同，因此，可将三极管的 C、E 两个电极互换使用。

（　　）22．三极管工作在放大区时，若 i_B 为常数，则 u_{CE} 增大时，i_C 几乎不变，因此当三极管工作在放大区时可视为一电流源。

2.4　简答题

（1）测得两个晶体管（NPN）的各管脚电压如表 2-17 所示，试判断各管的工作状态（放大、饱和、截止）。

表 2-17　晶体管的各管脚电压及工作状态

序　号	各管脚电压			工作状态
	U_B	U_C	U_E	
A	−3V	5V	−3.7V	
B	−2V	8V	−0.7V	
C	2.7V	2.3V	2V	

（2）在测试图 2-55（a）的电路时，出现了图 2-55（b）所示的波形，试分析属于什么失真？应如何调节 R_B 才能消除失真？

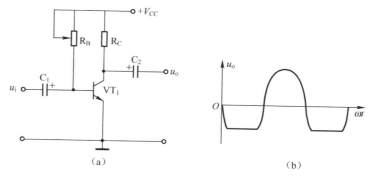

（a）　　　　　　　　　　　　　　（b）

图 2-55　题 2.4（2）图

（3）某处于放大状态的三极管，测得三个电极的对地电位为 $U_1=-9V$，$U_2=-6V$，$U_3=-6.2V$，试判断三极管的三个电极。

（4）测得工作在放大状态的某三极管的两个电极电流如图 2-56 所示。

① 求另一个电极的电流，并在图中标出其实际方向。

② 判断并标出 e、b 极。

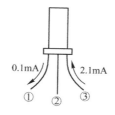

0.1mA　　　2.1mA

①　　②　　③

图 2-56　题 2.4（4）图

（5）什么是频率失真？某放大电路的 $f_L=100Hz$，$f_H=1.5MHz$，现输入频率为 1MHz 的正弦波，问输出信号波形有无失真？若输入信号由 100kHz 和 2MHz 两种频率分量组成，问输出信号波形有无失真？

2.5　计算题

（1）三极管放大电路如图 2-57 所示，已知 V_{cc}=24V，R_{B1}=51kΩ，R_{B2}=10kΩ，R_E=2kΩ，R_C=3.9kΩ，R_L=4.3kΩ，三极管的 U_{BEQ}=0.7V，β=100，r'_{bb}=200Ω，$r_{be}=r'_{bb}+(1+\beta)\dfrac{26mV}{I_{EQ}mA}$(Ω)，各电容在工作频率上的容抗可忽略，试完成：

① 画出直流通路并求静态工作点（I_{BQ}、I_{CQ}、U_{CEQ}）；

② 画出放大电路的小信号等效电路；

③ 求电压放大倍数 $A_u=u_o/u_i$、输入电阻 R_i 和输出电阻 R_o。

（2）放大电路如图 2-58 所示，已知三极管的 β=80，r'_{bb}=200Ω，试：

① 求 I_{BQ}、I_{CQ}、U_{CEQ}；

② 画出放大电路的微变等效电路；

③ 求电压放大倍数 $A_u=u_o/u_i$。

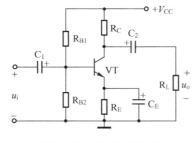

图 2-57　题 2.5（1）图

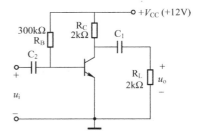

图 2-58　题 2.5（2）图

（3）根据图 2-59 所给电路和参数（设 U_{BE}=0.7V，β=100），完成：

① 画出直流通路和微变等效电路（设电容器对直流开路，交流短路）；

② 计算静态工作点 I_{BQ}、I_{CQ}、U_{CEQ}；

③ 计算电压放大倍数 A_u、输入电阻 R_i 和输出电阻 R_o。

（4）分压式共发射极放大电路如图 2-60 所示，三极管的 β=60，r'_{bb}=300Ω，求：

① 估算 I_B、I_C、和 U_{CE} 的值；

② 画出微变等效电路；

③ 估算电压放大倍数 A_u、输入电阻 R_i 和输出电阻 R_o。

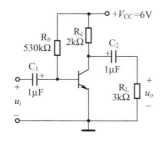

图 2-59　题 2.5（3）图

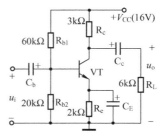

图 2-60　题 2.5（4）图

项目 3

逻辑测试笔电路

项目概述

集成运算放大器和反馈在电子电路中的应用十分广泛。本项目介绍集成运算放大器的基本知识，以及集成运算放大器的线性应用和非线性应用；然后从反馈的基本概念入手，抽象出反馈放大电路的方框图，分析反馈的分类及判别方法，介绍负反馈对放大电路性能的影响，总结引入负反馈的一般原则。本项目中包括知识拓展和项目拓展内容，以帮助学生更好地学习。

项目引导

项目名称		逻辑测试笔电路的设计、制作与调试	建议学时	20 学时
项目说明	教学目的	1. 反馈电路的组成及其基本关系式		
		2. 负反馈放大电路类型、极性的判别；负反馈对放大电路性能的影响；不同类型负反馈放大电路的性能特点		
		3. 放大电路引入负反馈的一般原则；深度负反馈放大电路的特点及其闭环电压增益的估算方法		
		4. 集成运算放大器的线性及非线性应用基础知识——虚短、虚断的概念		
		5. 用集成运算放大器实现电信号的比例、加、减、积分、微分等基本运算的方法和原理		
		6. 集成运算放大器的非线性应用		
		7. 实际电路的装配与调试，电路常见故障的排查		
	项目要求	1. 工作任务：逻辑测试笔电路的设计、制作与调试		
		2. 性能指标：输出采用不同颜色的指示灯来表示高、低电平		

项目说明	参考电路	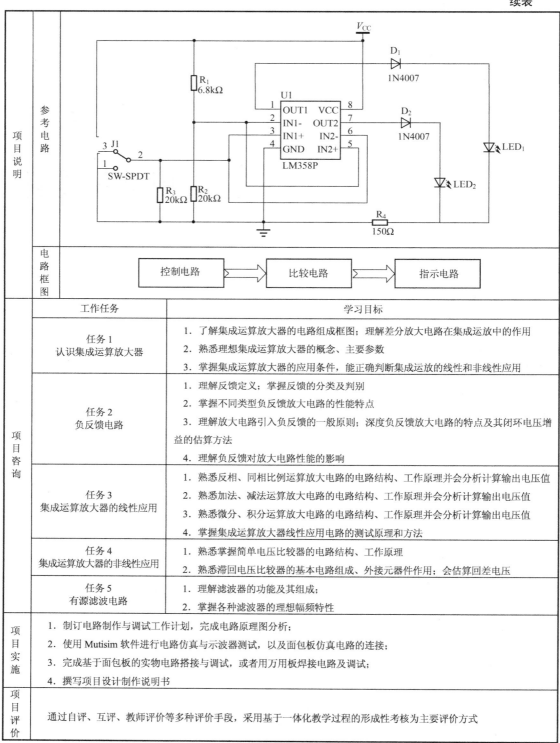
	电路框图	控制电路 ⟹ 比较电路 ⟹ 指示电路

	工作任务	学习目标
项目咨询	任务1 认识集成运算放大器	1. 了解集成运算放大器的电路组成框图；理解差分放大电路在集成运放中的作用 2. 熟悉理想集成运算放大器的概念、主要参数 3. 掌握集成运算放大器的应用条件，能正确判断集成运放的线性和非线性应用
	任务2 负反馈电路	1. 理解反馈定义；掌握反馈的分类及判别 2. 掌握不同类型负反馈放大电路的性能特点 3. 理解放大电路引入负反馈的一般原则；深度负反馈放大电路的特点及其闭环电压增益的估算方法 4. 理解负反馈对放大电路性能的影响
	任务3 集成运算放大器的线性应用	1. 熟悉反相、同相比例运算放大电路的电路结构、工作原理并会分析计算输出电压值 2. 熟悉加法、减法运算放大电路的电路结构、工作原理并会分析计算输出电压值 3. 熟悉微分、积分运算放大电路的电路结构、工作原理并会分析计算输出电压值 4. 掌握集成运算放大器线性应用电路的测试原理和方法
	任务4 集成运算放大器的非线性应用	1. 熟悉掌握简单电压比较器的电路结构、工作原理 2. 熟悉滞回电压比较器的基本电路组成、外接元器件作用；会估算回差电压
	任务5 有源滤波电路	1. 理解滤波器的功能及其组成； 2. 掌握各种滤波器的理想幅频特性
项目实施		1. 制订电路制作与调试工作计划，完成电路原理图分析； 2. 使用 Mutisim 软件进行电路仿真与示波器测试，以及面包板仿真电路的连接； 3. 完成基于面包板的实物电路搭接与调试，或者用万用板焊接电路及调试； 4. 撰写项目设计制作说明书
项目评价		通过自评、互评、教师评价等多种评价手段，采用基于一体化教学过程的形成性考核为主要评价方式

任务 1　认识集成运算放大器

 **基础知识**

3.1.1　差分放大电路

差分放大电路又称差动放大器，简称差放，是集成运算放大器中常用的一种单元电路，具有优越的抑制零点漂移性能。

1. 差分放大器的电路组成和静态分析

1）直接耦合放大电路需要解决的问题

（1）各级静态工作点相互影响，相互牵制。

（2）存在零点漂移。

① 零漂定义：当输入信号为零时，出现输出端的直流电位缓慢变化的现象。

② 产生零点漂移的原因：元器件参数的变化；环境温度的变化（因温度变化引起的零漂称为温漂）。

③ 零漂在 RC 耦合电路中影响不大；但在直接耦合放大电路中会被后级电路逐级放大，且第一级的零漂影响最为严重。

2）抑制零漂的措施

（1）选用高稳定性的元器件。

（2）电路元件在安装前要经过认真的筛选和老化处理，以确保质量和参数的稳定性。

（3）采用稳定性高的稳压电源，减少电源电压波动的影响。

（4）采用温度补偿电路。

（5）采用调制型直流放大器。

（6）采用差分放大电路。这是目前应用最广的电路，它常用作集成运放的输入级。

3）差分放大电路的组成

典型的差分放大电路如图 3-1（a）所示，它具有两个输入端、两个输出端。该电路采用发射极电阻 R_e 耦合的对称共射电路，其中 VT_1、VT_2 称为差分对管，两边的元器件采用相同的温度特性和参数，使之具有很好的对称性；双电源供电，且 $V_{CC}=V_{EE}$，输出负载可以接到两输出端之间（称为双端输出），也可接到任一输出端到地之间（称为单端输出）。

4）静态分析

典型差分放大电路的直流通路如图 3-1（b）所示。

由于静态时，$I_{C1}=I_{C2}\approx I_E$，$U_{C1}=U_{C2}=V_{CC}-I_{C1}R_{c1}$。故 $Uo=U_{C1}-U_{C2}=0$。

另一思路，忽略 I_B 的影响，则 $U_B=0$，$U_E=-U_{BE}$，可得：

$$I_E = \frac{-U_{BE}+V_{EE}}{2R_e} \approx \frac{V_{EE}}{2R_e}$$

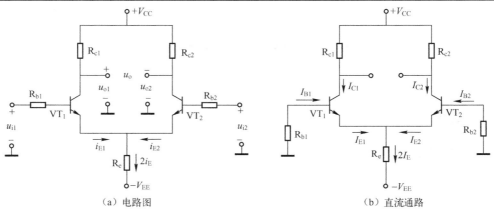

（a）电路图　　　　　　　　　　　　（b）直流通路

图 3-1　典型差分放大电路

上式表明，当 R_e 一定时静态电流由负电源决定，因此该电路对负电源的稳定性提出了较高的要求。该式还表明，在 $2(1+\beta)R_e \gg R_b$ 的条件下，R_b 的直流压降可忽略，此时 $U_{B1} = U_{B2} \approx 0$，基本实现"零输入"，并可以此近似求出静态电流。

由以上分析知，理想情况下（电路完成对称），静态时，差分放大器具有零输入零输出的特点，不会产生零点漂移现象。

2. 共模信号、差模信号及其放大倍数

1）差模信号和差模放大倍数

差模信号就是一对大小相等、极性相反的信号电压，即 $u_{i1} = -u_{i2}$。两个差模输入信号分别用 u_{id1} 和 u_{id2} 表示。差模输入时，$u_{i1} = u_{id1}$，$u_{i2} = u_{id2} = -u_{id1}$，而电路的差模输入信号 u_{id} 为两个差模输入信号之差，即

$$u_{id} = u_{id1} - u_{id2} = 2u_{id1}$$

故有
$$u_{id1} = -u_{id2} = u_{id}/2$$

若电路仅有差模输入电压 u_{id} 作用，则差分的输出电压为差模输出电压 u_{od}，而把输入差模信号时的电压放大倍数称为电路的差模电压放大倍数，用 A_{ud} 表示，即

$$A_{ud} = u_{od}/u_{id}$$

或
$$u_{od} = A_{ud} u_{id}$$

2）共模信号和共模放大倍数

共模信号就是一对大小相等、极性相同的信号，即 $u_{i1} = u_{i2}$。两个共模输入信号均用 u_{ic} 表示。共模输入时，电路的共模输入信号就是 u_{ic}，此时 $u_{ic} = u_i$。

差分放大器在只有共模输入 u_{ic} 作用时，差分的输出电压为共模输出电压 u_{oc}，而把输入共模信号时的电压放大倍数称为电路的共模电压放大倍数，用 A_{uc} 表示，即

$$A_{uc} = u_{oc}/u_{ic}$$

或
$$u_{oc} = A_{uc} u_{ic}$$

3）任意信号的分解

一般情况下，差分的两输入端信号 u_{i1} 和 u_{i2} 是任意的，这时它们之中就含有差模信号和

共模信号的成分。此时，若将 u_{i1} 和 u_{i2} 改写成

$$u_{i1} = \frac{u_{i1} + u_{i2}}{2} + \frac{u_{i1} - u_{i2}}{2}$$

$$u_{i2} = \frac{u_{i1} + u_{i2}}{2} - \frac{u_{i1} - u_{i2}}{2}$$

由此可知，一对任意信号均可以分解为一对共模信号和一对差模信号之和，即

$$u_{i1} = u_{ic} + u_{id}/2$$

$$u_{i2} = u_{ic} - u_{id}/2$$

解上述联立方程，得：

$$u_{ic} = (u_{i1} + u_{i2})/2$$

$$u_{id} = u_{i1} - u_{i2}$$

同理，差分的两个输出端电压 u_{o1} 和 u_{o2} 也可以分解为差模信号和共模信号之和。根据叠加定理，电路总的输出电压 u_o 应为输入信号中差模成分和共模成分单独输入时的输出电压 u_{od} 和 u_{oc} 之和，但通常 $u_{od} \gg u_{oc}$，故有

$$u_o = u_{od} + u_{oc} = A_{ud} u_{id} + A_{uc} u_{ic} \approx A_{ud} u_{id} = A_{ud}(u_{i1} - u_{i2})$$

上式表明，差动放大器的性能应是差模性能和共模性能的合成。输出电压与两管输入电压之差成正比，差分放大电路因此而得名。

3．差分放大电路输入信号的动态分析

差分电路有两个输入端、两个输出端，因此它具有双端输入双端输出、双端输入单端输出、单端输入双端输出、单端输入单端输出四种组态。

1）差模输入时的动态分析

（1）双端输出差分放大电路动态分析

典型的双端输入双端输出差分放大电路如图 3-2 所示。

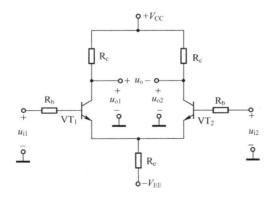

图 3-2　双端输入双端输出差分放大电路

典型双端输入双端输出差分放大电路的差模交流通路如图 3-3 所示。

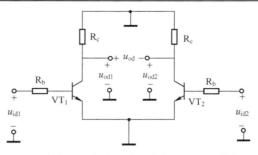

图 3-3 双端输入双端输出差分放大电路的差模交流通路

双端输出时 R_L 接在两管集电极之间，静态时 $U_{C1}=U_{C2}$，差模输入时 R_L 两端电压作相反的变化，则 R_L 中点的电压不变，相当于交流接地，故可画出图 3-4 所示的差模交流通路。

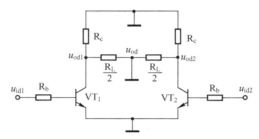

图 3-4 接上负载的双端输出的差模交流通路

由图可见，每管的交流负载 $R'_L = R_C // \dfrac{R_L}{2}$，故差模电压放大倍数

$$A_{ud} = \frac{u_{od}}{u_{id}} = \frac{u_{od1} - u_{od2}}{u_{id1} - u_{id2}} = \frac{2u_{od1}}{2u_{id1}} = A_{u1} = -\frac{\beta R'_L}{R_b + r_{be}}$$

式中，A_{u1} 为单管共发射极电路的电压放大倍数。

差模电路的输入电阻 R_{id} 则是从两个输入端看进去的等效电阻，实际上就是通常所说的输入电阻 R_i，可以看出

$$R_{id} = 2(R_b + r_{be})$$

差模输出电阻 R_{od} 即输出电阻 R_o，为

$$R_{od} = 2R_c$$

（2）单端输出差分放大电路动态分析

若典型差放是从 VT_1 集电极与地之间输出信号的，则其差模交流通路如图 3-5 所示。

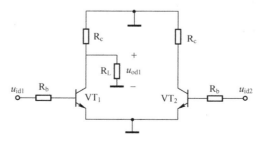

图 3-5 接上负载的单端输出的差模交流通路

显然，此时交流负载 $R'_L = R_C // R_L$ ，差模电压放大倍数

$$A_{ud1} = \frac{u_{od1}}{u_{id}} = \frac{u_{od1}}{2u_{id1}} = \frac{1}{2}A_{u1} = -\frac{1}{2}\frac{\beta R'_L}{R_b + r_{be}}$$

差模输入电阻和差模输出电阻分别为

$$R_{id} = 2(R_b + r_{be})$$

$$R_{od} = R_c$$

在图 3-5 所示电压极性和 $u_{id}=u_{id1}-u_{id2}$ 的条件下，从 VT_1 集电极输出为反相输出。如果从 VT_2 集电极输出则为同相输出，且

$$A_{ud1} = \frac{u_{od1}}{u_{id}} = \frac{u_{od1}}{2u_{id1}} = \frac{1}{2}A_{u1} = \frac{1}{2}\frac{\beta R'_L}{R_b + r_{be}}$$

2）共模输入时的动态分析

（1）双端输出差分放大电路动态分析

典型双端输入双端输出差分放大电路的共模交流通路如图 3-6 所示。

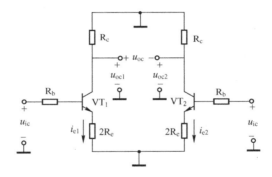

图 3-6　双端输出时的共模交流通路

由于电路对称，此时 $\Delta u_{c1}=\Delta u_{c2}$（即 $u_{c1}=u_{c2}$），故 R_L 中没有电流流过，可视为开路，显然，在理想情况下 $u_{oc}=0$。由于电路完全对称，所以在输入共模信号时，总有

$$A_{uc} = \frac{u_{oc}}{u_{ic}} = 0$$

从上式可知，差动放大电路对共模信号具有抑制作用。

（2）单端输出差分放大电路动态分析

单端输出时的共模交流通路如图 3-7 所示，交流负载 $R'_L = R_C // R_L$。考虑到一般情况下 R_c 较大，满足 $2(1+\beta)R_e \rangle\rangle (R_b + r_{be})$ ，故无论是从 VT_1 输出还是从 VT_2 输出，其共模电压放大倍数：

$$A_{uc1} = A_{uc2} = -\frac{\beta R'_L}{R_b + r_{be} + 2(1+\beta)R_e} \approx -\frac{R'_L}{2R_e}$$

3）共模抑制比

为反映电路对共模信号的抑制能力，引入共模抑制比的概念，定义为

$$K_{CMR} = \left| \frac{A_{ud}}{A_{uc}} \right| \qquad K_{CMR} = 20 \lg \left| \frac{A_{ud}}{A_{uc}} \right|$$

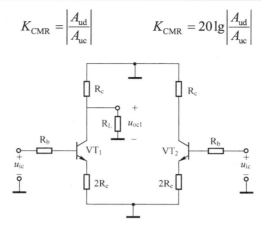

图 3-7　单端输出时的共模交流通路

K_{CMR} 越大，差动放大电路抑制共模信号的能力越强。在理想情况下，双端输出差动电路的共模抑制比趋向于无穷大，即

$$K_{CMR} \to \infty$$

3.1.2　集成运算放大器概述

集成运算放大器是 20 世纪 60 年代发展起来的半导体器件。集成运算放大器采用半导体制造工艺，将晶体管、场效应管、电阻、电容及连接线等集中制作在一小块硅片上构成的一个完整电路，封装在一个管壳内，构成具有特定功能的电子器件。与分立元件电路比较，集成电路具有体积小、质量轻、耗电省、成本低、可靠性高、电性能优良等优点。

集成运算放大器可以方便地实现信号的数学运算，如加、减、乘、除、积分、微分、对数、指数等。

1．集成运算放大器内部电路框图

集成运算放大器主要由输入级、中间级、输出级和偏置电路组成，如图 3-8 所示。从结构上看，集成运算放大器是一个高增益的、各级间直接耦合的、具有深度负反馈的多级耦合放大器。

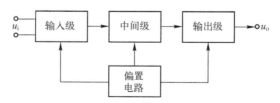

图 3-8　集成运放内部电路框图

1）输入级

为了减少零漂和抑制共模干扰信号，要求温漂小、共模抑制比高、有极高的输入阻抗，一般采用高性能的恒流源差动放大电路作为输入级。

2）中间级

运算放大器的放大倍数主要是由中间级提供的，因此要求中间级有较高的电压放大倍数，一般放大倍数可达几万倍甚至几十万倍以上。

3）输出级

输出级应具有较大的电压输出幅度、较高的输出功率与较低的输出电阻的特点，大多采用复合管构成的共集电路作为输出级。

4）偏置电路

偏置电路一般由恒流源组成，用来为各级放大电路提供合适的偏置电流，使之具有合适的静态工作点。它们一般也作为放大器的有源负载和差动放大器的发射极电阻。

除上述几部分外，集成运算放大器还可以装有外接调零电路和相位补偿电路。

2. 集成运算放大器的外形及图形符号

集成运算放大器的外形及图形符号如图 3-9 所示。

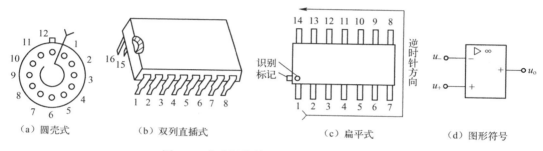

（a）圆壳式　　　　　　（b）双列直插式　　　　　　（c）扁平式　　　　　（d）图形符号

图 3-9　集成运算放大器的外形与图形符号

集成运算放大器有两个输入端，即反相输入端 u_- 和同相输入端 u_+，一个输出端 u_o。反相输入端输入时，输出信号与输入信号反相；同相输入端输入时，输出信号与输入信号同相。

集成运算放大器的输出输入关系为

$$u_o = A_{od}(u_+ - u_-)$$

3. 集成运算放大器的分类

自 1964 年 FSC 公司研制出第一块集成运算放大器 μA702 以来，经过几十年的发展，集成运算放大器已成为一种类别与品种系列繁多的模拟集成电路了。为了在工作中能够正确地选取使用，必须了解集成运算放大器的分类。

1）按其用途分类

集成运算放大器按其用途分为通用型及专用型两大类。

（1）通用型集成运算放大器

通用型集成运算放大器的参数指标比较均衡全面，适用于一般的工程设计。一般认为，在没有特殊参数要求情况下工作的集成运算放大器可列为通用型。由于通用型集成运算放大器应用范围宽、产量大，因而其价格便宜。作为一般应用，首先考虑选择通用型集成运算放大器。

（2）专用型集成运算放大器

这类集成运算放大器是为满足某些特殊要求而设计的，其参数中往往有一项或几项非常突出，因而又可分为以下几种。

● 高输入阻抗集成运算放大器

这类集成运算放大器主要用于测量放大器、模拟调节器、有源滤波器及取样保持电路等，它们的输入阻抗一般在 $10^{12}\Omega$ 以上，如 μA741、PC152、C14573、F3130 等。国产 F3130 输入级采用 MOS 管，$R_{id}=10^{12}\Omega$、$I_{IB}=5\text{pA}$。

● 低漂移集成运算放大器

低漂移型集成运算放大器主要用于精密测量、精密模拟计算、自控仪表、人体信息检测等方面。它们的失调电压温漂一般在 $0.2\sim0.6\mu\text{V}/^0\text{C}$，$A_{ud}\geqslant120\text{dB}$，$K_{CMR}\geqslant110\text{dB}$，如 F725、FC72、FC74、C7650 等。

● 高速集成运算放大器

高速型集成运算放大器是指该类集成运算放大器具有高的单位增益带宽（一般要求 $f_T>10\text{MH}_Z$）和较高的转换速率（一般要求 $S_R>30\text{V}/\mu_S$）。它们主要用于 D/A 转换和 A/D 转换、有源滤波器、锁相环、高速取样和保持电路，以及视频放大器等要求输出对输入响应迅速的地方。国产超高速集成运算放大器 F3554 的 $S_R=1000\text{V}/\mu_S$、$\text{BW}_G=1.7\text{GHz}$。

● 低功耗集成运算放大器

低功耗型集成运算放大器一般用于遥感、遥测、生物医学和空间技术研究等要求能源消耗有限制的场所，如 LM312、μPC253 等。

● 高压集成运算放大器

高压型集成运算放大器一般用于获取较高输出电压的场合，如典型的 3583 型，电源电压达±150V，$U_{OMAX}=\pm140\text{V}$。

● 大功率集成运算放大器

大功率集成运算放大器用于输出功率要求大的场合，如 LM12，输出电流达±10A。

专用型集成运算放大器种类繁多，根据需要进行选择。一般来说，专用型集成运算放大器性能较好，但其仅在某一方面有优越性能，且价格较高。因此在选用时，应根据电路的要求，查找集成运算放大器手册中的有关参数，合理进行选用。

2）按其供电电源分类

集成运算放大器按其供电电源分类，可分为两大类。

（1）双电源集成运算放大器。绝大部分运算放大器在设计中都是正、负对称的双电源供电，以保证运算放大器的优良性能。

（2）单电源集成运算放大器。这类运算放大器采用特殊设计，在单电源下能实现零输入、零输出；交流放大时，失真较小。

3）按其制作工艺分类

集成运算放大器按其制作工艺分类，可分为三大类。

（1）双极型集成运算放大器。

（2）单极型集成运算放大器。

（3）双极-单极兼容型集成运算放大器。

4）按运算放大器级数分类

按单片封装中的运算放大器级数分类，集成运算放大器可分为四类：单运放、双运放、三运放和四运放。

4．理想运算放大器的概念

理想运算放大器具有以下特性：

（1）开环差模电压放大倍数 $A_{od} \to \infty$；

（2）开环差模输入电阻 $R_{id} \to \infty$；

（3）开环差模输出电阻 $R_{od}=0$；

（4）输入失调电压 $U_{IO}=0$；

（5）输入失调电流 $I_{IO}=0$；

（6）共模抑制比 $K_{CMR} \to \infty$；

（7）频带宽度 BW $\to \infty$。

但实际的集成运算放大器不可能达到上述指标。集成运算放大器的特性是非理想的。它的输入电阻为几千欧到 $100G\Omega$，电压增益为 $80 \sim 140dB$。

5．集成运算放大器的主要参数

1）差模开环直流电压增益 A_{ud}

集成运算放大器工作在线性区时，差模电压输入以后，其输出电压变化 ΔU_o 与差模输入电压变化 ΔU_{id} 的比值，称为差模开环电压增益，即

$$A_{ud} = \Delta U_o / \Delta U_{id}$$

差模开环电压增益一般用分贝（dB）为单位，可用下式表示

$$A_{ud}(dB) = 20\lg(\Delta U_o / \Delta U_{id}) \ (dB)$$

实际集成运算放大器的差模开环电压增益是频率的函数，因此手册中的差模开环电压增益均指直流（或低频）开环电压增益。大多数集成运算放大器的直流差模开环电压增益均大于 10^4 倍以上。

2）最大输出电压 U_{opp}

最大输出电压 U_{opp} 是指在特定的负载条件下，集成运算放大器能输出的最大电压的峰-峰值。正、负向的电压摆幅往往并不相同。目前大多数的集成运算放大器的正、负电压摆幅均大于 10V。

3）输入失调电压 U_{IO}

为了使集成运算放大器在零输入时达到零输出，需在其输入端加一个直流补偿电压，这个直流补偿电压的大小即为输入失调电压。输入失调电压一般是毫伏（mV）数量级。采用双极型三极管作为输入级的运算放大器，其 U_{IO} 为 $1 \sim 10mV$；采用场效应管作为输入级的运算放大器，其 U_{IO} 大得多；而对于高精度的集成运算放大器，其 U_{IO} 的值一般很小。

4）输入失调电流 I_{IO}

由于元件不完全对称，当 $u_i=0$ 时，$I_{B1} \neq I_{B2}$。输入失调电压是当 $u_i=0$ 时静态基极电流的差值，即 $I_{IO}=|I_{B1}-I_{B2}|$。I_{IO} 越小越好，一般为 $1 \sim 100nA$。

5）最大差模输入电压 U_{idmax}

最大差模输入电压 U_{idmax} 是集成运算放大器两输入端所允许加的最大电压差。当差模输入电压超过此电压值时，集成运算放大器输入级的三极管将被反向击穿，甚至损坏。

6）最大共模输入电压 U_{icmax}

当集成运算放大器的共模抑制特性显著变坏时的共模输入电压即为最大共模输入电压。有时将共模抑制比（在规定的共模输入电压时）下降 6dB 时所加的共模输入电压值作为最大共模输入电压。

7）共模抑制比 K_{CMR}

集成运算放大器工作在线性区时，其差模电压增益 A_{ud} 与共模电压增益 A_{uc} 之比称为共模抑制比，即

$$K_{CMR}=A_{ud}/A_{uc}$$

此处的共模电压增益是当共模信号输入时，集成运算放大器输出电压的变化与输入电压变化的比值。若以分贝为单位时，K_{CMR} 由下式表示为

$$K_{CMR}=20lg(A_{ud}/A_{uc})dB$$

与差模开环电压增益类似，K_{CMR} 也是频率的函数。集成运算放大器手册中给出的参数值均指直流（或低频）时的 K_{CMR}。多数集成运算放大器的 K_{CMR} 的值均在 80dB 以上。

8）输出电阻 r_O

输出电阻 r_O 是指开环状态下的动态输出电阻。r_O 表征集成运算放大器的带负载能力。r_O 多为数十欧至数百欧。

9）差模输入电阻 r_{id}

差模输入电阻 r_{id} 是指开环状态下两输入端之间的动态输入电阻。r_{id} 表征集成运算放大器对信号源的要求。一般集成运算放大器的 r_{id} 为数百千欧至数兆欧。

6. 集成运算放大器的电压传输特性

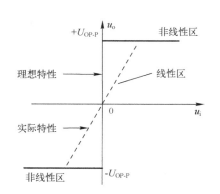

图 3-10　集成运算放大器的传输特性曲线

集成运算放大器的传输特性曲线（表示输出电压与输入电压之间关系的曲线）如图 3-10 所示。由图可见，传输特性曲线分为线性区和非线性区（饱和区）。在实际应用中，集成运算放大器的工作范围有两种：工作在线性区或工作在非线性区。

当工作在线性区时，集成运算放大器的输出电压与其两个输入端的电压差之间存在线性关系，即

$$u_o=A_{ud}(u_+-u_-) \tag{3-1}$$

式中，u_o 是集成运算放大器的输出端电压；u_+ 和 u_- 分别是其同相输入端和反相输入端电压；A_{ud} 是其开环差模电压增益。

如果输入端电压的幅度比较大，则集成运算放大器的工作范围将超出线性放大区域进入非线性区，此时集成运算放大器的输出、输入信号之间将不满足式（3-1）所示的关系式。

3.1.3　集成运算放大器的应用条件

满足理想化的集成运算放大器应具有无限大的差模输入电阻、趋于零的输出电阻、无限大的差模电压增益和共模抑制比、无限大的频带宽度及趋于零的失调和漂移。在低频情况下实际使用和分析集成运放电路时，可以近似地把它看成理想集成运算放大器。

理想运算放大器的工作状态分成线性状态和非线性状态两种。

1. 集成运算放大器的线性应用

1）集成运算放大器的线性应用条件——引入深度负反馈

$$u_o = A_{od}(u_+ - u_-)\quad A_{od} > 0$$

2）线性工作状态的特点

（1）可实现同相或反相线性放大。

（2）虚短：$A_{od} \to \infty$，$u_+ = u_-$。

（3）虚断：$R_{id} \to \infty$，$i_+ = i_- = 0$。

2. 集成运算放大器的非线性应用

1）集成运算放大器的非线性应用条件——引入正反馈或开环

为了简化分析，与集成运算放大器的线性运用一样，仍然假设电路中的集成运算放大器为理想元件。

集成运算放大器的开环工作状态电路如图 3-11 所示。

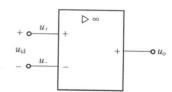

2）非线性工作状态的特点

（1）可实现信号比较、信号转换和信号的发生，以及用于自动控制系统和测试系统中。

（2）虚断：$R_{id} \to \infty$，$i_+ = i_- = 0$。

（3）输出信号的二值性：当 $u_+ > u_-$ 时，$u_o = V_{OH}$；

图 3-11　集成运算放大器的开环工作状态电路

当 $u_+ < u_-$ 时，$u_o = V_{OL}$。

综上所述，理想运算放大器工作在线性区或非线性区时，各有不同的特点。因此，在分析具体应用电路时，首先必须判断集成运算放大器工作在哪种状态。

还需要强调的是，集成运算放大器的开环差模电压增益 A_{ud} 通常很大，如果不采取适当的措施，即使在输入端加上一个很小的电压，仍有可能使集成运算放大器超出线性工作范围。为了保证集成运算放大器工作在线性区，一般情况下，必须在电路中引入深度负反馈，以减小直接施加在集成运算放大器两个输入端的净输入电压。

 知识拓展：常见集成运算放大器介绍

集成运算放大器在电路中的应用很广泛，在电力电子、通信和电气等多方面领域都能见到它的身影，现在简单介绍一下几种常见的集成运算放大器及其应用电路。

1. μA741 通用型运算放大器

μA741 是单运放高增益的集成运算放大电路，它采用 8 脚双列直插塑料封装，外形封装如图 3-12（a）所示，管脚排列如图 3-12（b）所示。紧靠缺口（有时也用小圆点标记）下方的管脚编号为 1，按逆时针方向，管脚编号依次为 2，3，…，8。其中，管脚 2 为运算放大器反相输入端，管脚 3 为同相输入端，管脚 6 为输出端，管脚 7 为正电源端，管脚 4 为负电源端，管脚 8 为空端，管脚 1 和 5 为调零端。通常，在两个调零端接一个几十千欧的电位器，其滑动端接负电源，调整电位器，可使失调电压为零。

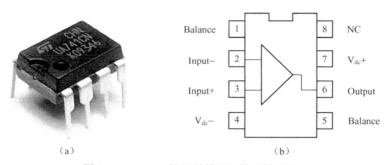

图 3-12　μA741 外形封装图及管脚排列图

μA741 型运算放大器具有宽范围的共模电压和无阻塞功能，可用于电压跟随器；其高增益和宽范围的工作电压特点在积分器、加法器和一般反馈应用中能使电路具有优良性能。这类单片硅集成电路器件提供输出短路保护和闭锁自由动作。

μA741 型运算放大器的特点：无频率补偿要求；短路保护；失调电压调零；大的共模、差模电压范围；低功耗。

如图 3-13 所示为 RC 桥式正弦波振荡器。其中，RC 串、并联电路构成正反馈支路，同时兼作选频网络，R_1、R_2、R_W 及二极管等元件构成负反馈和稳幅电路。调节电位器 R_W，可以改变负反馈深度，以满足振荡的振幅条件和改善波形。利用两个反向并联二极管 VD_1、VD_2 的正向电阻的非线性特性来实现稳幅。VD_1、VD_2 采用硅管（温度稳定性好），且要求特性匹配，才能保证输出波形的正、负半周对称。R_3 的接入是为了削弱二极管非线性的影响，以改善波形失真。

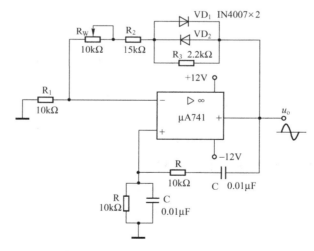

图 3-13　μA741 构成的 RC 桥式正弦波振荡器

电路的振荡频率：$f_0 = \dfrac{1}{2\pi RC}$；起振的幅值条件：$\left(1 + \dfrac{R_f}{R_1}\right) \geqslant 3$

式中，$R_f = R_W + R_2 + (R_3 \,/\!/\, r_D)$，$r_D$ 为二极管的正向导通电阻。

调整 R_W，使电路起振，且波形失真最小。如果不能起振，则说明负反馈太强，应适当

加大 R_W。如果波形失真严重，则应适当减小 R_W。改变选频网络的参数 C 或 R，即可调节振荡频率。一般采用改变电容 C 进行频率量程切换，而调节 R 进行量程内的频率细调。

2. LM324 四通用运算放大器

LM324 是四通用运算放大器集成电路，它采用 14 脚双列直插塑料封装，外形封装如图 3-14（a）所示，管脚排列如图 3-14（b）所示。它的内部包含四组形式完全相同的运算放大器，除电源共用外，四组运算放大器相互独立。其中 "+"、"−" 为两个信号输入端，"U+"、"U−" 为正、负电源端，"Vo" 为输出端。两个信号输入端中，（−）为反相输入端，表示运算放大器输出端 Vo 的信号与该输入端的位相反；（+）为同相输入端，表示运算放大器输出端 Vo 的信号与该输入端的相位相同。

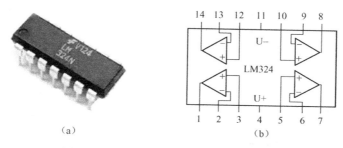

（a）　　　（b）

图 3-14　LM324 外形封装图及管脚排列图

LM324 集成运算放大器的特点：内部频率补偿；直流电压增益高（约 100dB）；单位增益频带宽（1MHz）；电源电压范围宽（单电源 3～32V，双电源±1.5～±16V）；低功耗电流，适合于电池供电；差模输入电压范围宽，等于电源电压范围；输出电压摆幅大（0～V_{CC}）。

如图 3-15 所示为 LM324 构成的超声波接近探测器接收电路。这种能探测人身接近的装置有广泛的用途，如在展厅的展台上，当对产品感兴趣的参展者接近产品展台时，可立即自动触发播放预先录制好的介绍所展产品的音/视频信息；也可用于为确保安全，防止闲人靠近的安防场所等。

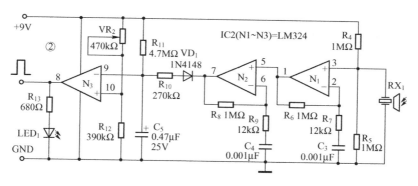

图 3-15　LM324 构成的超声波接近探测器接收电路

为了可靠吸收人体接近反射的微弱超声波信号，接收电路的前置级，由 N_1、N_2 组成两级高增益放大器，预先对超声波接收换能器 RX_1，并对所接收的超声波反射信号进行放大（每级增益的 80 倍）。放大输出信号经 VD_1 检波后，进入由 C_5 和 R_{10} 组成的滤波电路，该信

号送至由 N_3 组成的比较器反相输入端，与正向端基准电平比较后，输出正脉冲。同时 LED_1 点亮。利用该脉冲，可触发定时器或单稳态电路，转换成所需要的宽脉冲控制信号，去控制相应的如前所述的应用。

3. LM358 双运算放大器

LM358 是双通用运算放大器集成电路，它采用 8 脚塑料封装，有双列直插式和短管脚贴片式两种，其贴片式外形封装如图 3-16（a）所示，管脚排列如图 3-16（b）所示。它的内部包含两组形式完全相同的运算放大器，除电源共用外，两组运算放大器相互独立。每一组运算放大器可用所示的符号来表示，其中"2、3 脚"和"6、5 脚"分别为两个运算放大器的两个信号输入端，"1、7 脚"分别为两个运算放大器的输出端，"4 脚"为负电源端，"8 脚"为正电源端。两个信号输入端中，（–）为反相输入端，表示运放输出端 Vo 的信号与该输入端的相位相反；（+）为同相输入端，表示运算放大器输出端 Vo 的信号与该输入端的相位相同。

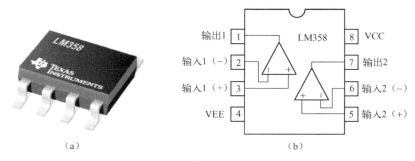

（a）　　　　　　　　　　　　　（b）

图 3-16　LM358 外形封装图及管脚排列图

LM358 内部包括两个独立的、高增益、内部频率补偿的双运算放大器，适合的电源电压范围很宽，单电源 3～30V，双电源±1.5～±15V；单位增益频带宽约为 1MHz；在推荐的工作条件下，电源电流与电源电压无关。它的使用范围包括传感放大器、直流增益模块和其他所有可用单电源供电的使用运算放大器的场合。

如图 3-17 所示为电子温度计电路。图中的二极管、R_1、R_2、RP_1、R_3 组成了一个电桥运算放大器。LM358 的一个单元 a 接成双端输入，即差分放大。LED_1、LED_2 在这里作为简易的稳压元件，使 R_3 上能得到一个相对稳定的参考电压。

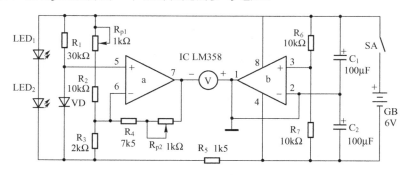

图 3-17　LM358 构成的电子温度计电路

这个电子温度计可以测量 0～100℃的温度,它是利用二极管 VD 的温度特性制作的。通常,硅二极管的 PN 结的正向导通电压是随环境温度的变化而变化的。环境温度每升高 1℃,硅二极管 PN 结的正向压降便减小 2mV。把 PN 结两端的电压与一个固定不变的电压比较,便可知道环境的温度大小如何。

任务 2 负反馈电路

在实际的放大器中,常加入负反馈来提高放大器的性能。放大器加入负反馈后,可以稳定放大器的增益,减小非线性失真和拓宽通频带等。本节主要学习负反馈放大器的种类、负反馈电路的判断方法及负反馈对放大器性能的影响。

 基础知识

3.2.1 反馈的定义

1. 反馈的基本概念

将电子系统的输出信号(电压或电流)的一部分或全部,经过一定的电路(称为反馈网络)送回到输入回路,与原来的输入信号(电压或电流)共同控制该电子系统,这样的作用过程称为反馈。简单地说,反馈就是将电子系统的输出量中的一部分或全部取出来加至输入端的过程,如图 3-18 所示。

$$\text{输出量} \xleftarrow[\text{放大器(正向传输)}]{\text{反馈电路(反向传输)}} \text{输入端}$$

图 3-18　反馈示意图

可见,反馈是输出对输入施加的影响,凡是输出影响输入,一定有反馈存在。

反馈网络既可以人为添加,也可能由电路的分布参数、电磁辐射、耦合等方式无形产生,常在高频情况下表现出来。

2. 反馈电路框图

有反馈的电子系统称为反馈电子系统,其组成框图如图 3-16 所示。图中的 A 代表没有反馈的放大电路,F 代表反馈网络,符号 $\otimes$ 代表信号的比较环节。x_i、x_f、x_{id} 和 x_o 分别表示电路的输入量、反馈量、净输入量和输出量,它们既可以是电压,也可以是电流。

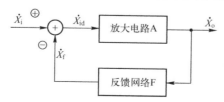

图 3-19　反馈电子系统的组成框图

闭环放大：指基本放大器与反馈网络均正常工作。

开环放大：指反馈网络断开，只有基本放大器正常工作。

反馈量：指从反馈网络输出的量。

净输入量：指反馈量与输入量迭加后的总输入量。

若送回的反馈信号削弱输入信号而使放大器的放大倍数降低，则称这种反馈为负反馈。若送回的反馈信号增强输入信号，则称为正反馈。在放大器中经常采用的是负反馈，而正反馈主要用于振荡电路中。这里主要讨论负反馈。

3．反馈深度和深度负反馈

基本放大电路的放大倍数（又称开环增益）为

$$A = \frac{x_{o}}{x_{id}}$$

反馈网络的反馈系数为

$$F = \frac{x_{f}}{x_{o}}$$

由于 $x_{id} = x_i - x_f$，所以反馈放大电路的放大倍数（又称闭环增益）可以用 A_f 表示为

$$A_{f} = \frac{x_{o}}{x_{i}} = \frac{x_{o}}{x_{id} + x_{f}} = \frac{x_{o}}{x_{id} + Fx_{o}} = \frac{A}{1 + AF} \qquad (3-2)$$

此式反映了放大电路的基本关系，也是分析反馈电路的出发点。$1+AF$ 是描述反馈强弱的物理量，称为反馈深度。

在式（3-2）中，若 $AF >> 1$，即负反馈较深，这种反馈称为深度负反馈，此时有

$$A_{f} \approx \frac{1}{F} \qquad (3-3)$$

式（3-3）说明，在深度负反馈的情况下，闭环放大倍数仅与反馈电路的参数有关而与放大器本身的参数几乎无关。而反馈电路一般由电阻和电容构成，它们基本上不受外界因素变化的影响。这时放大电路的工作非常稳定。

3.2.2 反馈的分类及判别

根据分析问题的角度不同，反馈的种类也有不同的划分方法。反馈根据性质、信号的性质、与输入端和输出端的连接方式的不同，可分为正反馈和负反馈、直流反馈和交流反馈、电压反馈和电流反馈、串联反馈和并联反馈等。

1．正反馈和负反馈

1）定义

由于反馈放大电路的反馈信号与输入信号共同控制放大电路，因此必然使输出信号受到影响，其放大倍数也将改变。根据反馈影响（即反馈性质）的不同，可分为正反馈和负反馈两类。如果反馈信号削弱输入信号，使净输入信号减少，即在输入信号不变时输出信号比没有反馈时变小，导致放大倍数减小，这种反馈称为负反馈；反之，放大电

路引入的反馈信号使放大电路的净输入信号增加的反馈称为正反馈。正反馈虽然使放大倍数增大，但却使电路的工作稳定性变差，甚至产生自激振荡而破坏其正常的放大作用，因此在放大电路中很少采用，而振荡器却是利用正反馈的作用来产生信号的。负反馈虽然降低了放大倍数，却使放大电路的性能得到改善，因此其应用极为广泛，并且常把负反馈简称为反馈。

反馈放大器闭环增益：$A_f = \dfrac{x_o}{x_i} = \dfrac{x_o}{x_{id} + x_f} = \dfrac{x_o}{x_{id} + Fx_o} = \dfrac{A}{1 + AF}$

（1）若 $|1+AF| > 1$，为负反馈。

（2）若 $|1+AF| < 1$，为正反馈。

（3）若 $|1+AF| = 0$，出现自激振荡。

正反馈应用于各种振荡电路，用作产生各种波形的信号源；负反馈则用来改善放大器的性能。在实际放大电路中几乎都采取了负反馈措施。

2）极性判别方法

对于交流电路，通常采用瞬时极性法来判断反馈的极性，方法如下。

（1）先假设放大电路输入信号对地的瞬时极性呈上升的趋势（用 ⊕ 表示，下降趋势用 ⊖ 表示）。

（2）按照信号在放大电路、反馈电路的传递路径，逐级标出有关点的瞬时极性，从而得到反馈信号的极性。

（3）在放大电路的输入回路中比较反馈信号和输入信号的极性，看净输入量是增加还是减小，从而确定是正反馈还是负反馈。若净输入量减小为负反馈，净输入量增加则为正反馈。

放大电路各有关器件在中频区的电压相位关系如表 3-1 所示。

表 3-1　器件电压相位关系

BJT		FET		运算放大器
共射、共集电路	b、e 同相，b、c 反相	共源、共漏电路	g、s 同相，g、d 反相	u_o 与 u_- 反相，u_o 与 u_+ 同相
共基电路	e、c 同相，e、b 反相	共栅电路	s、d 同相，s、g 反相	

【例 3-1】 图 3-20 所示负反馈电路，输出电压 u_o 的一部分通过由 R_f 组成的反馈网络送到输入端，使运算放大器的净输入信号 $u_{id} = u_i - u_f$ 减少，从而使 u_o 也减少。即 $u_o\uparrow \rightarrow u_f\uparrow \rightarrow u_{id}\downarrow \rightarrow u_o\downarrow$，这就是一个负反馈过程。

2. 直流反馈和交流反馈

1）定义

在放大电路中存在直流分量和交流分量，若反馈信号是交流量，则称为交流反馈，它影响电路的交流性能；若反馈信号是直流量，则称为直流反馈，它影响电路的直流性能，如静态工作点。若反馈信号中既有交流量又有直流量，则反馈对电路的交流性能和直流性能都有影响。

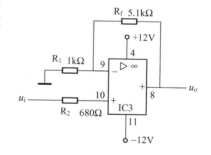

图 3-20　负反馈电路

2）判别方法

画出放大电路的直流通路和交流通路，在直流通路中存在的反馈称为直流反馈；在交流通路中存在的反馈称为交流反馈；交、直流通路中都存在的反馈则为交、直流反馈。

3．电压反馈和电流反馈

1）定义

根据基本放大器和反馈网络在输出端连接方式的不同，反馈放大电路分为电压反馈和电流反馈。

在反馈放大电路的输出端，如果基本放大器（一部分或全部）和反馈网络并联，如图 3-21（a）所示，反馈信号取自输出电压（称为电压采样），这种方式称为电压反馈；反之，如果在反馈放大电路的输出端，基本放大器（一部分或全部）和反馈网络串联，如图 3-21（b）所示，反馈信号取自输出电流（称为电流采样），这种方式称为电流反馈。

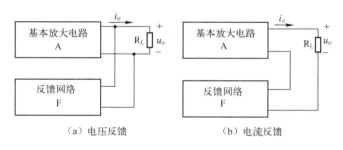

（a）电压反馈　　　　　　　（b）电流反馈

图 3-21　反馈对输出量采样的框图

2）判别方法

（1）用负载短路法判别：假设输出端的负载短路，若反馈量依然存在（不为零），则是电流反馈；若反馈量消失（为零），则是电压反馈。

（2）根据反馈网络与输出端的接法判断：若反馈网络与输出端接同一节点为电压反馈，不接于同一节点为电流反馈。

电流反馈和电压反馈的效果与负载 R_L 有关，要得到较强的负反馈效果，电压负反馈要求 R_L 越大越好；电流负反馈则要求 R_L 越小越好。

4．串联反馈和并联反馈

按基本放大器输入端与反馈网络的输出端之间的连接方式，反馈可分为串联反馈和并联反馈，它们与输出端取样的形式无关。

1）定义

串联反馈：反馈信号送到输入端时以电压相加减的形式出现，反馈信号与输入信号串联。

并联反馈：反馈信号表现为电流相加减的形式，反馈信号与输入信号并联。

2）判别方法

若反馈信号与输入信号是在输入端的同一个节点引入的，则为并联反馈；如果它们不在同一个节点引入，则为串联反馈。

3.2.3　负反馈放大电路的基本组态

根据基本放大器和反馈网络在输出、输入端连接方式的不同，负反馈放大电路可分为电压串联、电流并联、电压并联和电流串联 4 种组态，如图 3-22 所示。

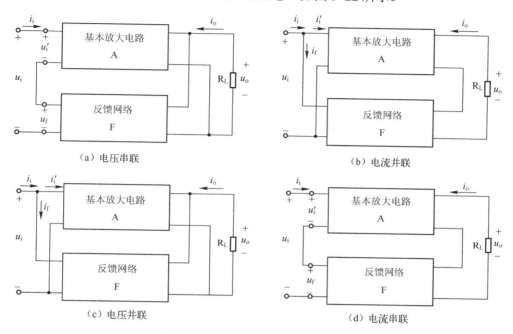

图 3-22　负反馈放大电路的 4 种组态

类型的分析步骤如下：

（1）确定有无反馈；

（2）判断反馈极性；

（3）判别是串联反馈还是并联反馈；

（4）判别是电压反馈还是电流反馈。

下面分别介绍负反馈放大电路的 4 种组态形式及其分析方法。

1. 电压串联负反馈

电压串联负反馈的原理方框图及实际电路分别如图 3-23（a）、（b）所示。由图 3-23（b）的实际电路可以看出，它由两级共射放大器组成。R_f 和 R_{e1} 是联系输入和输出的公共支路，构成负反馈支路，它说明放大电路中存在反馈。根据极性判别法，可知反馈回到 VT_1 发射极的极性与输入电压的极性相同，使得 VT_1 的净输入减小，因此反馈为负反馈。若将输出端对地短路，反馈信号消失，说明是电压反馈。同时，反馈信号与输入信号分别加在输入回路的两点，故为串联反馈。因此，该电路的反馈类型属于电压串联负反馈。由于反馈信号从电容 C_2 的后级取出，不含直流信号，因此对前级的这一反馈是交流反馈，同时 R_{e1} 上还有第一级本身的负反馈，这将在下面分析。

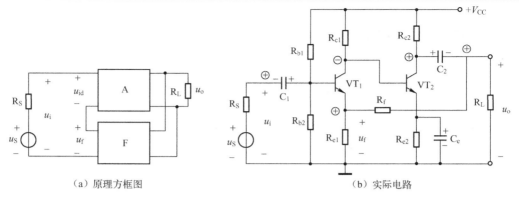

（a）原理方框图　　　　　　　　　　（b）实际电路

图 3-23　电压串联负反馈的原理方框图及实际电路

电压串联负反馈电路能够稳定输出电压。当 u_i 一定时，若由于 R_L 减小使输出电压下降，则其稳定输出电压是通过下述自动调整过程实现的：

$$R_L\downarrow \longrightarrow |u_o|\downarrow \longrightarrow u_f=F_u u_o\downarrow \longrightarrow u_i=(u_i-u_f)\uparrow$$
$$|u_o|\uparrow \longleftarrow$$

【例 3-2】　判断图 3-24 所示电路的反馈类型。

图 3-24 所示电路为电压串联负反馈电路：从电路的输出端看，反馈电压 u_f 是 u_o 的一部

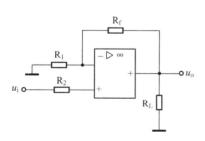

图 3-24　电压串联负反馈电路

分，即反馈电压与输出电压成比例，故是电压反馈；很明显，一旦放大器的输出电压消失（将 R_L 短路），反馈信号也就不存在了；从电路的输入端看，反馈网络的出口与信号源串联，因此为串联反馈。

2. 电流并联负反馈

如图 3-25（a）、（b）所示分别是电流并联负反馈的原理方框图及实际电路。从实际电路图中可以看出，级间的反馈元件是 R_f，从极性可以看出，通过 R_F 反馈回到基极

的电压极性为负，因此为负反馈。若将输出端短路，显然反馈信号还存在，电路是电流反馈。而将输入端短路，反馈信号消失，说明是并联反馈，因此该电路属于电流并联负反馈。

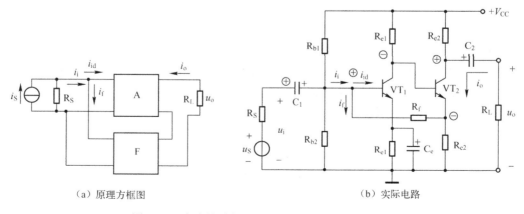

（a）原理方框图　　　　　　　　　　（b）实际电路

图 3-25　电流并联负反馈的原理方框图及实际电路

电流并联负反馈电路能够稳定输出电流。当 i_i 一定时，若由于 R_L 增大使输出电流减小，则其稳定输出电流是通过下述自动调整过程实现的：

$$R_L \uparrow \longrightarrow i_o \downarrow \longrightarrow i_f = F_i i_o \downarrow \longrightarrow i_i = (i_i - i_f) \uparrow$$
$$i_o \uparrow$$

【例 3-3】 判断图 3-26 所示电路的反馈类型。

图 3-26 所示电路为电流并联负反馈电路：从电路的输出端看，若将输出端短路（将 R_L 短路），显然反馈信号还存在，电路是电流反馈；从电路的输入端看，若将输入端短路，反馈信号消失，说明是并联反馈，因此该电路属于电流并联负反馈。

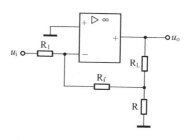

图 3-26　电流并联负反馈电路

3. 电压并联负反馈

如图 3-27（a）、（b）所示分别是电压并联负反馈的原理方框图及实际电路。从图 3-27（b）中可以看出，连接输入端和输出端的反馈元件是电阻 R_f，根据瞬时极性法可知，反馈回到基极的信号使净输入量减少，因此是负反馈。因反馈信号与输入信号在一点相加，所以是并联反馈。而输出端短路时，反馈信号会消失，因此为电压反馈。综上，该电路属于电压并联负反馈。

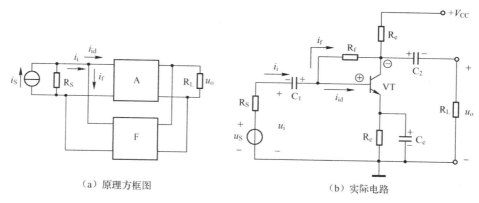

（a）原理方框图　　　　　　　　　　（b）实际电路

图 3-27　电压并联负反馈的原理方框图及实际电路

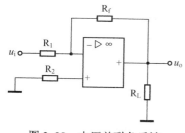

图 3-28　电压并联负反馈

【例 3-4】 判断图 3-28 所示电路的反馈类型。

图 3-28 所示电路为电压并联负反馈电路：从电路的输出端看，反馈电压 u_f 是 u_o 的一部分，即反馈电压与输出电压成比例，故是电压反馈；很明显，一旦放大器的输出电压消失（将 R_L 短路），反馈信号也就不存在了；从电路的输入端看，若将输入端短路，反馈信号消失，说明是并联反馈，因此该电路属于电压并联负反馈。

4. 电流串联负反馈

如图 3-29（a）、（b）所示分别是电流串联负反馈的原理方框图及实际电路。从图中可以看出，R_e 是联系输入和输出回路的反馈元件，将输出端短路，其上的电压并不消失，仍然有信号存在，因此是电流反馈。同时，R_e 上产生的反馈电压反馈到输入回路与输入信号是两点接入的，使晶体管的基极-发射极净输入量减小，因此该电路属于电流串联负反馈。

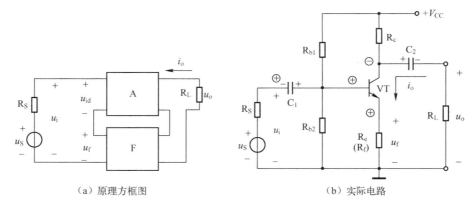

（a）原理方框图　　　　　　　　　　　（b）实际电路

图 3-29　电流串联负反馈的原理方框图及实际电路

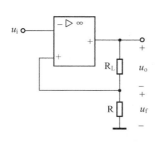

图 3-30　电流串联负反馈电路

【例 3-5】　判断图 3-30 所示电路的反馈类型。

图 3-30 所示电路为电流串联负反馈电路：从电路的输出端看，若将输出端短路（将 R_L 短路），显然反馈信号还存在，因此电路是电流反馈；从电路的输入端看，反馈网络的出口与信号源串联，因此电路是串联反馈。

电流串联负反馈电路也能稳定输出电流，其原理留给读者思考。

总之，凡是电压负反馈都能稳定输出电压，凡是电流负反馈都能稳定输出电流，即负反馈具有稳定被采样的输出量的作用。

需要指出的是，判断反馈的组态时，简明的方法包括四个步骤：①确定反馈支路及反馈元件；②确定反馈的极性；③从输出端确定是电压反馈还是电流反馈；④从输入端确定是并联反馈还是串联反馈。

3.2.4　负反馈对放大电路性能的影响

负反馈虽然使放大电路的放大倍数下降，却从多方面改善了电路的性能，如提高放大倍数的稳定性、减小非线性失真、扩展通频带、改变输入电阻、输出电阻等，下面分别加以讨论。

1. 提高放大倍数（增益）的稳定性

放大器的放大倍数是由电路元件的参数决定的。若元件老化或更换，负载变化或环境温度变化，则可能引起放大器放大倍数的变化，为此通常都要在放大器中引入负反馈，用以提高放大倍数的稳定性。

放大倍数的稳定性可用放大倍数的相对变化量来衡量。

根据闭环增益方程

$$A_{\mathrm{f}} = \frac{A}{1+AF}$$

求 A_f 对 A 的导数，得

$$\frac{\mathrm{d}A_{\mathrm{f}}}{\mathrm{d}A} = \frac{1}{(1+AF)^2}$$

即微分

$$\mathrm{d}A_{\mathrm{f}} = \frac{\mathrm{d}A}{(1+AF)^2}$$

闭环增益的相对变化量为

$$\frac{\mathrm{d}A_{\mathrm{f}}}{A_{\mathrm{f}}} = \frac{1}{1+AF}\frac{\mathrm{d}A}{A}$$

上式表明，闭环增益的相对变化只有开环增益相对变化量的 $1/(1+AF)$。也就是说，引入负反馈后，虽然放大倍数下降了 A 的 $1/(1+AF)$，但其稳定性却提高到原来的 $1+AF$ 倍。比如，$A=1000\pm10\%$，即从 900～1100，则 $\mathrm{d}A/A=\pm0.1$。设 $1+AF=100$，则 $A_f=10$，而 $\mathrm{d}A_f/A_f=\pm0.1/100=\pm10^{-3}$，即 $A_f=10\pm0.1\%$，或 $A_f=9.99\sim10.01$。很显然，引入负反馈后，使得由于各种原因而引起的放大倍数的变化程度变小了，如负载的变化、温度的变化、器件参数的变化或更换器件等。但这是靠牺牲放大倍数获得的。

2．减少非线性失真

由于晶体三极管特性的非线性，当输入信号较大时，就会出现失真，在其输出端会得到正负半周不对称的失真信号。当加入负反馈以后，这种失真将可得到改善。其过程如图 3-31 所示。输出失真波形反馈到输入端与输入信号合成得到上半周小、下半周大的失真波形，经放大后恰好补偿输出失真波形。

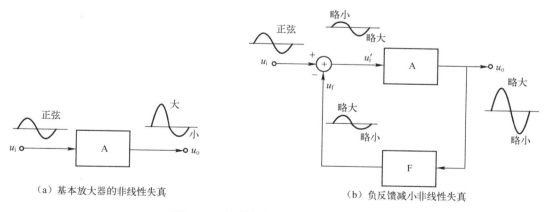

（a）基本放大器的非线性失真   （b）负反馈减小非线性失真

图 3-31 负反馈减小非线性失真示意图

由于放大器中的元件（如晶体管）具有非线性，因此会引起非线性失真。一个无反馈的放大器，即使设置了合适的静态工作点，当输入信号较大时，仍会使输出信号波形产生非线性失真。引入负反馈后，这种失真可以减小。

　　如图 3-32 所示为负反馈减小非线性失真的示意图。在图 3-32（a）中，输入信号 x_i 为标准正弦波，经基本放大器放大后的输出信号 x_0' 产生了前半周大、后半周小的非线性失真。若引入了负反馈，如图 3-32（b）所示，失真的输出波形反馈到输入端，在反馈系数不变的前提下，反馈信号 x_f 也将是前半周大、后半周小，与 x_0' 的失真情况相似。这样，失真了的反馈信号 x_f 与原输入信号 x_i 在输入端叠加，产生的净输入信号 $x_d=x_i-x_f$ 就会是前半周小、后半周大的波形。这样的净输入信号经基本放大器放大后，由于净输入信号的"前半周小、后半周大"与基本放大器的"前半周大、后半周小"两者互相补偿，因此可使输出的波形前后两半周幅度趋于一致，接近原输入的标准正弦波，从而减小了非线性失真。

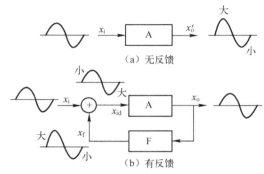

图 3-32　负反馈减小非线性失真

　　需要说明的是，负反馈能够减小放大器的非线性所产生的非线性失真，而不能减小输入信号本身所固有的失真。而且，负反馈只是"减小"，而不是"完全消除"非线性失真。

3．扩展通频带

　　引入负反馈后增益下降，但通频带扩展。对于单 RC 电路系统，通频带扩展（$1+AF$）倍。通频带的扩展，意味着频率失真的减少，因此负反馈能减少频率失真。

　　无反馈时，由于电路中电抗元件的存在，以及寄生电容和晶体管结电容的存在，会造成放大器的放大倍数随频率而变化，使中频段放大倍数较大，而高频段和低频段放大倍数较小。放大电路的幅频特性如图 3-33 所示。图中，f_H 和 f_L 分别为上限频率和下限频率，其通频带 $f_{BW}=f_H-f_L$ 较窄。

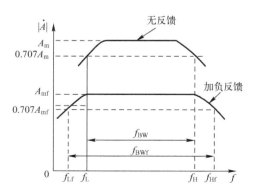

图 3-33　负反馈展宽通频带

　　加入负反馈后，利用负反馈的自动调整作用，可以纠正放大倍数随频率而变的特性，使通频带展宽。具体过程就是中频段由于放大倍数大，输出信号减少得较多，结果是中频段放大倍数比无负反馈时下降较多。而在高频和低频段，由于放大倍数小，输出信号小，而反馈系数不（随频率而）变，其反馈信号也小，使净输入信号减少的程度比中频段小，结果使高频和低频段放大倍数比无负反馈时下降较少。这样，从高、中、低频段总体考虑，放大倍数随频率的变化就因负反馈的引入而减小了，幅频特性变得比较平坦，相当于通频带得以展宽，如图 3-33 所示。

4. 改变输入电阻和输出电阻

负反馈对输入电阻的影响与反馈加入的方式有关，即与串联反馈或并联反馈有关，而与电压反馈或电流反馈无关。负反馈对输出电阻的影响与输出端的反馈形式有关。需要注意的是，求输出电阻时，要令信号源为零。

（1）串联负反馈使输入电阻增大，引入负反馈后的输入电阻为未引入负反馈电路输入电阻的（$1+AF$）倍，即 $R_{if}=R_i(1+AF)$；并联负反馈使输入电阻减小，引入负反馈后的输入电阻 $R_{if}=R_i/(1+AF)$，R_i 为未引入反馈时的输入电阻。

（2）电压负反馈使输出电阻减小，$R_{of}=R_o/(1+AF)$。电流负反馈使输出电阻增加，$R_{of}=R_o(1+AF)$，R_o 为未引入负反馈时的输出电阻。

（3）简言之，就是：串大并小，压小流大。

 知识拓展：电压电流转换电路

电压/电流转换即 V/I 转换，是将输入的电压信号转换成满足一定关系的电流信号，转换后的电流相当于一个输出可调的恒流源，其输出电流应能够保持稳定而不会随负载的变化而变化。V/I 转换原理如图 3-34 所示。

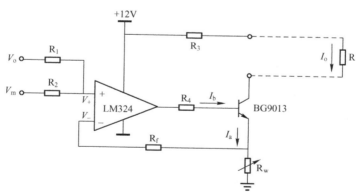

图 3-34 V/I 转换原理

由图可见，电路中的主要元件为一运算放大器 LM324 和三极管 BG9013 及其他辅助元件，V_0 为偏置电压，V_{in} 为输入电压，即待转换电压，R 为负载电阻。其中运算放大器起比较器作用，将正相端电压与反相端电压 V 进行比较，经运算放大器放大后再经三极管放大。BG9013 的射级电流 I_e 作用在电位器 R_w 上，由运放性质可知：

$$V = I_e \cdot R_w = (1+k)I_b \cdot R_w \quad (k \text{ 为 BG9013 的放大倍数})$$

流经负荷 R 的电流 I_0 即 BG9013 的集电极电流，等于 $k \cdot I_b$。令 $R_1=R_2$，则有 $V_0+V_m= V_+=$

$V_-=(1+k)I_b \cdot R_w=(1+1/k)I_o \cdot R_w$，其中 $k \gg 1$，所以 $I_o \approx (V_0+V_{in})/R_w$。

由上述分析可见，输出电流 I_o 的大小在偏置电压和反馈电阻 R_w 为定值时，与输入电压 V_{in} 成正比，而与负载电阻 R 的大小无关，说明电路具有良好的恒流性能。改变 V_0 的大小，可在 $V_{in}=0$ 时改变 I_o 的输出。当 V_0 一定时改变 R_w 的大小，可以改变 V_{in} 与 I_o 的比例关系。由 $I_o \approx (V_0+V_i)/R_w$ 关系式也可以看出，当确定了 V_{in} 和 I_o 之间的比例关系后，即可方便地确定偏置电压 V_0 和反馈电阻 R_w。例如，将 0～5V 电压转换成 0～5mA 的电流信号，可令 $V_0=0$，$R_w=1k\Omega$，其中 $V_0=0$ 相当于将其直接接地。若将 0～5V 电压信号转换成 1～5mA 电流信号，则可确定 $V_0=1.25V$，$R_w=1.25k\Omega$。同样，若将 4～20mA 电流信号转换成 1～5mA 电流信号，只需先将 4～20mA 转换成电压，即可按上述关系确定 V_0 和 R_w 的参数大小，其他转换可以此类推。

为了使输入、输出获得良好的线性对应关系，要特别注意元器件的选择，如输入电阻 R_1、R_2 及反馈电阻 R_w，要选用低温漂的精密电阻或精密电位器。元器件要经过精确测量后再焊接，并经过仔细调试以获得最佳的性能。我们在多次实际应用中测试，上述转换电路的最大非线性失真一般小于 0.03%，转换精度符合要求。

任务 3　集成运算放大器的线性应用

基础知识

3.3.1　反相、同相输入放大电路

理想集成运算放大器在深度负反馈条件下，工作在线性状态时，三种基本电路分别是：同相、反相和差动输入运算放大电路。

1. 反相输入比例运算电路

如图 3-35 所示为反相输入比例运算电路。输入信号 u_i 通过电阻 R_1 加到集成运算放大器的反相端，输出信号通过电阻 R_f 反馈到反相输入端，R_f 为反馈电阻，构成深度电压并联负反馈。同相端通过电阻 R_2 接地，R_2 称为直流平衡电阻，其作用是使集成运算放大器两输入端的对地直流电阻相等，从而避免运算放大器输入偏置电流在两输入端之间产生附加的差模输入电压，因此要求 $R_2 = R_1 // R_f$。

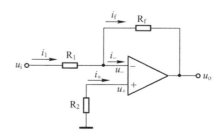

图 3-35　反相输入比例运算电路

为了保证集成运算放大器差动输入级的静态平衡，要求平衡电阻 $R_2 = R_1 /\!/ R_f$。该比例电路的反馈是深度电压并联负反馈。其输入电阻和输出电阻均不高。

根据运算放大器输入端"虚断"可得 $i_+ = 0$，故 $u_+ = 0$。

根据运算放大器输入端"虚短"可得 $u_- = u_+ = 0$，因此由图可得

$$i_1 = \frac{u_i - u_-}{R_1} = \frac{u_i}{R_1}$$

$$i_f = \frac{u_- - u_o}{R_f} = -\frac{u_o}{R_f}$$

根据运算放大器输入端"虚断"，可知 $i_- = 0$，则有 $i_1 = i_f$，所以有

$$\frac{u_i}{R_1} = -\frac{u_o}{R_f}$$

故可得输出电压与输入电压的关系为

$$u_o = -\frac{R_f}{R_1} u_i$$

可见，u_o 与 u_i 成比例，输出电压与输入电压反相，因此称为反相比例运算电路，其比例系数为

$$A_{uf} = u_o / u_i = - R_f / R_1$$

由于 $u_- = 0$，由图可得该反相比例运算电路的输入电阻为

$$r_{if} = R_1$$

反相比例运算电路主要有如下特点。

（1）它是深度电压并联负反馈电路，调节 R_f、R_1 的比值即可调节放大倍数 A_{uf}；A_{uf} 值既可大于 1 也可小于 1。

（2）输入电阻等于 R_1。

（3）$u_- = u_+ = 0$，因此运算放大器的共模输入信号 $u_{ic} = 0$，对集成运放 K_{CMR} 的要求较低。

（4）当 $R_f = R_1$ 时，$u_o = -u_i$，称为反相器。

2. 同相输入比例运算电路

如图 3-36 所示为同相输入比例运算电路，输入信号 u_i 通过电阻 R_2 加到集成运算放大器的同相输入端，输出信号通过反馈电阻 R_f 反馈到反相输入端，构成深度电压串联负反馈，反相端通过电阻 R_1 接地。R_2 同样是直流平衡电阻，应满足 $R_2 = R_1 /\!/ R_f$。

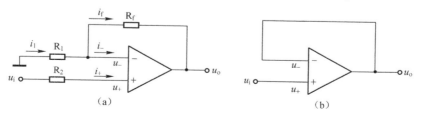

图 3-36 同相输入比例运算电路

为了保证集成运算放大器差动输入级的静态平衡，要求平衡电阻 $R_2 = R_1 \mathbin{/\mkern-5mu/} R_f$。该比例电路的反馈是深度电压串联负反馈。其输入电阻很高，输出电阻较低。

根据运算放大器输入端"虚断"可得 $i_- = 0$，故有 $i_1 = i_f$，因此，由图3-36（a）可得

$$\frac{0 - u_-}{R_1} = \frac{u_- - u_o}{R_f}$$

由于 $u_- = u_+ = u_i$，所以可求得输出电压 u_o 与输入电压 u_i 的关系为

$$u_o = \left(1 + \frac{R_f}{R_1}\right)u_i$$

可见 u_o 与 u_i 同相且成比例，故称为同相输入比例运算电路，其比例系数为

$$A_{uf} = \frac{u_o}{u_i} = 1 + \frac{R_f}{R_1}$$

上式中如取 $R_1 = \infty$ 或 $R_f = 0$，则可得 $A_{uf} = 1$，$u_o = u_i$，这种电路称为电压跟随器，如图3-36（b）所示。

根据运算放大器同相端"虚断"可得，同相输入比例运算电路的输入电阻为

$$r_{if} = \infty$$

同相输入比例运算电路主要有如下特点。

（1）它是深度电压串联负反馈电路，调节 R_f、R_1 的比值就可调节放大倍数 A_{uf}，电压跟随器是它的应用特例。

（2）输入电阻趋于无穷大。

这里应当注意：因为输入信号接在同相输入端，故有关系式 $u_i = u_+ = u_-$，即同相端及反相端的电位均不为零，也就是说，在同相放大器电路分析中不存在"虚地"概念，只能利用"虚短"和"虚断"进行分析。

同时，由 $u_i = u_+ = u_-$ 也说明此时运算放大器的共模信号不为零，而等于输入信号 u_i，因此在选用集成运算放大器构成同相输入比例运算电路时，要求运算放大器应有较高的最大共模输入电压和较高的共模抑制比。其他同相运放电路也有此特点和要求。

【例3-6】 如图3-37所示的电路称为电压-电流转换器，试分析输出电流 i_L 与输入电压 u_i 之间的关系。

解：根据"虚地"和"虚断"可知

$$u_- = u_+ = 0 ,$$

$$i_L = i_1$$

因此可得

$$i_L = i_1 = \frac{u_i}{R_1}$$

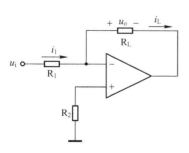

图3-37 电压-电流转换器

上式表明，该电路中的输出电流 i_L 与输入电压 u_i 成正比，而与负载电阻 R_L 的大小无关，从而将电压源输入转换成电流源输出。实现了电压-电流转换的功能。

由上述比例电路可知，运算放大器的闭环放大倍数决定于外围元件的参数，与开环放大倍数无关。

3.3.2 加法、减法电路

1. 加法运算电路

加法运算是对多个模拟输入信号进行求和，根据输出信号和求和信号反相还是同相分为反相加法运算和同相加法运算两种方式。

1）反相输入加法运算电路

反相输入加法运算电路如图 3-38 所示，它是利用反相输入比例运算电路实现的。图 3-38 中，输入信号 u_{i1}、u_{i2} 分别通过 R_1、R_2 加至运算放大器的反相输入端。R_f 为反馈电阻，R_3 为直流平衡电阻，即

$$R_3=R_1//R_2//R_f$$

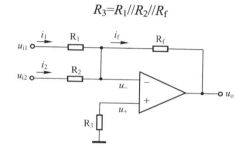

图 3-38　反相输入加法运算电路

根据运算放大器反相输入端"虚断"可知

$$i_f=i_1+i_2$$

又因运算放大器反相运用时输入端"虚地"，即 $u_-=0$，因此，上式可写成

$$\frac{u_{i1}}{R_1}+\frac{u_{i2}}{R_2}=\frac{0-u_o}{R_f}$$

则输出电压为

$$u_o=-\left(\frac{R_f}{R_1}\cdot u_{i1}+\frac{R_f}{R_2}\cdot u_{i2}\right)$$

可见实现了反相加法运算。若 $R_1=R_2=R$，则 $u_o=-\frac{R_f}{R}(u_{i1}+u_{i2})$，当取 $R_1=R_2=R_f$ 时，则 $u_o=-(u_{i1}+u_{i2})$。

同理，可以将反相输入加法运算电路的输入端扩充到 3 个或 3 个以上，而电路的分析方法是相同的。可见，这种反相输入加法运算电路在改变任意一路输入端电阻时并不影响其他各路信号产生的输出值，因而调节方便。另外，由于"虚地"，使得运算放大器的共模输入电压很小，因此在实际工作中，反相输入方式的加法运算电路应用比较广泛。

2）同相输入加法运算电路

如图 3-39 所示为同相输入加法运算电路，它是利用同相输入比例运算电路实现的。输

入信号 u_{i1}、u_{i2} 都加到同相输入端，而反相输入端通过电阻 R_1 接地。

为使直流电阻平衡，要求图中电阻满足 $R_1//R_f = R_2//R_3//R_4$。

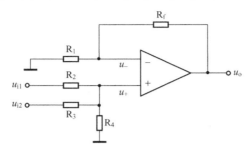

图 3-39　同相输入加法运算电路

根据运算放大器同相端"虚断"，应用叠加原理可求得

$$u_+ = \frac{R_3//R_4}{R_2 + R_3//R_4}u_{i1} + \frac{R_2//R_4}{R_3 + R_2//R_4}u_{i2}$$

根据输入与输出同相的关系，可得

$$u_o = \left(1 + \frac{R_f}{R_1}\right)u_+ = \left(1 + \frac{R_f}{R_1}\right)\left(\frac{R_3//R_4}{R_2 + R_3//R_4}u_{i1} + \frac{R_2//R_4}{R_3 + R_2//R_4}u_{i2}\right)$$

可见实现了同相加法运算。若 $R_2 = R_3 = R_4$，$2R_1 = R_f$，则上式可简化为

$$u_o = u_{i1} + u_{i2}$$

可见，这种同相输入加法运算电路在改变某一路输入端的电阻时，会影响其他各路信号的输出比例，因此调节不便。此外，由于不存在"虚地"，使得运算放大器的共模输入电压较高，因此在实际工作中，这种电路不如反相输入方式的加法运算电路应用广泛。

2．减法运算电路

如图 3-40 所示为减法运算电路，该电路实际上是由单级运算放大器构成的差动放大器。图 3-40 中，输入信号 u_{i1}、u_{i2} 分别加至反相输入端和同相输入端。对该电路同样用"虚短"和"虚断"来分析。

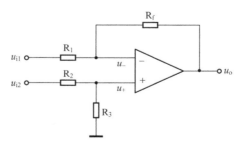

图 3-40　减法运算电路

首先，设 u_{i1} 单独作用，而 $u_{i2} = 0$，此时电路相当于一个反相输入比例运算电路，可得 u_{i1} 产生的输出电压 u_{o1} 为

$$u_{o1} = -\frac{R_f}{R_1}u_{i1}$$

同理，设由 u_{i2} 单独作用，而 $u_{i1}=0$，则电路成为一个同相输入比例运算电路，可得 u_{i2} 产生的输出电压 u_{o2} 为

$$u_{o2} = \left(1 + \frac{R_f}{R_1}\right)u_+ = \left(1 + \frac{R_f}{R_1}\right)\frac{R_3}{R_2 + R_3}u_{i2}$$

应用叠加原理，可求得总输出电压为

$$u_o = u_{o1} + u_{o2} = -\frac{R_f}{R_1}u_{i1} + \left(1 + \frac{R_f}{R_1}\right)\frac{R_3}{R_2 + R_3}u_{i2}$$

当 $R_1 = R_2$，$R_f = R_3$ 时，则有 $u_o = \frac{R_f}{R_1}(u_{i2} - u_{i1})$。

上式中若 $R_f = R_1$，则 $u_o = u_{i2} - u_{i1}$。可见，实现了减法运算。

 技能训练：集成运算放大器线性应用电路的测试

集成运算放大器与分立元件电路比较，具有体积小、质量轻、耗能低、成本低及可靠性高等优点。从结构上看，集成运算放大器是一个高增益的、各级间直接耦合的及具有深度负反馈的多级耦合放大器。通过示波器观测其输入、输出关系，可以判别出集成运算放大器线性应用达到的效果。本技能练习的重点是集成运算放大器线性应用电路的搭接，并能够熟悉应用示波器观测波形，正确判断不同类型的线性应用电路。

1．训练目的

（1）掌握集成运算放大器基本放大电路的测试方法。
（2）能正确连接反相比例运算电路。
（3）能正确连接反相加法运算电路。
（4）能正确连接减法运算电路。

2．训练器材

集成运算放大器 LM324、电阻 10kΩ×2、电阻 5.1kΩ×1、示波器、直流稳压电源、函数信号发生器、连接导线。

3．训练内容及步骤

1）反相比例运算电路的测试

反相比例运算电路如图 3-41 所示。

图中的 R_1、R_f 为 10kΩ，R_2 为 5.1kΩ，在输入端加入频率为 1kHz、有效值为 100mV、500mV、3V 的正弦交流信号，用示波器观察输入、输出信号的波形，测出 u_i、u_o 的大小，并将理论值和实测值分别填写在表 3-2 中。

2）反相加法运算电路

反相加法运算电路如图 3-42 所示。

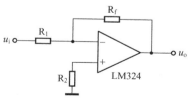

图 3-41　反相比例运算电路

表 3-2 反相比例放大倍数的测量

u_i	100mV	500mV	3V
u_o（理论计算值）			
u_o（实测值）			
A_u（实测值）			

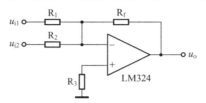

图 3-42 反相加法运算电路

图中的 R_1、R_2、R_f 为 10kΩ，R_3 为 2.4kΩ，分别按表 3-2 所示的数值加载输入信号，用示波器观察输入、输出信号的波形，测出 u_i、u_o 的大小，并将理论值和实测值分别填写在表 3-3 中。

表 3-3 反相加法运算电路的测量

u_i/V	$u_{i1}=0.1$ $u_{i2}=0.4$	$u_{i1}=2$ $u_{i2}=4$	$u_{i1}=0.5$ $u_{i2}=1.6$
u_o（理论计算值）			
u_o（实测值）			

3）减法运算电路

减法运算电路如图 3-43 所示。

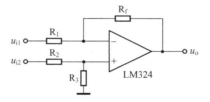

图 3-43 减法运算电路

图中的 R_1、R_2 为 100kΩ，R_3 为 2.4kΩ，R_f 为 200kΩ，分别按表 3-3 所示的数值加载输入信号，用示波器观察输入、输出信号的波形，测出 u_i、u_o 的大小，并将理论值和实测值分别填写在表 3-4 中。

表 3-4 减法运算电路的测量

u_i/V	$u_{i1}=0.1$ $u_{i2}=0.4$	$u_{i1}=2$ $u_{i2}=4$	$u_{i1}=0.5$ $u_{i2}=1.6$
u_o（理论计算值）			
u_o（实测值）			

4．思考与讨论

（1）分析实验中出现的故障及其排除解决方法。

（2）运算放大器构成的基本运算电路主要有哪些？分析这些运算电路的基本方法是什么？

（3）将理论数据和实测数据作对比，写出实验收获。

任务 4 集成运算放大器的非线性应用

当集成运算放大器处于开环状态或正反馈状态时，很快达到饱和，输出负饱和值或正饱和值。饱和值接近电源电压，这时 u_o 与 u_i 不再保持线性关系。电压比较器是集成运算放大器的非线性应用。

电压比较器能够对两个模拟输入电压进行大小比较。在两个输入电压中，一个是基准电压，另一个是被比较的输入电压，由于集成运算放大器的开环放大倍数很大，如果两个输入端的电位不相等，放大器的输出电压很容易达到饱和值（工作在非线性区），接近运算放大器的正、负电源电压，因此输出结果只有两个：高电平和低电平。这个输出可以作为数字集成电路的输入信号，因此，电压比较器是模拟信号与数字信号之间的一种接口电路，广泛应用于测量、越限报警、自动控制、信号处理和波形发生等电路中。常用的电压比较器有简单电压比较器、滞回电压比较器和窗口电压比较器等。

 基础知识

3.4.1 简单电压比较器

简单电压比较器如图 3-44（a）所示，集成运算放大器工作在开环状态，输入信号加在反相输入端，参考电压接在同相输入端，因此它是一个反相输入电压比较器。U_{REF} 是基准电压，由于 $U_{REF}=u_+$，$u_i=u_-$，当 $u_i>U_{REF}$ 时，即 $u_->u_+$，比较器输出低电平；反之，$u_i<U_{REF}$，输出高电平。其传输特性如图 3-44（b）所示（设 $U_{REF}>0$）。

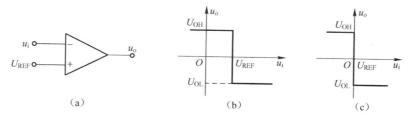

图 3-44 简单电压比较器

由此可见，比较器的输出状态发生跳变的条件是 $u_i = U_{REF}$。通常把输出状态发生跳变时的输入电压值称为阈值（或门限电压），用 U_{TH} 表示，即 $U_{TH} = U_{REF}$。

简单电压比较器的特点是只有一个阈值（也称作单限比较器），当输入电压等于阈值时，输出状态发生跳变。

如果基准电压 $U_{REF} =0$，则当输入信号 u_i 等于零时，输出电压 u_o 就会发生跳变，这种比较器又称为过零比较器。其传输特性如图 3-44（c）所示。

当输入信号从同相输入端输入，基准信号加在反相输入端时，比较器就是一个同相输入电压比较器，其传输特性与反相输入比较器相反。一般比较器都有反相输入和同相输入两种。可根据实际的需要来选择采用哪种接法。

有时为了某种需要（特别是在后接数字电路时），常需对比较器的输出幅值加以限幅，常用的方法是在输出端或反馈支路中接一个双向稳压管 VD_Z，比较器输出的电压幅值就是稳压管稳定的电压值，并且正、负电压幅值相等。限幅电路如图 3-45（a）、（b）所示，传输特性如图 3-45（c）所示。

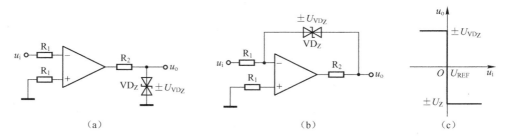

图 3-45　具有输出限幅的过零比较器

工作时，在图 3-45（a）中的运算放大器输出电压的绝对值大于 U_{VDZ} 时，VD_{VDZ} 被击穿，则输出高电平 $+U_{VDZ}$，反之，输出低电平 $-U_Z$。图 3-45（b）中的稳压管接在反馈回路，由于 u_o 是在 u_i 过零时发生跳变的，在跳变瞬间 $u_+ = u_- = 0$，则反馈回路中的电流为零，即跳变时刻运算放大器处于开环状态；而在其他时刻，由于 VD_Z 导通，运算放大器处于闭环限幅状态，此时仍有 $u_+ = u_- = 0$，显然，输出幅值仍为限幅值 $\pm U_{VDZ}$。

【例3-7】　在图 3-46（a）中，一个简单电压比较器的输入信号 u_i 是正弦信号，如图 3-46（b）所示，若 U_{REF} 分别为 4V 和 0V，画出输出电压 u_o 的波形。设稳压管的稳定电压为 $\pm 6V$。

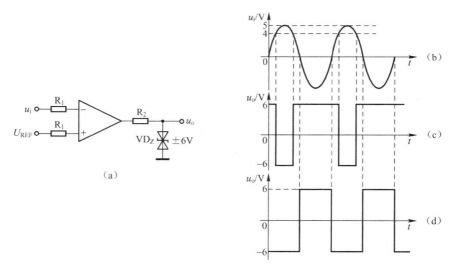

图 3-46　简单电压比较器例图

解：（1）当 $U_{REF}=4V$ 时，$U_{TH}=4V$。当 $u_i>4V$ 时，比较器输出低电平 $-6V$；当 $u_i<4V$ 时，比较器输出高电平 $+6V$。比较器输出波形如图 3-46（c）所示，它将正弦波变成矩形波。

（2）当 $U_{REF}=0V$ 时，对于 $u_i>0V$，比较器输出低电平 $-6V$；若 $u_i<0V$，比较器输出高电

平+6V。比较器输出波形如图 3-46（d）所示，过零比较器可以将正弦波变成方波。

由上面的例子可以看出，当简单电压比较器工作时，只要输入信号达到 U_{TH}，比较器的输出状态就发生跳变，这一方面反映了它的灵敏度高，另一方面也反映了它的抗干扰能力差。当输入电压 u_i 很接近于 U_{TH} 时，由于零点漂移及干扰的存在，输入电压 u_i 会不断地在 U_{TH} 值附近变化，使输出电压 u_o 不断在高、低电平之间翻转，如果这个输出电压再控制继电器或电动机等电器，这些设备将频繁动作或启/停，不能正常工作。因此，我们常常希望当输入信号在 U_{TH} 附近的某个范围内变化时，输出电压不跳变，超出了这个范围，输出状态才发生变化，这就提高了比较器的抗干扰能力。为实现这一目的，可以采用滞回电压比较器。

3.4.2　滞回电压比较器

如图 3-47（a）所示，滞回电压比较器的构成是在简单电压比较器中加正反馈来实现的。引入正反馈，不但使传输特性的过渡状态更加陡直，输出电压的跳变速度加快，而且当 u_o 分别为高电平和低电平时，运算放大器同相输入端的电压 u_+ 不相等，使得比较器具有两个阈值，从而提高了抗干扰能力。输入信号作用于反相输入端，反馈信号作用于同相输入端，因此该比较器是反相滞回电压比较器。

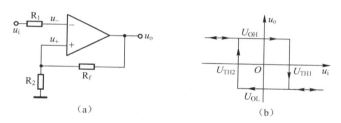

图 3-47　滞回电压比较器

由图 3-47（a）知，同相输入端电压

$$u_+ = \frac{R_2}{R_2 + R_f} u_o$$

反相输入端电压

$$u_- = u_i$$

当 $u_+ = u_-$ 时，输出电压发生跳变，此时的输入电压值就是阈值，且阈值随输出电压的变化而变化。

$$U_{TH} = \frac{R_2}{R_2 + R_f} u_o$$

当 $u_o = U_{OH}$ 时，$U_{TH1} = \dfrac{R_2}{R_2 + R_f} U_{OH}$

当 $u_o = U_{OL}$ 时，$U_{TH2} = \dfrac{R_2}{R_2 + R_f} U_{OL}$

由以上式子可知，当比较器的输出分别为高、低电平时，u_+ 就有两个不同的值，即比较器具有两个阈值。u_o 由高电平变到低电平的阈值为 U_{TH1}，u_o 由低电平变到高电平的阈值为

U_{TH2}。

因此，假设开始时 u_i 很小，比较器的输出为高电平 U_{OH}，此时 $u_+ = U_{TH1}$，则当 u_i 逐渐增大到 $u_i > u_+$ 时，即 $u_i > U_{TH1}$ 时，输出电压由高电平 U_{OH} 跳变到 U_{OL}，与此同时，u_+ 也由 U_{TH1} 变为 U_{TH2}。而此时，若 u_i 继续增大，由于总是满足 $u_i > u_+$，故 $u_o = U_{OL}$ 始终保持不变。这时若 u_i 减小，必须当 u_i 减小到 U_{TH2} 时，u_o 才会从 U_{OL} 跳变到 U_{OH}，同时 u_+ 也由 U_{TH2} 变为 U_{TH1}。再减小 u_i 时，$u_o = U_{OH}$ 始终保持不变。当 $U_{TH2} < u_i < U_{TH1}$ 时，输出电压保持原来的状态，不发生变化。

根据以上分析可画出该比较器的传输特性，如图 3-47（b）所示。由传输特性可以看出，输入-输出特性曲线具有滞迟回线形状，因此称这种比较器为滞回电压比较器，又称施密特触发器。它的特点是有两个阈值，两个阈值电压之差称为门限宽度或回差电压，改变门限宽度的大小，可以在保证一定的灵敏度前提下提高抗干扰能力。当输入信号受到干扰时，只要其变化的幅度不超过门限宽度的范围，这种比较器的输出电压就不会来回翻转，抗干扰的能力就增强了。

当图 3-47（a）中的同相输入端不接地，而接一个电压 U_{REF} 时，电路如图 3-48（a）所示，这种反相滞回电压比较器的阈值同样可以求得。运用叠加定理，当 U_{REF} 单独作用时有

$$u_{+2} = \frac{R_2}{R_2 + R_f} U_{REF}$$

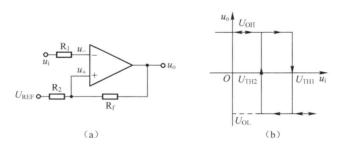

图 3-48　具有电压 U_{REF} 的滞回电压比较器

当 u_o 单独作用时，

$$u_{+2} = \frac{R_2}{R_2 + R_f} u_o$$

所以有

$$u_+ = \frac{R_f}{R_2 + R_f} U_{REF} + \frac{R_2}{R_2 + R_f} u_o = \frac{R_f U_{REF} + R_2 u_o}{R_2 + R_f}$$

因 $|u_- = u_o|$ 即为跳变条件，故此时 u_+ 的输入电压值就是阈值。

$$U_{TH} = \frac{R_f U_{REF} + R_2 u_o}{R_2 + R_f}$$

若此时输出电压 $u_o = U_{OH}$，则阈值

$$U_{TH1} = \frac{R_f U_{REF} + R_2 U_{OH}}{R_2 + R_f}$$

当 $u_i > U_{TH1}$ 时，输出电压由高电平跳变到低电平 U_{OL}，此时阈值变为

$$U_{TH2} = \frac{R_f U_{REF} + R_2 U_{OL}}{R_2 + R_f}$$

当 $u_i < U_{TH2}$ 时，输出电压由低电平跳变到高电平 U_{OH}。当 $U_{TH2} < u_i < U_{TH1}$ 时，输出电压保持原来的状态不发生变化。比较器的传输特性如图 3-48（b）所示。

【例 3-8】　一个反相滞回电压比较器电路如图 3-49（a）所示，已知输入电压 u_i 的变化规律如图 3-49（b）所示，其中 $R_1 = 7.5\text{k}\Omega$，$R_2 = 10\text{k}\Omega$，$R_f = 30\text{k}\Omega$，$U_{REF} = 2\text{V}$，稳压管稳压值 $U_{VDZ} = 6\text{V}$，试画出输出电压波形和比较器传输特性曲线。

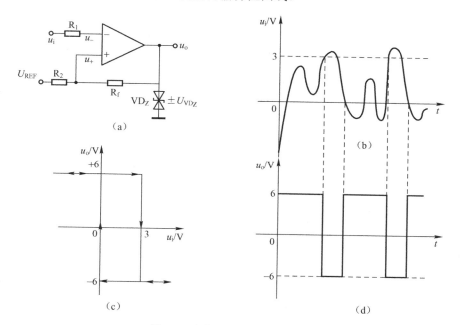

图 3-49　滞回电压比较器例图

解：首先求阈值。

u_o 由 +6V 跳变到 -6V 的阈值：$U_{TH1} = \dfrac{R_f U_{REF} + R_2 U_{VDZ}}{R_2 + R_f} = 3\text{V}$

u_o 由 -6V 跳变到 +6V 的阈值：$U_{TH2} = \dfrac{R_f U_{REF} + R_2 (-U_{VDZ})}{R_2 + R_f} = 0\text{V}$

根据以上计算，可画出该比较器的传输特性曲线及输出电压波形，分别如图 3-49（c）、（d）所示。

从 u_i 曲线可以看出，在起始时间之后，u_i 比零小得多，对于反相比较器，输出电压为 +6V。尽管比较器的一个阈值为零，但当 $u_i > 0$ 时，输出电压 u_o 并不发生跳变，因为 u_o 从 +6V 跳变到 -6V 的阈值是 $U_{TH1} = 3\text{V}$，只有 $u_i > 3\text{V}$ 时，u_o 才会跳变到 -6V；同理，当 $u_i < 3\text{V}$ 时，输出电压 u_o 并不发生跳变，当 $u_i < 0$ 时，u_o 才由 -6V 跳变到 +6V。

通过上面的例子可以看出，当输入电压的变化在阈值范围内，滞回电压比较器的输出保持某个状态不变，当输入电压的变化超过阈值范围后，输出状态发生跳变，因此可以利用滞回电压比较器进行电压越限警报、波形变换和波形整形等。

3.4.3 窗口电压比较器

简单电压比较器和滞回电压比较器的共同特点是：当 u_i 单方向变化时，u_o 只跳变一次，只能检测一个电平。如果要判断 u_i 是否在两个电平之间，必须采用窗口比较器，其电路如图 3-50（a）所示。

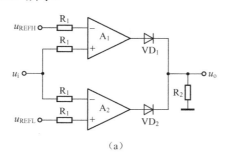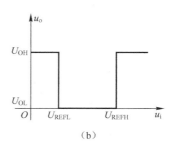

图 3-50　窗口电压比较器

由图 3-50（a）可以看出，窗口电压比较器是由参考电压为 U_{REFL} 的反相输入简单比较器（A_2）和参考电压 U_{REFH} 的同相输入简单比较器（A_1），以及二极管 VD_1、VD_2 构成的。显然，两个简单比较器的阈值分别是 U_{REFL} 和 U_{REFH}，且 $U_{REFL} < U_{REFH}$，因此当输入电压达到这两个阈值时，输出状态发生变化。

若 $u_i > U_{REFH}$，则 u_{o1} 为高电平，二极管 VD_1 导通；此时由于 $u_i > U_{REFL}$，故 u_{o2} 为低电平，VD_2 截止。显然，输出电压 $u_o \approx u_{o1}$ 为高电平，窗口比较器相当于一个同相输入简单电压比较器。

若 $u_i < U_{REFL}$，则 u_{o2} 为高电平，VD_2 导通，此时 $u_i < U_{REFH}$，则 u_{o1} 为低电平，VD_1 截止。显然，输出电压 $u_o \approx u_{o2}$ 为高电平，窗口比较器相当于一个反相输入简单电压比较器。

若 $U_{REFL} < u_i < U_{REFH}$，则 u_{o1} 和 u_{o2} 均为低电平，VD_1 和 VD_2 均截止，输出端相当于开路，故 $u_o = 0$，即输出相当于低电平。

根据上述分析，可画出该电路的传输特性，如图 3-50（b）所示。

此外，需要指出的是，专用集成电压比较器已大量问世，而且种类繁多，如精密型、高速型、低功耗型、可选通或可编程型等。集成电压比较器的内部电路与集成运算放大器构成的电压比较器原理是相同的，使用也十分相似，这里就不予以介绍了。

任务 5　有源滤波电路

集成运算放大器不仅可对信号进行运算，还可以对信号进行其他形式的处理，包括信号的滤波、信号幅度的比较与选择、信号的采样与保持等，此时属于运算放大器的线性应用范围。

1. 滤波器的基本概念

1）滤波器的功能和种类

滤波器的功能实质是根据频率对信号进行筛选，让有用频率范围内的信号通过，而对其他频率的信号起抑制作用。滤波器经常用在信息处理、数据传送和抑制干扰等方面，有四种基本类型。

（1）低通滤波器（LPF）。

低通滤波器是指低于截止频率的低频信号能通过的滤波器。所谓截止频率是指当输出电压与输入电压的幅度之比随频率变化下降到通带增益的 0.707 倍（或下降到 3dB）时所对应的频率。

（2）高通滤波器（HPF）。

与低通滤波器相反，高通滤波器是指高于截止频率的信号能通过的滤波器。

（3）带通滤波器（BPF）。

带通滤波器是指让某一频率范围内的信号通过，而在此频率范围外的信号均不能通过的滤波器。

（4）带阻滤波器（BEF）。

与带通滤波器相反，带阻滤波器是指不让某一频率范围内的信号通过，而在此频率范围外的信号均能通过的滤波器。

它们的幅频特性分别如图 3-51（a）、（b）、（c）、（d）所示。图中的粗实线为实际的幅频特性，粗虚线表示理想的幅频特性。

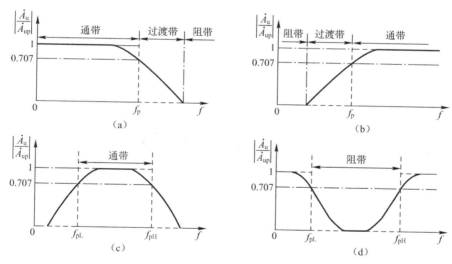

图 3-51　四种滤波器幅频特性

图中，"通带"表示能够通过的信号频率范围；"阻带"表示被抑制的或不能通过的信号频率范围；A_u 表示滤波器的电压传输函数，即输出电压与输入电压之比；A_{up} 表示 A_u 的最大值；f_p 表示通带截止频率。通带与阻带之间的频率范围称为过渡带，过渡带越窄，或过渡带的幅频特性越陡峭，滤波器的性能越好。理想的滤波器没有过渡带，其通带内具有零衰减的幅频特性，而阻带内具有无限大的衰减特性。

显然，LPF 的通带是零到 f_p 频率范围内，阻带是高于 f_p 以上的频率；HPF 的通带是高于 f_p 以上的频率，阻带是零到 f_p 频率范围内；BPF 的通带是 f_{pL} 到 f_{pH} 频率范围内，阻带是通带以外的频率；BEF 的通带和阻带正好与 BPF 的通带和阻带相反。

　　2）有源滤波器和无源滤波器

　　根据组成电路元件的不同，滤波器又分为无源滤波器和有源滤波器。

　　无源滤波器是指由电阻、电容和电感等无源元件组成的滤波器。由电感和电容组成的一个 LC 低通滤波器如图 3-52（a）所示。该电路为了能滤掉高频信号，增强滤波效果，必须加大电感量，使得线圈的体积和质量比较大，这不但成本高，也不便于集成化。若采用 RC 滤波器，可以克服这个缺点。将图 3-49（a）中的电感换成电阻，就构成了 RC 滤波器，如图 3-52（b）所示。RC 滤波器中的电阻要消耗有用信号的电能，使得有用信号在输出端被衰减，滤波性能变差。如果在 RC 滤波器中加入有源元件来补偿电阻所消耗的能量，不仅能选出有用的信号，而且还可使它得到放大，这是比较理想的。因此，由集成运算放大器（有源器件）和 RC 网络组成的滤波电路，称为有源滤波器。

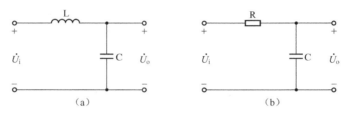

图 3-52　无源滤波器

　　有源滤波器的主要优点是体积小，质量轻，信号选择性好，尤其是利用了集成运算放大器的开环电压增益高、输入电阻大和输出电阻小等特点，输入与输出之间具有良好的隔离，便于实现高阶滤波。本节主要介绍常用的有源低通滤波器、有源高通滤波器及有源带通滤波器。

2. 低通滤波器

　　根据对滤波的要求不同，低通有源滤波电路又分为一阶有源低通滤波器和二阶有源低通滤波器等几种，本节介绍简单的一阶低通滤波器。

　　最简单的一阶有源低通滤波器如图 3-53（a）所示。它由一个 RC 低通滤波器和一个同相放大器组成，不仅可以使低频信号通过，还可以使信号得到放大。

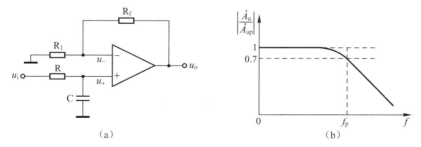

图 3-53　一阶有源低通滤波器

由图 3-53（a）可得传输函数为

$$\dot{A}_u = \frac{u_o}{u_i} = \left(1 + \frac{R_f}{R_1}\right)\frac{1}{1 + j\dfrac{f}{f_0}}$$

其中通带截止频率

$$f_p = f_0 = \frac{1}{2\pi RC} \tag{3-4}$$

当 $f=0$ 时，$|\dot{A}_u| = A_{up}$ 最大，输入信号全部通过滤波器；当 $f=f_0$ 时，$|\dot{A}_u| = \dfrac{A_{up}}{\sqrt{2}}$，此频率的信号经过电路时，幅值被衰减了 0.707 倍（-3dB）；当 $f > f_0$ 的信号通过滤波器时，幅值被衰减得更大，即频率越高的信号，越不容易通过该滤波器，因此称之为低通滤波器。其幅频特性如图 3-53（b）所示。可见，超过截止频率的信号衰减斜率为-20dB/十倍频，由于衰减的速度比较慢，使得在截止频率附近的信号滤波效果不够好，因此一般一阶有源低通滤波器用于对滤波精度要求不高的场合。如果希望大于截止频率的信号很快被衰减，得到更好的滤波效果，可采用二阶或更高阶的低通滤波器。

3. 高通滤波器

高通滤波器与低通滤波器具有对偶关系。把图 3-53（a）中低通滤波器的 R、C 的位置互换，则可得到如图 3-54（a）所示的一阶有源高通滤波器。电容串联在输入端，当低频信号通过此滤波电路时，电容的容抗很大，信号被阻隔和衰减，而高频信号则可以顺利通过。在图 3-54（a）中不难得到一阶有源高通滤波器的传输函数为

$$\dot{A}_u = \frac{u_o}{u_i} = \left(1 + \frac{R_f}{R_l}\right)\frac{1}{1 - j\dfrac{f_0}{f}}$$

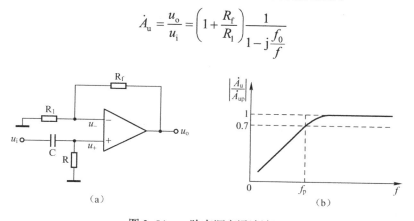

图 3-54　一阶有源高通滤波器

其幅频特性如图 3-54（b）所示。可以看出，它与一阶有源低通滤波器的幅频特性近似，即有 $f_p = f_0 = 1/2\pi RC$。

当 $f \ll f_0$ 时，其衰减斜率为 20dB/十倍频；在 f_0 附近，一阶有源高通滤波器的幅频特性上升得不够快，滤波效果不够好。可以采用二阶压控电压源有源高通滤波器来解决这个问题，具体方法可查阅相关书籍。

4. 带通滤波器

带通滤波器的功能是使某一频段的信号通过，而抑制其他频段的信号。它可以从大量的信号中选出所需要的信号。

有源带通滤波器可以由一个有源低通滤波器和一个有源高通滤波器串联组成，其原理示意图如图 3-55 所示。在图中，有源低通滤波器的截止频率 f_{pH} 要求比有源高通滤波器的截止

频率 f_{pL} 大，则有源带通滤波器的通带宽度为 $f_{pH}-f_{pL}$，只有这个频段内的信号能通过。

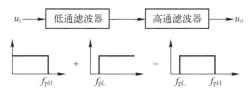

图 3-55　带通滤波器原理示意图

5．带阻滤波器

与带通滤波电路相似，带阻滤波器可以由一个低通滤波器和一个高通滤波器并联组成，其原理示意图如图 3-56 所示。在图中，低通滤波器的截止频率 f_{pH} 要求比有源高通滤波器的截止频率 f_{pL} 小，则有源带阻滤波器的阻带宽度为 $f_{pL}-f_{pH}$，只有这个频段内的信号不能通过，其他信号都能通过，因此带阻滤波器又称为陷波器。具体电路分析从略。

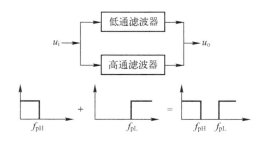

图 3-56　带阻滤波器原理示意图

 项目实施：逻辑测试笔电路的设计、制作与调试

一、设计任务要求

该逻辑测试笔能测试逻辑电路输出的高电平和低电平。

二、电路仿真设计与调试

1．电路设计

逻辑测试笔电路一般由控制电路、比较电路和指示电路组成，其基本电路框图如项目引导所示。因为电路输出是高、低电平，故可选用不同颜色的发光二极管表示高、低电平，其设计电路也如本章开篇的项目引导所示。

2．利用 Multisim 仿真软件绘制出逻辑测试笔仿真电路

采用 Multisim 软件绘图时，首先设置符号标准为"DIN"形式，然后单击菜单栏→选项→Global Preferences（首选项）→零件→符号标准→DIN，再按图 3-57 连接仿真电路。

3．输出高、低电平测试

运行仿真，将"仪器"工具栏里的测量探针（如图 3-58 所示）放置到 LED_1 与 LED_2 的支路上测量输出电压电流，并记录参数。

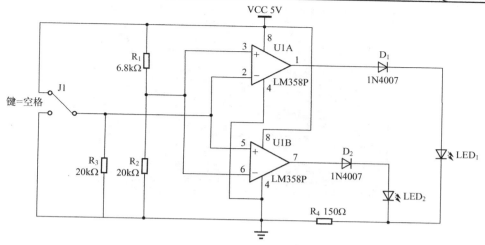

图 3-57 逻辑测试笔仿真电路

图 3-58 Multisim 软件中的"仪器"工具栏

三、元件与材料清单

逻辑测试笔电路元器件明细表如表 3-5 所示。

表 3-5 逻辑测试笔电路元器件明细表

元件名称	元件序号	元件注释	封装形式	数量
双运算放大器	U_1	LM358	DIP-8	1
电阻	R_1	6.8kΩ	AXIAL-0.4	1
电阻	R_2, R_3	20kΩ	AXIAL-0.4	2
电阻	R_4	150Ω	AXIAL-0.4	1
整流二极管	D_1, D_2	1N4007	DIODE-0.4	2
发光二极管（绿色）	LED_1	LED1	LED-1	1
发光二极管（红色）	LED_2	LED2	LED-1	1

四、PCB 的设计

逻辑测试笔电路的 PCB 设计图如图 3-54 所示。

五、电路装配与调试

（1）在电路板上按照电路图要求组装焊接电路。在焊接之前应该用万用表对所有二极管等元器件进行检查。

（2）在焊接二极管时最好使用 45W 以下的电烙铁，并用镊子夹住引线根部，以免烫坏管芯。二极管的引线弯曲处应大于外壳端面 5mm，以免引线折断或外壳破裂。在安装时，二极管应尽量避免靠近发热元件。注意检查二极管的极性接入是否正确。

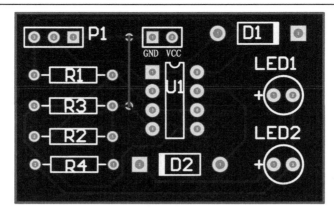

图 3-59　逻辑测试笔电路的 PCB 设计图

（3）运放 LM358 的正、负电源不能接反。

（4）指标测试：将万用表的直流电压挡接在输入端上，分别测试高电平和低电平的输出是否正确。

 项目考核

项目任务考核要求及评分标准如表 3-6 所示。

表 3-6　项目考核表

项目 3　逻辑测试笔电路的设计、制作与调试							
班级			姓名		学号		组别
项目	配分	考核要求		评分标准		扣分	得分
电路分析	20	能正确分析电路的工作原理		分析错误，扣 5 分/处			
元件清点	10	10min 内完成所有元器件的清点、检测及调换		① 超出规定时间更换元件，扣 2 分/个 ② 检测数据不正确，扣 2 分/处			
组装焊接	20	① 工具使用正确，焊点规范 ② 元件的位置、连线正确 ③ 布线符合工艺要求		① 整形、安装或焊点不规范，扣 1 分/处 ② 损坏元器件，扣 2 分/个 ③ 错装、漏装元器件，扣 2 分/个 ④ 布线不规范，扣 1 分/处			
通电测试	20	输入高电平时红灯亮，输入低电平时绿灯亮		① 无输出或输出不能正确反映输入状态，扣 5 分 ② 不能正确使用测量仪器，扣 5 分/次			
故障分析检修	20	① 能正确观察出故障现象 ② 能正确分析故障原因，判断故障范围 ③ 检修思路清晰、方法得当 ④ 检修结果正确		① 故障现象观察错误，扣 2 分/次 ② 故障原因分析错误，或故障范围判断过大，扣 2 分/次 ③ 检修思路不清，方法不当，扣 2 分/次；仪表使用错误，扣 2 分/次 ④ 检修结果错误，扣 2 分/次			
安全、文明工作	10	① 安全用电，无人为损坏仪器、元件和设备 ② 操作习惯良好，能保持环境整洁，小组团结协作 ③ 不迟到、早退、旷课		① 发生安全事故，或人为损坏设备、元器件，扣 10 分 ② 现场不整洁、工作不文明，团队不协作，扣 5 分 ③ 不遵守考勤制度，每次扣 2～5 分			
合计							

项目拓展：红外线报警器

一、设计任务要求

该报警器可监视几十米范围内运动的人体，当有人在该范围内走动时，就会发出报警信号。

二、电路设计及调试

根据设计要求可选用集成运算放大器 LM324 进行电路设计。该电路中采用 SD02 型热释电人体红外传感器，当人体进入该传感器的监视范围时，传感器就会产生一个交流电压（幅度约为 1mV），该电压的频率与人体移动的速度有关。在正常行走速度下，其频率约为 6Hz。

设计原理详见本章 3.1.3 节集成运算放大器的应用及知识拓展内容，设计电路如图 3-60 所示。图中的 R_{13} 与 LED_1 和 R_{14} 与 LED_2 构成工作指示电路，当人体进入监视范围时，LED_1 和 LED_2 交替闪烁。

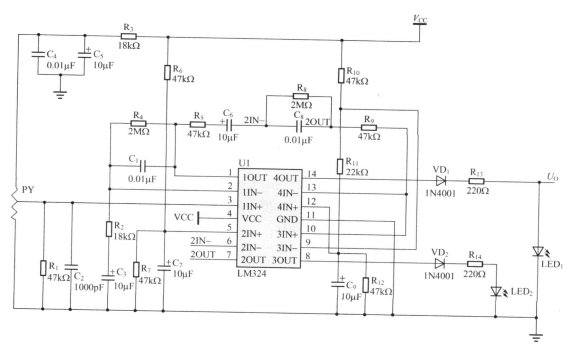

图 3-60　红外线报警器电路原理图

自行用仿真软件按图 3-60 搭接电路，并运行仿真测试输出电压，验证设计结果。

三、元件与材料清单

红外线报警器电路元器件明细表如表 3-7 所示。

表 3-7　红外线报警器电路元器件明细表

元件名称	元件序号	元件注释	封装形式	数量
四运算放大器	U_1	LM324	DIP-14	1
热释电传感器	PY	PY		1
整流二极管	VD_1、VD_2	1N4001	DIODE-0.4	2
瓷片电容	C_1、C_4、C_8	0.01μF/50V	RAD-0.2	3
瓷片电容	C_2	1μF/50V	RAD-0.2	1
电解电容	C_3、C_5、C_6、C_7、C_9	10μF/50V	CAPR5-4X5	5
电阻器	R_1、R_5、R_6、R_7、R_9、R_{10}、R_{12}、	47kΩ	AXIAL-0.4	7
电阻器	R_2、R_3	18kΩ	AXIAL-0.4	2
电阻器	R_4	2kΩ	AXIAL-0.4	1
电阻器	R_8	2M	AXIAL-0.4	1
电阻器	R_{11}	22kΩ	AXIAL-0.4	1
电阻器	R_{13}、R_{14}	220Ω	AXIAL-0.4	2
发光二极管（红色）	LED_1	LED1	LED-1	1
发光二极管（绿色）	LED_2	LED2	LED-1	1

四、电路装配与调试

（1）用万用表对所有二极管等元器件进行检查。在电路板上按照电路图要求组装焊接电路。

（2）制作时，LM324 外配散热器使用，注意散热器要放在电路板边沿。焊接时，应使 R_4、C_1、R_8、C_8 尽可能靠近 LM324 的管脚。

（3）二极管及电解电容在焊接时要注意极性，不能接反。

（4）指标测试。

① 将万用表的直流电压挡接在输出端上，检测发光二极管是否发光。

② 测试本项目电路中采用的 SD02 型热释电人体红外传感器，当人体进入该传感器的监视范围时，传感器就会产生一个交流电压（幅度约为 1mV），该电压的频率与人体移动的速度有关。在正常行走速度下，其频率约为 6Hz。

 项目习题

3.1　选择题

（1）要使得输出电压稳定，必须引入（　　）。

　　A．电压负反馈　　B．电流负反馈　　C．并联负反馈　　　　D．串联负反馈

（2）负反馈放大器中既能使输出电压稳定又有较高输入电阻的负反馈是（　　）。

　　A．电压并联　　　B．电压串联　　　C．电流并联　　　　　D．电流串联

（3）差分放大电路是为了（　　）而设置的。它主要通过（　　）来实现。

　　A．稳定放大倍数　　　　　　　　B．利用两对称电路和元器件参数相等

　　C．克服温漂　　　　　　　　　　D．扩展频带

（4）差分放大电路用恒流源代替发射极公共电阻是为了（　　）。

　　A．提高差模电压放大倍数　　　　B．提高共模电压放大倍数

C. 提高共模抑制比　　　　　　　　　D. 提高差模输入电阻

（5）当反馈深度 $|1+\dot{A}\dot{F}|=1$ 时放大电路工作于（　　　）状态。

　　A. 正反馈　　　　B. 负反馈　　　　C. 自激振荡　　　　D. 无反馈

（6）在多个输入信号的情况下，要求各输入信号互不影响，宜采用（　　　）方式的电路，如果要求既能放大两信号的差值，又能抑制共模信号，应采用（　　　）方式的电路。

　　A. 反相输入　　　　B. 同相输入　　　　C. 差分输入　　　　D. 加法输入

（7）由集成运算放大器组成的电路如图 3-61 所示。其中图（a）是（　　　），图（b）是（　　　），图（c）是（　　　）。

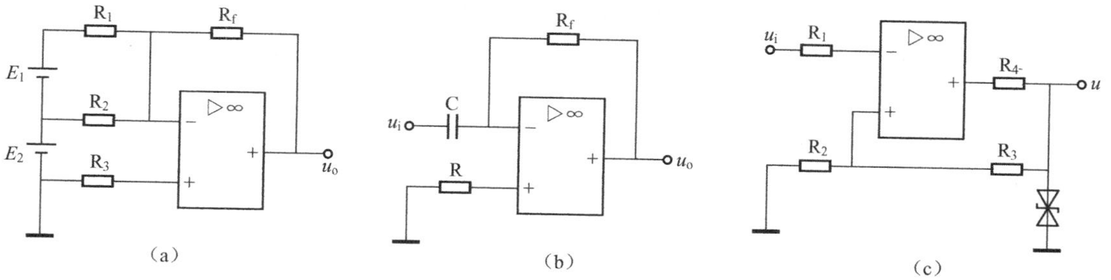

图 3-61　题 3.1（7）图

　　A. 积分运算电路　　　　　　　　　B. 微分运算电路
　　C. 迟滞比较器　　　　　　　　　　D. 反相求和运算电路

（8）（　　　）运算电路可将方波电压转换成三角波电压。

　　A. 微分　　　　B. 积分　　　　C. 乘法　　　　D. 除法

（9）对于集成运算放大器来说，具有较强抗干扰能力的是（　　　）。

　　A. 单值比较器　　B. 迟滞比较器　　C. 过零比较器　　D. 加法运算器

3.2　填空题

（1）当差分放大器两边的输入电压为 $u_{i1}=3mV$，$u_{i2}=-5mV$，输入信号的差模分量为_____，共模分量为_____。

（2）差模电压增益 $A_{ud}=$_____之比，A_{ud} 越大，表示对信号的放大能力_____。

（3）能使输出阻抗降低的是_____负反馈，能使输出阻抗提高的是_____负反馈，能使输入电阻提高的是_____负反馈，能使输入电极降低的是_____负反馈，能使输出电压稳定的是_____负反馈，能使输出电流稳定的是_____负反馈，能稳定静态工作点的是_____负反馈，能稳定放大电路增益的是_____负反馈。

（4）理想运算放大器的开环差模放大倍数 A_{uo}_____，输入阻抗 R_{id}_____，输出阻抗 R_o_____。

（5）集成运算放大器作线性应用时必须构成_____组态，作非线性应用时必须构成_____和_____组态。

（6）为获得输入电压中的高频信号，应选用_____滤波器。

（7）输入放大电路的输入电阻_____，比例运算电路的输入电阻_____。

3.3　判断题

（1）放大器的零点漂移是指输出信号不能稳定于零电压。（　　　）

（2）差分放大器的的差模放大倍数等于单管共发射极放大电路的电压放大倍数。（　　）

（3）差分放大器采用双端输出时，其共模抑制比为无穷大。（　　）

（4）引入负反馈可提高放大器的放大倍数的稳定性。（　　）

（5）反馈深度越深，放大倍数下降越多。（　　）

（6）一个理想的差分放大器，只能放大差模信号，不能放大共模信号。（　　）

（7）差分放大电路中的发射极公共电阻对共模信号和差模信号都产生影响，因此，这种电路靠牺牲差模电压放大倍数来换取对共模信号的抑制作用。（　　）

（8）集成运算放大器组成运算电路时，它的反相输入端均为虚地。（　　）

（9）理想运算放大器构成线性应用电路时，电路增益均与运算放大器本身的参数无关。（　　）

（10）用集成运算放大器组成电压串联负反馈电路，应采用反相输入方式。（　　）

（11）为避免 50 电网电压形成的干扰进入放大器，应串接带阻滤波器。（　　）

3.4　双端输出差分放大电路如题图 3-62 所示，已知 $R_{c1}= R_{c2}=2\text{k}\Omega$，$R_e=5.1\text{k}\Omega$，$R_{b1}= R_{b2}=2\text{k}\Omega$，两管 $U_{BE}=0.7\text{V}$，$\beta=50$，$r_{be}=2\text{k}\Omega$，$V_{CC}= V_{EE}=12\text{V}$，$R_L=4\text{k}\Omega$，求：

（1）静态电流 I_{CQ1}、I_{CQ2}；

（2）差模电压放大倍数 A_{ud}。

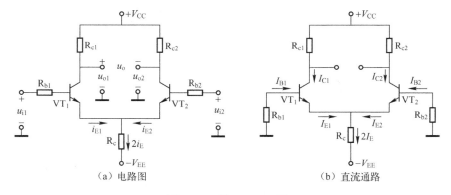

图 3-62　题 3.3（4）图

3.5　判断图 3-63 所示电路的反馈类型。

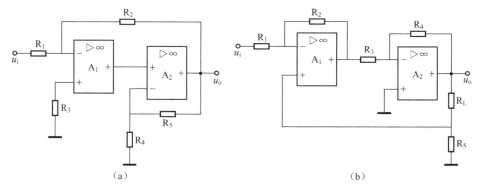

图 3-63　题 3.5 图

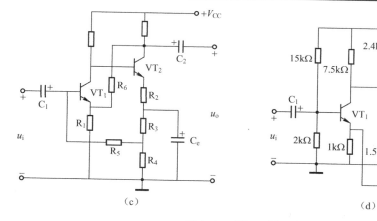

图 3-63   题 3.5 图（续）

3.6   在图 3-64 所示电路中，u_i=10mV，试计算输出电压 u_o 的大小。

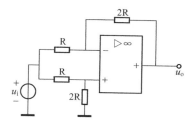

图 3-64   题 3.6 图

3.7   图 3-65 所示电路，已知 u_i=1V，试求：

（1）开关 S_1、S_2 都闭合时的 u_o 值；

（2）开关 S_1、S_2 都断开时的 u_o 值；

（3）开关 S_1 闭合、S_2 断开时的 u_o 值。

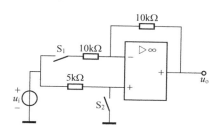

图 3-65   题 3.7 图

3.8   图 3-66 是自动化仪表中常用的"电流－电压"和"电压－电流"转换电路，试用"虚短"或"虚断"概念推导：

（1）图（a）中 U_O 与 I_S 的关系式；

（2）图（b）中 I_O 与 U_S 的关系式。

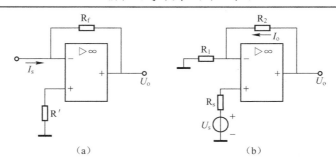

图 3-66　题 3.8 图

3.9　图 3-67 为运算放大器组成的电流放大电路，光电池产生的电流很微弱，经运算放大器放大后驱动发光二极管 LED 发光，R_2 为输出电流取样电阻，R_1 为负反馈电阻。设 $I_S=0.1mA$，求使 LED 发光的电流 I_L 值。（提示：应用"虚短"、"虚断"和 KCL 求解）

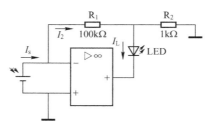

图 3-67　题 3.9 图

项目 4

函数信号发生电路

 **项目概述**

在模拟电子系统中，普遍应用了一种在没有外界输入信号的情况下能自行产生周期性交变信号输出的电子电路，就是振荡电路。振荡器的种类很多，按原理可以分为反馈振荡器和负阻振荡器两类；按其输出频率可以分为低频、高频、微波三类；按输出波形可以分为正弦波振荡器和非正弦波振荡器。它们可以作为信号源、定时源、能量变换电路、频谱变换电路等。本项目主要通过设计与制作一个典型函数信号发生器电路的全过程，来学习如何应用分立元件和运算放大器组成正弦波和非正弦波产生电路。

项目引导

项目名称		函数信号发生器的设计、制作与调试	建议学时	12 学时
项目说明	教学目的	1. 掌握函数信号发生器的设计、装配与调试方法 2. 熟悉典型集成运算放大器电路的使用方法，并掌握工作原理 3. 掌握波形产生、变换的工作原理		
	项目要求	1. 工作任务：方波—三角波—正弦波函数发生器 2. 性能指标： ① 输出波形：方波、三角波、正弦波 ② 频率范围：10Hz～10kHz ③ 信号幅值：方波 V_{pp}<24V；三角波 V_{pp}<8V；正弦波 V_{pp}>1V		

续表

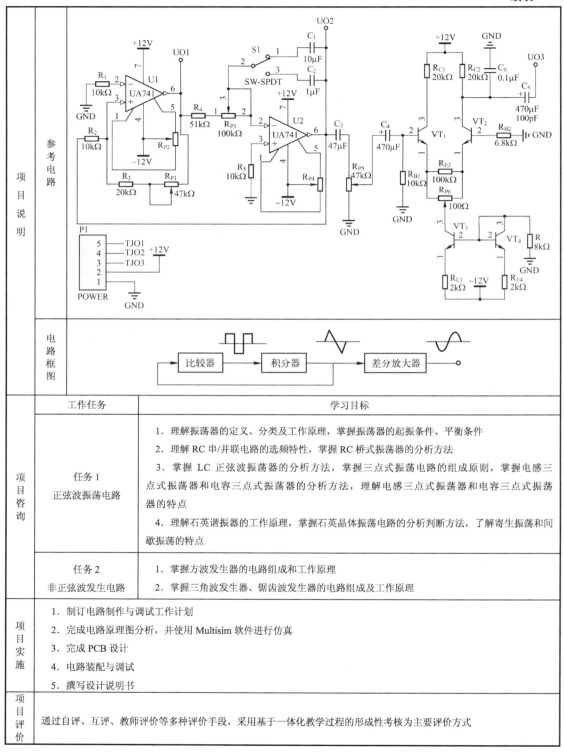

项目说明	参考电路	
	电路框图	比较器 → 积分器 → 差分放大器

项目咨询	工作任务	学习目标
	任务1 正弦波振荡电路	1. 理解振荡器的定义、分类及工作原理，掌握振荡器的起振条件、平衡条件 2. 理解 RC 串/并联电路的选频特性，掌握 RC 桥式振荡器的分析方法 3. 掌握 LC 正弦波振荡器的分析方法，掌握三点式振荡电路的组成原则，掌握电感三点式振荡器和电容三点式振荡器的分析方法，理解电感三点式振荡器和电容三点式振荡器的特点 4. 理解石英谐振器的工作原理，掌握石英晶体振荡电路的分析判断方法，了解寄生振荡和间歇振荡的特点
	任务2 非正弦波发生电路	1. 掌握方波发生器的电路组成和工作原理 2. 掌握三角波发生器、锯齿波发生器的电路组成及工作原理

项目实施	1. 制订电路制作与调试工作计划 2. 完成电路原理图分析，并使用 Multisim 软件进行仿真 3. 完成 PCB 设计 4. 电路装配与调试 5. 撰写设计说明书

项目评价	通过自评、互评、教师评价等多种评价手段，采用基于一体化教学过程的形成性考核为主要评价方式

任务 1 正弦波振荡电路

 **基础知识**

4.1.1 正弦波振荡电路的基本概念

在电子技术领域中，许多场合下需要使用到交变信号特别是正弦波信号，如无线电通信系统中发射机的载波信号、接收机的本地振荡信号、电子测量中的标准信号源等，它们一般都是由电路装置——自激式信号发生器（又叫自激式振荡器）产生的。

1．自激式振荡器的概念

所谓自激式振荡器，是指在无任何外加输入信号的情况下，能自动地将直流电能转换成具有一定频率、振幅、波形的交变信号能量的电路。若产生的交流信号为正弦波，则称为正弦波信号发生器或正弦波振荡器。

2．自激式振荡器的分类

自激式振荡器的种类很多，按信号的波形来分，可分为正弦波振荡器和非正弦波振荡器。常见的非正弦波形有方波、矩形波、锯齿波等。

在正弦波振荡器中，按构成选频网络的元件不同可分为 LC 振荡器、石英晶体振荡器、RC 振荡器等。本任务重点讨论自激式正弦波振荡器的组成、振荡条件及 LC 振荡器、三点式振荡器、RC 振荡器三种振荡器的电路结构和基本工作原理。

3．自激式振荡器的主要性能指标

振荡器的主要性能指标是振荡频率 f_0、频率稳定度 $\Delta f_0/f_0$、振荡幅度 A、振荡波形等。对于每一个振荡器来说，首要的指标是振荡频率和频率稳定度。对于不同的设备，在频率稳定度上是有不同的要求的。例如，相干光调制器中的载波，要求频率稳定度为 $10^{-5}\sim10^{-6}$，目前主要采用介质振荡器实现；而广播电台的调幅发射机中的载波，要求频率稳定度为 $10^{-3}\sim10^{-4}$，可采用 LC 振荡器或石英晶体振荡器实现。

4．自激式振荡器的基本原理

1）自激振荡现象

在舞台演唱中常遇到这种现象，当有人把他所使用的话筒靠近扬声器时，会引起一种刺耳的啸叫声，其产生过程可用图 4-1 来描述。

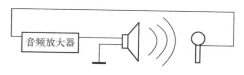

图 4-1 扩音系统中啸叫声的产生示意图

显然，产生啸叫的原因是由于当话筒靠近扬声器时，来自扬声器的声波激励话筒，话筒感应电压并输入音频放大器，驱动扬声器发声，然后扬声器又把放大了的声音再送回话筒，形成新的激励，这一过程是一个正反馈的过程。如此反复循环，就形成了声电和电声自激振荡的啸叫现象。

很明显，自激振荡是扩音系统所不希望的，它会把有用的声音信号"淹没"掉。这时，只要将话筒移开使之偏离扬声器声波的来向，或者将音频放大器的增益调低，就可降低扬声器对话筒的激励，抑制啸叫现象。

自激式振荡器就是采用上述正反馈原理工作的，下面将进行进一步的分析。

2）产生自激振荡的条件

如图 4-2 所示为正反馈放大器方框图。若以电压为参考量，可取输入信号 $\dot{X}_i = \dot{U}_i$，反馈信号 $\dot{X}_f = \dot{U}_f$，净输入信号 $\dot{X}_i' = \dot{U}_i' = \dot{U}_i + \dot{U}_f$，输出信号 $\dot{X}_o = \dot{U}_o$。若取 $\dot{U}_i = 0$，即无外加输入信号时，就成为图 4-3 所示的自激振荡器方框图。

为了使图 4-3 所示系统能产生自激振荡，必须要求电路进入稳定状态后，反馈信号 $\dot{U}_f$ 等于原净输入信号 $\dot{U}_i'$，即 $\dot{U}_f = \dot{U}_i'$。

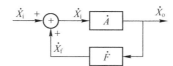　　　　　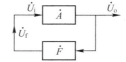

图 4-2　正反馈放大器方框图　　　　图 4-3　自激振荡器方框图

由图 4-3 得 $\dot{U}_f = \dot{U}_i' \dot{A} \dot{F}$，因此产生自激振荡的条件就是

$$\dot{A}\dot{F} = 1 \tag{4-1}$$

由于 $\dot{A}\dot{F} = A\angle\varphi_a \cdot F\angle\varphi_f = AF\angle(\varphi_a + \varphi_f)$，所以 $\dot{A}\dot{F} = 1$ 便可分解为振幅和幅角（相位）两个条件，即振幅平衡条件和相位平衡条件。

（1）相位平衡条件。

相位平衡条件是指如果断开反馈信号至放大器输入端的连线，在放大器的输入端加一个信号 $\dot{U}_i$，则经过放大和反馈后，得到的反馈信号 $\dot{U}_f$ 必须和 $\dot{U}_i'$ 同相。

相位平衡条件实质上是一种正反馈要求，可用式（4-2）来描述：

$$\varphi_a + \varphi_f = n \times 2\pi \quad (n=0,1,2,3,\cdots) \tag{4-2}$$

判断电路是否满足相位平衡条件的常用方法是"瞬时极性法"，即断开反馈信号至放大电路输入端间的连线，然后在放大电路输入端加一个对地瞬时极性为正的信号 $\dot{U}_i$，并记作"（+）"，经放大和反馈后（包括选频网络作用），若在频率从 0 到 ∞ 的范围内存在某一频率为 f_0 的反馈信号 $\dot{U}_f$，它的瞬时极性与 $\dot{U}_i$ 一致，即也是"（+）"，则该电路在频率 f_0 上满足正反馈的相位条件。

（2）振幅平衡条件。

振幅平衡条件是指频率为 f_0 的正弦波信号，沿 $\dot{A}$ 和 $\dot{F}$ 环绕一周以后，得到的反馈信号 $\dot{U}_f$ 的大小正好等于原输入信号 $\dot{U}_i'$。根据反馈放大器的原理，可推导出振幅平衡条件，如式（4-3）所示：

$$|\dot{A}\dot{F}|=1 \tag{4-3}$$

由于当 $|\dot{A}\dot{F}|<1$ 时，$\dot{U}_f<\dot{U}_i'$，沿 $\dot{A}$ 和 $\dot{F}$ 每环绕一周，信号的幅值都要削弱一些，结果信号幅值越来越小，最终导致停止振荡。因此，要求振荡刚开始时（称为起振条件）$|\dot{A}\dot{F}|>1$，使得频率为 f_0 的信号幅度逐渐增大，当信号的幅度达到要求后，再利用半导体器件的非线性或负反馈的作用，使得满足 $|\dot{A}\dot{F}|=1$ 的条件，从而把振荡电压的幅值稳定下来（称为稳幅）。

自激振荡的两个条件中，关键是相位平衡条件，如果电路不能满足正反馈要求，则肯定不会振荡。至于幅值条件，可以在满足相位条件后，调节电路的有关参数（如放大器的增益、反馈系数）来达到。

3）自激式振荡器的组成

从振荡条件的组成框图及分析过程可知，一个自激式振荡器应由基本放大器、选频网络、反馈网络等部分组成，如图 4-4 所示。为了稳定输出信号，有的振荡器还含有稳幅环节。

基本放大器用于对反馈信号进行放大；选频网络的作用是从放大后的信号中选出某一特定频率 f_0 的信号输出，振荡器的振荡频率就等于选频网络的谐振频率；反馈网络的作用是将全部或部分输出信号反馈加到基本放大器的输入端。

通常，选频网络由 RC 电路构成的称为 RC 正弦波振荡器；选频网络由 LC 电路构成的称为 LC 正弦波振荡器。

4）自激振荡的建立过程

当刚接通电源时，振荡电路中的各部分总是会存在各种电的扰动，如接通电源瞬间引起的电流突变、电路的内部噪声等，它们包含了非常多的频率分量，由于选频网络的选频作用，只有频率等于振荡频率 f_0 的分量才能被送到反馈网络，其他频率分量均被选频网络滤除。通过反馈网络送到放大器输入端的频率为 f_0 的信号，就是原始的输入电压。该输入电压被放大器放大后，再经选频网络和反馈网络，得到的反馈电压又被送到放大器的输入端。由于满足振荡的相位平衡条件和起振条件，因此该输入电压（即反馈电压）与原输入电压相位相同，振幅更大。这样，经放大、选频和反馈的反复循环，振荡电压振幅就会不断增大。

随着振幅的增大，放大管进入大信号的工作状态。当振幅增大到一定程度后，由于稳幅环节的作用，放大倍数的模 A 将下降（反馈系数的模 F 一般为常数），于是环路增益 AF 逐渐减小，输出振幅 U_{om} 的增大变缓，直至 AF 下降到 1 时，反馈电压振幅与原输入电压振幅相同，电路达到平衡状态，于是振荡器就输出频率为 f_0 且具有一定振幅的等幅振荡电压。图 4-5 画出了正弦振荡的建立过程中输出电压 u_o 的波形。

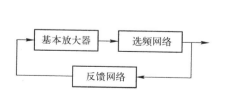

图 4-4　自激振荡器的组成方框图

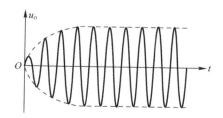

图 4-5　自激振荡的建立过程

4.1.2 RC 正弦波振荡电路

RC 正弦波振荡电路分为桥式、移相式和双 T 电路等类型，这里重点讨论 RC 桥式振荡器。

1．RC 串/并联电路的选频特性

RC 桥式振荡器的核心电路是 RC 串/并联电路，其原理电路如图 4-6 所示。R_1 与 C_1 串联，然后和 R_2 与 C_2 的并联回路一起组合构成 RC 串/并联电路，它在 RC 正弦波振荡器中既作反馈网络，又作选频网络。

在图 4-6 中，R_1 与 C_1 的串联阻抗 $Z_1 = R_1 + 1/j\omega C_1$，$R_2$ 与 C_2 的并联阻抗 $Z_2 = R_2 // [1/(j\omega C_2)] = R_2/(1 + j\omega R_2 C_2)$，而电路输出电压 $\dot{U}_f$ 与输入电压 $\dot{U}_O$ 的关系为

$$\dot{F} = \frac{\dot{U}_f}{\dot{U}_O} = \frac{Z_2}{Z_1 + Z_2} = \frac{R_2/(1 + j\omega R_2 C_2)}{R_1 + (1/j\omega C_1) + R_2/(1 + j\omega R_2 C_2)} \tag{4-4}$$
$$= \frac{1}{(1 + C_2/C_1 + R_1/R_2) + j(\omega R_1 C_2 - 1/\omega C_1 R_2)}$$

图 4-6　RC 串/并联电路

通常取 $R_1 = R_2 = R$，$C_1 = C_2 = C$，于是

$$\dot{F} = \frac{1}{3 + j(\omega/\omega_0 - \omega_0/\omega)} \tag{4-5}$$

式中，$\omega_0 = 1/(RC)$ 是电路的特征角频率。

由式（4-5）可知，$\dot{F}$ 的幅频特性和相频特性分别为

$$|\dot{F}| = \frac{1}{\sqrt{3^2 + (\omega/\omega_0 - \omega_0/\omega)^2}} \tag{4-6}$$

$$F = -\arctan\frac{\omega/\omega_0 - \omega_0/\omega}{3} \tag{4-7}$$

根据式（4-6）和式（4-7）可画出 $\dot{F}$ 的频率特性，如图 4-7 所示。由图可知，当 $\omega = \omega_0 = 1/RC$ 时，$|\dot{F}|$ 达到最大，其值为 $1/3$；而当 ω 偏离 ω_0 时，$|\dot{F}|$ 急剧下降。因此，RC 串/并联电路具有选频特性。另外，当 $\omega = \omega_0$ 时，$\varphi_F = 0°$，电路呈现纯阻性，即 $\dot{U}_f$ 与 $\dot{U}_0$ 同相。RC 桥式振荡器就是利用 RC 串/并联电路的幅频特性和相频特性在 $\omega = \omega_0$ 时的特点，用它既作选频网络，又作反馈网络。

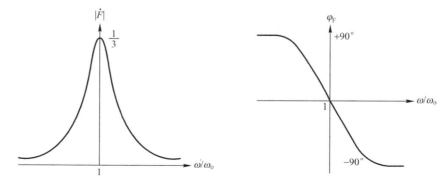

图 4-7　RC 串/并联电路的频率特性

2．RC 桥式振荡器

图 4-8（a）为采用 RC 串/并联电路的 RC 桥式正弦波振荡器，如果把将其改画成图 4-8（b），则可看出虚线框里的电路接成了电桥形式。因此，这种 RC 正弦波振荡器又叫作 RC 桥式振荡器。

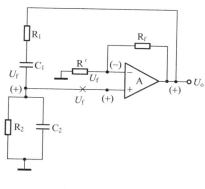

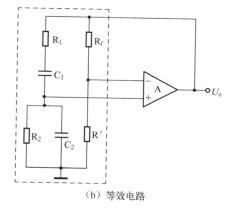

（a）RC桥式电路

（b）等效电路

图 4-8　采用 RC 串/并联电路的正弦波振荡器

由图 4-8 可知，若用 RC 串/并联电路作为振荡器的反馈网络，组成 RC 正弦波振荡器，则要求在 $\omega = \omega_0$ 时，放大电路的输出与输入同相，即 $\varphi_A = 0$，这样才能满足相位平衡条件。同时，要求放大电路的放大倍数略大于 3，以满足起振条件 $|\dot{A}\dot{F}| > 1$（因为在 $\omega = \omega_0$ 时，$|\dot{F}| = 1/3$）。在振荡器中还应加入稳幅环节，使幅值平衡条件得以满足。

1）电路结构分析

电路结构分析的任务是检查电路是否包括基本放大器、反馈电路和选频网络三部分。图 4-8（a）中，集成运放和电阻 R_f、R' 共同组成同相比例放大电路，其中通过 R_f、R' 为集成运算放大器引入一个负反馈，其反馈电压为 $\dot{U}_{f(-)}$。但是，这个反馈网络并没有选频作用。RC 串/并联电路为集成运算放大器引入另一个反馈，其反馈电压为 $\dot{U}_{f(+)}$，这个电路既是反馈网络，又是选频网络。

2）相位平衡条件和振幅平衡条件分析

我们可以把带负反馈的集成运算放大器看成 $A_u = 1 + R_f / R'$ 的一个不带反馈的放大电路。因此，可采用瞬时极性法分析由 $\dot{U}_{f(+)}$ 引入的反馈极性。如果是正反馈，则能满足产生自激振荡的相位平衡条件，反之则不能。

判断反馈极性时，可以先假定断开 $\dot{U}_{f(+)}$ 到集成运算放大器同相输入端的连线，并在断开处加一瞬时极性为"＋"的输入信号 $\dot{U}_i'$。然后，依次分析各主要点的瞬时极性，最后判断 $\dot{U}_{f(+)}$ 与 $\dot{U}_i'$ 的相位关系。由图 4-8（a）不难看出，由于集成运算放大器是同相输入放大器，$\dot{U}_0$ 与 $\dot{U}_i'$ 同相。又根据 RC 串并联电路的频率特性，在某一 $\omega = \omega_0$ 时，从 $\dot{U}_0$ 到 $\dot{U}_{f(+)}$ 也是同相，因此，$\dot{U}_{f(+)}$ 与假想的输入信号 $\dot{U}_i'$ 同相，电路满足产生振荡的相位平衡条件（$\varphi_A = 0°$，$\varphi_F = 0°$，$\varphi_{AF} = \varphi_A + \varphi_F = 0°$）。

应该说明，为了产生振荡，电路必须同时满足相位平衡条件和幅值平衡条件。我们往往应先检查电路是否满足相位平衡条件。

3）基本放大电路分析

由相位条件可知，放大电路应为同相放大器。如果采用分立元件放大电路，应检查管子的静态是否合理。如果用集成运算放大器，则应检查输入端是否有直流通路，运算放大器有无放大作用。

4）振荡条件分析

在图 4-8（a）中，如果忽略放大电路的输入电阻和输出电阻与反馈网络的相互影响，并把由集成运算放大器组成的同相比例电路看作一个不带反馈的放大电路，则其电压增益为

$$A_{\mathrm{u}} = 1 + R_{\mathrm{f}}/R' \qquad (4\text{-}8)$$

当 $\omega = \omega_0$ 时，$|\dot{F}| = 1/3$。因此，只有满足

$$A_{\mathrm{u}} = 1 + \frac{R_{\mathrm{f}}}{R'} > 3 \qquad (4\text{-}9)$$

才能满足 $|\dot{A}\dot{F}| > 1$ 的起振条件。由此得出 RC 桥式振荡器的起振条件为

$$R_{\mathrm{f}} > 2R' \qquad (4\text{-}10)$$

再从图 4-8（a）中的两个反馈看，在 $\omega = \omega_0$ 时，正反馈电压 $\dot{U}_{\mathrm{f}(+)} = \dot{U}_0/3$，负反馈电压 $\dot{U}_{\mathrm{f}(-)} = \dot{U}_0 R'/(R' + R_{\mathrm{f}})$。显然，只有 $\dot{U}_{\mathrm{f}(+)} > \dot{U}_{\mathrm{f}(-)}$ 才是正反馈，才能产生自激振荡。因此，必须有 $A_{\mathrm{u}} F_{\mathrm{u}} > 1$ 或 $R_{\mathrm{f}} > 2R'$。

维持振荡的振幅平衡条件是

$$R_{\mathrm{f}} = 2R' \qquad (4\text{-}11)$$

振荡角频率为 $\omega = \omega_0$，即振荡频率为

$$f_0 = \frac{1}{2\pi RC} \qquad (4\text{-}12)$$

显然，RC 正弦波振荡器的振荡频率取决于 R 和 C 的数值。要想得到较高的振荡频率，必须选择较小的 R 和 C 的值。例如，选 $R=1\mathrm{k}\Omega$，$C=200\mathrm{pF}$，由式（4-12）可求得 $f_0=796\mathrm{kHz}$。如果希望进一步提高振荡频率，则势必要再减少 R 和 C 的值。但是，R 的减小将使放大电路的负载加重，而 C 的减小又受到晶体管结电容和线路分布电容的限制，这些因素限制了 RC 振荡器的振荡频率。因此，RC 振荡器只能用作低频振荡器（1Hz～1MHz）。当要求振荡频率高于 1MHz 时，一般都改用 LC 并联回路作为选频网络，组成 LC 正弦波振荡器。

4.1.3 LC 正弦波振荡电路

LC 正弦波振荡电路主要用于产生高频正弦信号。其振荡频率>1MHz。常见的 LC 正弦波振荡电路有变压器反馈式、电感三点式和电容三点式三种。LC 正弦波振荡电路是由 LC 并联回路作为选频网络的，故先讨论 LC 并联回路的选频特性。

1. LC 并联回路的谐振特性

如图 4-9 所示是一个 LC 并联回路，其中 R 表示电感和回路其他损耗的总等效电阻；i_C 为幅值不变、频率可变的正弦电流源信号。该并联回路 AB 端的阻抗 Z 可写成

$$Z = \frac{(R + j\omega L)\left(\dfrac{1}{j\omega C}\right)}{R + j\left(\omega L - \dfrac{1}{\omega C}\right)} \qquad (4\text{-}13)$$

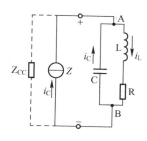

图 4-9 LC 并联回路

通常，LC 电路中的 $\omega L \gg R$，故上式可简化为

$$Z = \frac{\dfrac{L}{C}}{R + j\left(\omega L - \dfrac{1}{\omega C}\right)} \qquad (4\text{-}14)$$

1）谐振频率 f_0

当式（4-13）所示阻抗的虚部为零时，LC 并联回路 AB 端的电流与电压同相，称为并联谐振。令并联谐振的角频率为 ω_0，则有

$$f_0 \approx \frac{1}{2\pi\sqrt{LC}} \quad (\text{LC 回路的品质因数 } Q \text{ 值较大时}) \qquad (4\text{-}15)$$

2）谐振阻抗 Z_0

并联谐振时，LC 并联回路 AB 端的阻抗称为谐振阻抗，用 Z_0 表示。将式（4-14）中的角频率 ω 用 ω_0 取代，可得

$$Z_0 = \frac{\dfrac{L}{C}}{R + j\left(\omega_0 L - \dfrac{1}{\omega_0 C}\right)} = \frac{L}{RC} \qquad (4\text{-}16)$$

可见，谐振时回路的等效阻抗最大，且为纯电阻性质。

3）选频特性

由 LC 并联回路的阻抗表达式（4-14）可以看出，阻抗 Z 是频率 f 的函数。若分别从幅度和相位两个角度分析，可得如图 4-10（a）和（b）所示的幅频特性和相频特性。

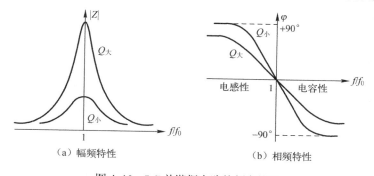

（a）幅频特性   （b）相频特性

图 4-10 LC 并谐振电路的频率特性

由图 4-10（a）可知，Q 值越大，谐振阻抗 Z_0 也越大，特性曲线随信号频率下降得越

快，如果把它作为选频放大器谐振回路使用，放大器的通频带就越窄，选择信号的能力也就越强。

由图 4-10（b）可知，当频率较低时，回路阻抗 Z 呈电感性；当回路谐振时（即 $f=f_0$），回路阻抗 Z 最大，且为纯电阻；当频率较高时，回路阻抗 Z 呈电容性。

2．变压器反馈式 LC 正弦波振荡器

变压器反馈式振荡器又称互感耦合振荡器，由谐振放大器和反馈网络两大部分组成。在这类振荡器中，LC 并联回路中的电感元件 L 是变压器的一个绕组，变压器的另一个绕组则作为振荡器的反馈网络。

1）基本电路及工作原理

（1）放大电路是共发射极接法。

LC 正弦波振荡器共发射极接法的原理电路如图 4-11（a）所示，LC 并联电路接在集电极电路中，而反馈信号由变压器的另一个绕组接到晶体管的基极。在不考虑晶体管高频效应的情况下，可得如图 4-11（b）所示的交流通路。

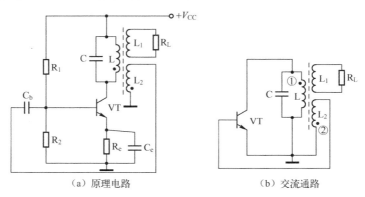

（a）原理电路   （b）交流通路

图 4-11   变压器反馈式 LC 正弦波振荡器（共发射极接法）

从电路结构上看，谐振放大器由晶体管、偏置电路、选频网络 LC 组成。C_b 为隔直耦合电容，C_e 为发射极旁路电容。L_2 为反馈网络，通过 L_2L 互感耦合形成 L_2 上的反馈电压，并加到放大器的输入端。LC 为选频回路，并通过 L_1L 互感耦合，在负载 R_L 上得到正弦波输出电压。

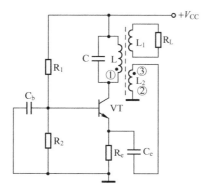

图 4-12   变压器反馈式 LC 正弦波振荡器（共基极接法）

从相位平衡角度看，由于 LC 并联电路在谐振时是纯阻性的，从晶体管的基极对地输入电压到集电极对地输出电压有一次反相，即 $\varphi_A=180°$。为了满足相位平衡条件，必须要求 $\varphi_F=180°$。因此，与晶体管集电极相连的变压器绕组端①和与基极相连的绕组端③必须互为异名端，这样就可满足产生自激振荡的相位平衡条件，即 $\varphi_{AF}=\varphi_A+\varphi_F=2n\pi$。

（2）放大电路是共基极接法。

LC 正弦波振荡器共基极接法的原理电路如图 4-12 所示，LC 并联电路仍接在集电路中，反馈信号由变压

器的另一个绕组接到晶体管的发射极。

共基极接法的电路结构分析与共发射极类似。而从相位平衡角度看，共基极接法中，从发射极对地的输入电压到集电极对地的输出电压没有反相，即 $\varphi_A=0°$，因此，为了满足相位平衡条件，必须有 $\varphi_F=0°$。因此，与集电极相连的绕组端①和与发射极相连的绕组端③必须互为同名端。

2）振荡频率

无论是何种组态的变压器反馈式 LC 正弦波振荡器，通常可认为其振荡频率皆由 LC 谐振回路决定。若负载很轻，LC 回路的 Q 值较高，则振荡频率近似等于回路的并联谐振频率，即

$$f_0 = \frac{1}{2\pi\sqrt{LC}} \qquad (4\text{-}17)$$

对于以 f_0 为中心的通频带以外的其他频率分量，因回路失谐而被抑制掉。

3）电路特点

变压器反馈式 LC 正弦波振荡器利用变压器作为正反馈耦合元件，其优点是便于实现阻抗匹配，因此振荡电路效率高、起振容易。但要注意变压器绕组的一次、二次侧间的同名端不可接错，否则成为负反馈，电路就不起振了。

这种电路的另一优点是调频方便，只要将谐振电容换成一个可变电容器就可以实现调节 f_0 的要求，调频范围较宽。

另外，变压器反馈式 LC 正弦波振荡器的工作频率不宜过低过高，一般应用于中、短波段（几十 kHz 到几十 MHz）。

3. 三点式振荡器

1）组成原则

三点式振荡器交流通路的一般形式如图 4-13 所示。图中，振荡管的三个电极分别与振荡回路中的电容 C 或电感 L 的三个点相连接，三点式的名称由此而来。X_{ce}、X_{be}、X_{cb} 是振荡回路的三个电抗元件的电抗，X_{cb} 还起反馈作用。

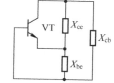

图 4-13　三点式振荡器交流通路的一般形式

从相位平衡条件角度看，若断开反馈支路 X_{cb} 并在晶体管基极加一瞬时极性为 "+" 的输入信号，则由反相放大可得集电极电压瞬时极性为 "–"，两者相位差为 180°。为满足正反馈的相位平衡条件，经 X_{cb} 反馈的电压 U_f 也须与集电极电压产生 180° 的相位差（超前或滞后均可）。因此，X_{be} 与 X_{ce} 必须为同性电抗，U_f 才能产生所需相位差。

根据上述分析及元器件的传输特性，可总结出三点式振荡器的一般组成原则：X_{be} 与 X_{ce} 为同性电抗（即同为容抗或感抗），则 X_{cb} 与 X_{be}、X_{ce} 为异性电抗，即 "射同集反"。因此，判断某个三点式振荡器是否满足相位平衡条件时，只要满足 "射同集反" 的要求，则相位平衡条件一定满足。

2）电感三点式振荡器

（1）电路结构。

电感三点式振荡器又叫哈特莱振荡器，其电路结构如图 4-14（a）所示。晶体管 VT、偏置电阻 R_{b1}、R_{b2} 等组成基本放大器；C_e 为交流旁路电容；C_b 为隔直耦合电容。L_1、L_2、C

组成选频回路，反馈信号从电感 L_2 两端取出送至输入端。因电感的三个抽头分别接晶体管的三个电极，所以称为电感三点式振荡器。

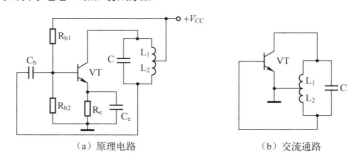

图 4-14　电感三点式振荡器

（2）相位平衡条件的判断。

判断电感三点式振荡器的相位平衡条件时，可首先画出如图 4-14（b）所示的交流通路，确定 X_{cb} 与 X_{be}、X_{ce} 的电抗性质，然后根据"射同集反"原则确定电路是否满足相位平衡条件。

由图可知，X_{cb} 为 C，X_{be} 为 L_2，X_{ce} 为 L_1，故 X_{be} 与 X_{ce} 是同性电抗（同为感抗），而 X_{cb} 与 X_{be}、X_{ce} 为异性电抗，符合三点式振荡器的组成原则，满足相位平衡条件。

（3）振荡频率。

当不考虑分布参数的影响且 Q 值较高时，振荡频率近似等于回路的谐振频率，即

$$f_0 = \frac{1}{2\pi\sqrt{LC}} \tag{4-18}$$

式中，$L=L_1+L_2+2M$（M 为 L_1 和 L_2 间的互感，不考虑互感时 $M=0$）。对于以 f_0 为中心的通频带以外的其他频率分量，因回路失谐而被抑制掉。

（4）电感三点式振荡器的特点。

① 振荡波形较差。由于反馈电压取自电感，而电感对高次谐波的阻抗大，反馈信号较强，使输出量中的谐波分量较大，所以波形与标准正弦波相比失真较大。

② 振荡频率较低。由电路结构可知，当考虑电路的分布参数时，晶体管的输入、输出电容并联在 L_1、L_2 两端，频率越高，回路 L、C 的容量要求越小，分布参数的影响也就越严重，使振荡频率的稳定度大大降低。因此，一般最高振荡频率只能达几十 MHz。

③ 由于起振的相位条件和幅度条件很容易满足，所以容易起振。

④ 调整方便。若将振荡回路中的电容选为可变电容，便可使振荡频率在较大的范围内连续可调。另外，若在线圈 L 中装上可调磁芯，磁芯旋进时电感量 L 增大，振荡频率下降；磁芯旋出时电感量 L 减小，振荡频率升高。但电感量的变化很小，只能实现振荡频率的微调。

3）电容三点式振荡器

（1）电路结构。

电容三点式振荡器又叫考毕兹振荡器，其电路结构如图 4-15（a）所示。晶体管 VT、偏置电阻 R_{b1}、R_{b2}、R_e 等构成分压式偏置放大器；C_e 为交流旁路电容；C_3、C_4 分别为基极

和集电极隔直耦合电容；L_c 为高频扼流圈，其特点是"隔交通直"，可防止交流分量影响直流电源 V_{CC}。C_1、C_2 和 L 组成选频回路，反馈信号从电容 C_2 两端取出送至输入端。因电容支路的三个抽头分别接晶体管的三个电极，所以称为电容三点式振荡器。

（2）相位平衡条件的判断。

电容三点式振荡器相位平衡条件的判断方法与电感三点式振荡器一样。首先根据原理电路画出如图 4-15（b）所示的交流通路，然后确定 X_{cb} 为 L、X_{be} 为 C_2、X_{ce} 为 C_1，故 X_{be} 与 X_{ce} 是同性电抗（同为容抗），而 X_{cb} 与 X_{be}、X_{ce} 为异性电抗，符合三点式振荡器的组成原则，满足相位平衡条件。

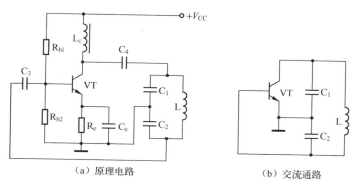

（a）原理电路　　　　　　　　　　（b）交流通路

图 4-15　电容三点式振荡器

（3）振荡频率。

当不考虑分布参数的影响，且 Q 值较高时，振荡频率近似等于回路的谐振频率，计算表达式与式（4-18）相同，即

$$f_0 = \frac{1}{2\pi\sqrt{LC}} \tag{4-19}$$

式中，C 为 L 两端的等效电容。当不考虑分布电容时，C 为 C_1、C_2 的串联等效电容，即

$$C = \frac{(C_1 C_2)}{(C_1 + C_2)} \tag{4-20}$$

同样，对于以 f_0 为中心的通频带以外的其他频率分量，因回路失谐而被抑制掉。

（4）电容三点式振荡器的特点。

① 输出波形好。由于反馈信号取自电容两端，而电容对高次谐波的阻抗小，相应的反馈量也小，所以输出量中的谐波分量也较小，波形较好。

② 加大回路电容可提高振荡频率稳定度。由于晶体管不稳定的输入、输出分布电容 C_i 和 C_o 与谐振回路的电容 C_1、C_2 并联，所以增大 C_1、C_2 的容量可减小 C_i 和 C_o 对振荡频率稳定度的影响。

③ 振荡频率较高。电容三点式振荡器可利用晶体管的输入、输出分布电容作为回路电容（即无须外接回路电容），因此能获得很高的振荡频率，一般可达几百 MHz 甚至上千 MHz。

④ 调整频率不方便。调节频率可通过改变电感量 L 或改变电容量 C 实现。若改变电感

量 L，显然很不方便：一是频率高时电感量小，若采用空芯线圈，则只能靠伸缩匝间距改变电感量，准确性太差；二是采用有抽头的电感，但不能使振荡频率连续可调。若改变电容量 C，则需同时改变 C_1、C_2 并保持其比值不变，否则反馈系数 $F=C_1/C_2$ 将发生变化，反馈信号的大小也会随之而变，甚至可能破坏起振条件，造成停振。

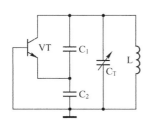

图4-16 增加调整电容

实际应用时，一般采用如图 4-16 所示的电路来解决频率调节问题。在 L 两端并联可变电容 C_T，通过调节 C_T 实现频率调节。为了减小调节频率时对反馈系数的影响，一般要求 C_T 的容量大小要满足：$C_T \ll C_1$、$C_T \ll C_2$。

4.1.4 石英晶体振荡电路

石英晶体振荡器是用石英谐振器来控制振荡频率的一种三点式振荡器，其频率稳定度随采用的石英谐振器及电路形式、稳频措施的不同而不同，一般在 $10^{-4} \sim 10^{-11}$ 范围内。

1. 石英谐振器

石英晶体的化学成分是二氧化硅（SiO_2），其外形呈六角形锥体状。石英晶体的导电性与晶体的晶格方向有关，按一定方位把石英晶体切成具有一定几何形状的石英片，两面敷上银层，焊出引线，装在支架上，用外壳封装，就制成了石英谐振器，其电路符号如图 4-17（a）所示。

1）压电效应和反压电效应

若在石英谐振器上施加机械压力而使其发生形变，晶片两面将产生与机械压力所引起的形变成正比的极性相反的电荷，这种由机械形变引起产生电荷的效应就是压电效应。

若给石英谐振器两极外加一个交变电压信号，将会使石英晶体发生机械形变（压缩或伸展），这种效应就是反压电效应。实验证明，外加不同频率的交变信号时，晶片的机械形变的大小也不相同。石英晶片和其他物体一样存在固有振动频率，当外加信号的频率与晶片的固有振动频率相等时，将产生谐振现象，此时晶片的机械形变最大，机械振动最强，表面产生的电荷量最大，外电路中的电流也最大。

谐振频率由晶片机械振动的固有频率（又称基频）决定，而固有频率与晶片的几何尺寸有关，一般晶片越薄频率越高。但晶片越薄，机械强度越差，加工也越困难。目前，石英晶片的基频频率最高可达 20MHz。此外，还有一种泛音晶体，它工作在机械振动的谐波频率上，但这种谐波与电信号谐波不同，它不是正好等于基频的整数倍，而是在整数倍的附近。泛音晶体必须配合适当电路才能工作在指定的频率上。

2）石英谐振器的等效电路

当石英晶体发生谐振时，在外电路上可以产生很大的电流，这种情况与电路的谐振非常相似。因此，通常采用图 4-17（b）所示电路来模拟石英谐振器的特性。图中，L_1、C_1、R_1 分别为石英谐振器的等效电

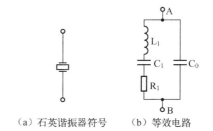

（a）石英谐振器符号　　（b）等效电路

图4-17 石英谐振器符号及其等效电路

感、等效电容和损耗电阻；C_0 为静态电容，它是以石英为介质在两极板间所形成的电容。一般石英谐振器的参数范围约为：$R_1=10\sim140\Omega$；$L_1=0.01\sim10\mathrm{H}$；$C_1=0.004\sim0.1\mathrm{pF}$；$C_0=2\sim4\mathrm{pF}$。

3）石英谐振器的特点

（1）品质因素高。

图 4-17（b）中，L_1、C_1、R_1 组成的串联支路的 Q 值为

$$Q = \frac{1}{R_1}\sqrt{\frac{L_1}{C_1}} \tag{4-21}$$

由于参数 L_1 很大，而 C_1 又很小，因此谐振器的 Q 值很高，可达 $10^4\sim10^6$，显然这是普通LC电路无法比拟的。

（2）有两个谐振频率 f_q 和 f_p。

谐振频率之一是由 L_1、C_1 和 R_1 组成的串联支路所决定的串联谐振频率 f_q，它是石英晶片的自然谐振频率，其大小为

$$f_q = \frac{1}{2\pi\sqrt{L_1 C_1}} \tag{4-22}$$

谐振频率之二是由石英晶片和静态电容 C_0 组成的并联电路所决定的并联谐振频率 f_p，其大小为

$$f_p = \frac{1}{2\pi\sqrt{L_1 \dfrac{C_0 C_1}{C_0 + C_1}}} = f_q\sqrt{1 + \frac{C_1}{C_0}} \tag{4-23}$$

因为 $C_1 \ll C_0$，故式（4-23）可近似为

$$f_p = f_q\left(1 + \frac{C_1}{2C_0}\right) \tag{4-24}$$

显然，$f_p > f_q$，并且有

$$f_p - f_q \approx f_q \cdot \frac{C_1}{2C_0} \tag{4-25}$$

两者的差值随不同的石英谐振器而不同，一般为几十 Hz～几百 Hz。

（3）石英谐振器的电抗特性。

石英谐振器的电抗特性如图 4-18 所示。当 L_1、C_1、R_1 支路发生串联谐振时，电抗为零，则 AB 间的阻抗为纯电阻 R_1。由于 R_1 很小，可视为短路，说明石英晶体在这种情况下可充当特殊短路元件使用。当晶体发生并联谐振时，AB 两端间的阻抗为无穷大。当 $f>f_p$ 或 $f<f_q$ 时，等效电路呈容性，晶体充当一个等效电容；当 $f_q<f<f_p$ 时，等效电路呈电感性，这个区域很窄，石英谐

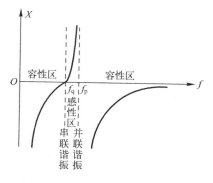

图 4-18 石英谐振器的电抗特性

振器充当一个等效电感。不过此电感是一个特殊的电感，它仅存在于 f_q 与 f_p 之间，且随频率 f 的变化而变化。

（4）接入系数很小。

用石英谐振器构成振荡器时，外电路一般接图 4-17（b）的 C_0 两端，因此对晶体（等效电感）的接入系数 p 是很小的，一般为 $10^{-3} \sim 10^{-4}$ 数量级，其表达式为

$$p \approx \frac{C_1}{C_0} \tag{4-26}$$

由于接入系数小，所以石英晶体与外电路的耦合是很弱的，这样就削弱了外电路与石英谐振器之间的相互不良影响，从而保证了石英谐振器的高 Q 值。因此，石英晶体振荡器振荡频率的稳定度和标准性都很高。

2. 石英晶体振荡器

以石英谐振器为选频回路而构成的振荡器，称为石英晶体振荡器。由图 4-18 的电抗特性可知，石英谐振器在电路中可有三种用法：一是充当等效电感，晶体工作在接近于并联谐振频率 f_p 的狭窄的感性区域内，这类振荡器称为并联谐振型石英晶体振荡器；二是充当短路元件，并将它串接在反馈支路内，用以控制反馈系数，它工作在串联谐振频率 f_q 上，称为串联谐振型石英晶体振荡器；三是充当等效电容，使用较少。

1）并联型石英晶体振荡器

并联型石英晶体振荡器又称皮尔斯振荡器，其基本电路及等效电路如图 4-19 所示，工作原理、分析方法均与三点式振荡器相同，只是将三点式振荡回路中的电感元件用石英谐振器取代而已。由等效电路可知，该电路可看成考毕兹振荡器，只有当石英晶体等效为电感元件时，电路才能建立振荡。

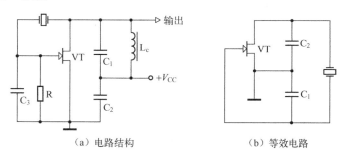

（a）电路结构 　　　　　　　（b）等效电路

图 4-19　并联型石英晶体振荡器

在实际的石英晶体振荡器中，振荡管既可以是晶体管，也可以是场效应管。石英晶体一般接在晶体管的 c-b 间（场效应管的 D-G 间）或 b-e 间（或场效应管的 G-S 间）。

2）串联型石英晶体振荡器

串联型石英晶体振荡器又称克拉泼振荡器，其基本电路及等效电路如图 4-20 所示。电路中的石英谐振器作为短路元件使用，既可用基频晶体，也可用泛音晶体，整个电路也相当于考毕兹振荡器。

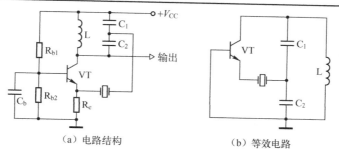

（a）电路结构　　　　　　　　　　（b）等效电路

图 4-20　串联型石英晶体振荡器

由于石英谐振器作为短路元件使用，因此应将振荡回路的振荡频率调谐到石英晶体的串联谐振频率上，使石英晶体的阻抗最小，电路的正反馈最强，满足振荡条件。而对于其他频率的信号，石英晶体的阻抗较大，正反馈减弱，电路不能起振。

上述两种电路的振荡频率及频率稳定度，都是由石英谐振器和串联谐振频率所决定的，而不取决于振荡回路。但是，振荡回路的元件也不能随意选用，应使选用的元件所构成回路的固有频率与石英谐振器的串联谐振频率一致。

前面依次为大家介绍了各类信号发生器，它们的工作原理、分析方法都有类似之处，而电路结构、基本特点、应用场合又各有差异，表 4-1 列出了各种正弦波振荡器的主要性能，可作为电路设计、应用选型的参考依据。

表 4-1　各种正弦波振荡器性能比较

振荡器名称	频率稳定度	振荡波形	适用频率	频率调节范围	其他
电桥式	$10^{-2} \sim 10^{-3}$	差	200 千赫兹以下	频率调节范围较宽	低频信号发生器
变压器反馈式	$10^{-2} \sim 10^{-4}$	一般	几千赫兹～几十兆赫兹	可在较宽范围内调节频率	易起振，结构简单
电感三点式	$10^{-2} \sim 10^{-4}$	差	几千赫兹～几十兆赫兹	可在较宽范围内调节频率	易起振，输出振幅大
电容三点式	$10^{-3} \sim 10^{-4}$	好	几兆赫兹～几百兆赫兹	只能在小范围内调节频率（适用于固定频率）	常采用改进电路
石英晶体振荡器	$10^{-5} \sim 10^{-11}$	好	几百千赫兹～一百兆赫兹	只能在极小范围内微调频率（适用于固定频率）	用在精密仪器及设备中

 技能训练：LC 电容反馈式三点式振荡器

正弦波振荡器是指振荡波形为正弦波或接近正弦波的振荡器，它广泛应用于各类信号发生器中，如高频信号发生器、电视遥控器等。产生正弦信号的振荡电路形式很多，但归纳起来，则主要有 RC、LC 和晶体振荡器三种形式。本实验主要研究 LC 电容反馈三点式振荡器。

1．训练目的

（1）掌握 LC 三点式振荡电路的基本原理，掌握 LC 电容反馈三点式振荡电路的设计及电路参数计算。

（2）掌握振荡回路 Q 值对频率稳定度的影响。

（3）弄清振荡器反馈系数不同时，静态工作电流 I_{EQ} 对振荡器起振及振幅的影响。

2．训练器材

双踪示波器、万用表、直流稳压电源、实验电路板。

3．训练内容及步骤

训练电路如图 4-21 所示，$L_1=3.3\mu H$，若 $C=120pF$，$C'=680\ pF$，设晶体管的 β 值为 50，计算当 $C_T=50pF$ 和 $C_T=150pF$ 时振荡频率各为多少？

1）检查静态工作点

（1）按图所示，将 12V 直流电源接入电路（注意电源极性不能接反）。

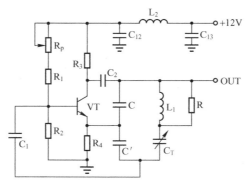

图 4-21　LC 电容反馈三点式振荡器原理图

（2）C、R、C_T 断开，C' 接入电路（$C'=680pF$），用示波器观察振荡器停振时的情况（此时用示波器观察应为一条直线）。

注意：连接 C' 的导线要尽量短，以减小导线分布电容的影响。

（3）改变电位器 R_P（0～47kΩ），用万用表测得晶体管 VT 的发射极工作电压 U_{EQ}，记下 U_{EQ} 的最大值 U_{EQmax}，计算 I_{EQmax} 的值，填入表 4-2 中。

其中：$I_{EQmax} = \dfrac{U_{EQmax}}{R_4}$（已知 $R_4=1kΩ$）。

表 4-2　测量值

U_{EQmax}（V）	I_{EQmax}（mA）

2）振荡频率与振荡幅度的测试

（1）电路中接 $C=120pF$、$C'=680pF$、$R=110kΩ$，调节电位器 R_P 使 $I_{EQ}=2mA$。

（2）改变电容 C_T，当分别接 C_9、C_{10}、C_{11} 时，用示波器测量振荡周期 T 和电压峰值 $U_{O(p-p)}$，并计算相应的频率值 f，填入表 4-3 中。

表 4-3　测量值

C_T	$U_{O(p-p)}$（V）	T（μs）	f（MHz）
$C_9=50pF$			
$C_{10}=100pF$			
$C_{11}=150pF$			

3）测试当 C、C' 不同时，起振点、振幅与工作电流 I_{EQ} 的关系

（1）电路中接 $C_T=100pF$，$R=110kΩ$，$C=C_3=100pF$、$C'=C_4=1200pF$，调电位器 R_P 使

I_{EQ} 分别为表 4-3 中所标各值，用示波器测量输出振荡电压峰峰值 $U_{O(p-p)}$，并填入表 4-4 中。

（2）电路中接 $C=C_5=120\text{pF}$、$C'=C_6=680\text{pF}$ 和 $C=C_7=680\text{pF}$、$C'=C_8=120\text{pF}$ 分别重复测试输出振荡电压峰峰值 $U_{O(p-p)}$，并填入表 4-4 中。

表 4-4　测量值

	I_{EQ}（mA）	0.8	1.0	1.5	2.0	2.5	3.0	3.5	4.0	4.5	5.0
$U_{O(p-p)}$（V）	$C=C_3=100\text{pF}$										
	$C'=C_4=1200\text{pF}$										
	$C=C_5=120\text{pF}$										
	$C'=C_6=680\text{ pF}$										
	$C=C_7=680\text{pF}$										
	$C'=C_8=120\text{ pF}$										

4）频率稳定度的影响

（1）回路 LC 参数固定，改变并联在 L 上的电阻使等效 Q 值变化时对振荡频率的影响。

电路中接 $C_T=100\text{pF}$，$C=100\text{pF}$，$C'=1200\text{pF}$，调节电位器使 $I_{EQ}=3\text{mA}$，改变 L 的并联电阻 R，使其分别为 1kΩ、10kΩ、110kΩ 时分别记录电路的振荡周期并计算振荡频率，填入表 4-5 中。

表 4-5　测量值

R（kΩ）	**1**	**10**	**110**
T（μs）			
f（MHz）			

注意：测量频率时，先用示波器读出输出波形的周期 T，则频率为 $f=1/T$。如果实验板没有问题，当 $R=1\text{k}\Omega$ 时，LC 振荡器停振，用示波器观察输出波形应为一条直线，则振荡频率 $f=0\text{Hz}$。

（2）回路 L、C 参数及 Q 值不变，改变 I_{EQ} 对频率的影响。

电路中接 $C_T=100\text{pF}$、$C=100\text{pF}$、$C'=1200\text{pF}$、$R=110\text{k}\Omega$，改变晶体管工作电流 I_{EQ} 使其分别为表 4-6 中所标各值，测出振荡频率，并填入表 4-6 中。

表 4-6　测量值

I_{EQ}（mA）	1	2	3	4
T（μs）				
f（MHz）				

4. 训练报告要求

（1）画出电路的交流等效电路，整理实验数据，分析实验结果。

（2）以 I_{EQ} 为横轴，输出电压峰-峰值 $U_{O(p-p)}$ 为纵轴，根据表 4-3 所测结果将不同 C、C' 值下测得的三组数据在同一坐标上绘制成曲线，说明振荡器静态工作点对振荡幅度的影响。

（3）根据电路给出的 L、C 参数计算回路中心频率，阐述本电路的优点。

（4）总结波形发生电路的特点，并回答：

① 振荡器与一般放大器的主要区别是什么？

② 振荡器中的晶体管、振荡回路、反馈网络各起什么作用？对它们应有什么要求？

③ 振荡器波形不好与哪些因素有关？如何改善？

5．软件仿真

（1）利用 Multisim 仿真软件绘制出西勒（Seiler）振荡器实验电路。采用 Multisim 软件绘图时，首先设置符号标准为"DIN"形式，然后单击菜单栏→选项→Global Preferences（首选项）→零件→符号标准→DIN，再按图 4-22 连接电路。

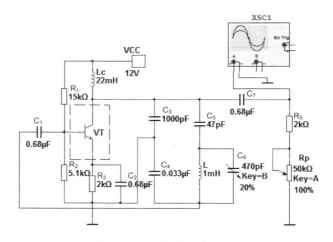

图 4-22　西勒振荡器实验电路

（2）按图 4-22 设置各元件参数，打开仿真开关，从示波器上观察振荡波形，如图 4-23 所示，读出振荡频率 f_0，并做好记录。

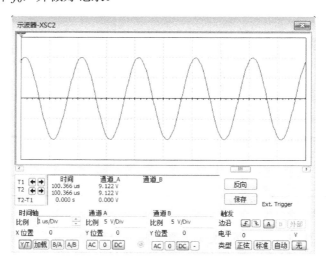

图 4-23　西勒振荡器的输出波形

（3）改变电容 C_6 的容量分别为最大或最小（100%或 0%）时，观察振荡频率变化，并做好记录。

（4）改变电容 C_4 的容量分别为 0.33μF 和 0.001μF，从示波器上观察起振情况和振荡波形的好坏（与 C_4 为 0.033μF 时进行比较），并分析原因。

（5）将 C_4 恢复为 0.033μF，分别调节 R_P 为最大和最小时，观察输出波形振幅的变化，并说明原因。

任务2　非正弦波发生电路

基础知识

4.2.1　方波信号发生电路

由于方波或矩形波包含极其丰富的高次谐波，故方波信号发生电路也称**多谐振荡器**。其电路如图 4-24（a）所示，右边是一个由稳压管限幅具有正反馈的迟滞比较器（详见项目 3），左边是由 R_f、C 组成的具有定时作用的充放电回路。

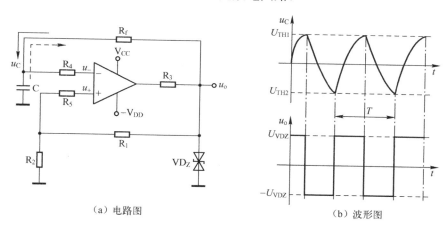

（a）电路图　　　　　　　　　　　　（b）波形图

图 4-24　方波信号发生电路

图 4-24 中，R_f 和 C 组成负反馈支路，R_1 和 R_2 组成正反馈支路，R_3 为限流电阻。电容 C 的端电压 u_C 为运放的反相输入端电压，而同相输入端电压（即比较器的基准电压 u_+）为电阻 R_2 的端电压 U_{TH}。输出电压 u_o 的极性如何变化由 u_C 与 U_{TH} 比较的结果来决定。

显然有

$$U_{TH} = \pm U_Z \cdot \frac{R_2}{R_1 + R_2}$$

即有

$$U_{TH1} = +U_Z \cdot \frac{R_2}{R_1 + R_2}$$

$$U_{\text{TH2}} = -U_{\text{Z}} \cdot \frac{R_2}{R_1 + R_2}$$

可以证明，矩形波的周期 T 为

$$T = 2R_{\text{f}}C\ln\left(1 + 2\frac{R_2}{R_1}\right) \tag{4-26}$$

频率 f 为

$$f = \frac{1}{T} = \frac{1}{2R_{\text{f}}C\ln\left(1 + 2\dfrac{R_2}{R_1}\right)} \tag{4-27}$$

可见，矩形波的频率 f 只与 $R_{\text{f}}C$ 及 R_2/R_1 有关，而与输出电压的幅度无关。通常通过调节 R_{f} 的方法来调整频率。

4.2.2　三角波发生电路

如图 4-25（a）所示是一个方波—三角波发生器。图中，运放 A_1 构成滞回比较器，产生方波输出；运放 A_2 构成反相积分器，产生三角波。

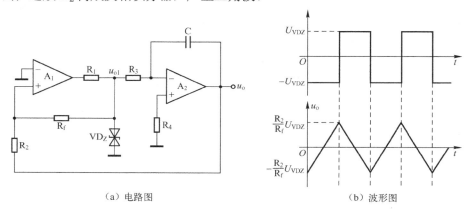

（a）电路图　　　　　　　　　　　　　（b）波形图

图 4-25　方波—三角波发生器

可以证明，输出波形的频率为

$$f = \frac{R_{\text{f}}}{4R_2R_3C} \tag{4-28}$$

由式（4-28）可见，改变 R_{f}/R_2、C、R_3 均可改变波形频率，不过，改变 R_{f}/R_2 会影响三角波的输出幅度。图 4-26 是利用改变积分器 A_2 输入电压值的方法来改变输出频率的。

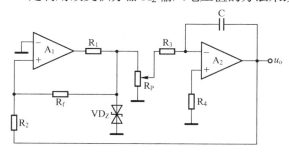

图 4-26　频率可调的方波-三角波发生器

调节图中的电位器 R_P，使积分器 A_2 的输入电压发生变化，积分到一定电压所需的时间也随之变化，因而就改变了波形的周期和频率。例如，R_P 的滑动端上移，A_2 的被积电压增加，输出波形频率就增加。

4.2.3 锯齿波发生电路

使三角波的正反时间不等便成为锯齿波。为此，可在图 4-26 的基础上，使正反两个方向的积分时间常数不等，由此可得到锯齿波。具体做法是在 A_2 的反向输入电阻 R_3 上并联一个由二极管 VD 与电阻 R_5 组成的支路，如图 4-27（a）所示。图中，$R_3 // R_5$。

图 4-27（a）的工作原理与图 4-26 基本相同，只是附加二极管支路后使积分器 A_2 正向积分与负向积分的速率明显不同。当 u_{o1} 为 $-U_Z$ 时，A_2 正向积分，但此时二极管 VD 反偏而截止，二极管支路如同开路，正向积分时间常数为 R_3C；当 u_{o1} 为 $+U_Z$ 时，A_2 负向积分，此时二极管 VD 正偏导通，负向积分时间常数为 $(R_3 // R_5)C$。由于 $R_5 << R_3$，使得电路的正向积分时间常数大，u_o 缓慢上升，形成锯齿波的正程；负向积分时间常数小，u_o 快速下降，形成锯齿波的回程。在 u_o 形成锯齿波的同时，u_{o1} 成为矩形脉冲。它们的波形如图 4-27（b）所示。

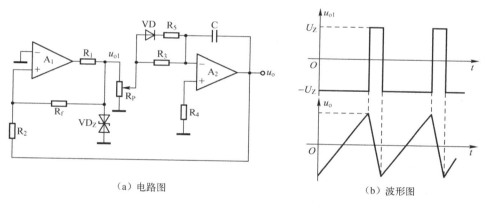

（a）电路图   （b）波形图

图 4-27 锯齿波信号发生器

 技能训练：非正弦波波形发生电路

非正弦波形发生电路是指产生的振荡波形为非正弦波，常见的有方波、矩形波和锯齿波等。常利用集成运算放大器来组成这些波形的发生电路，本训练主要研究各类非正弦波发生电路的工作原理、参数测试方法，以此掌握非正弦波发生电路的设计技巧。

1. 训练目的

（1）掌握波形发生电路的特点和分析方法。
（2）熟悉波形发生电路的设计方法。

2. 训练器材

双踪示波器、数字万用表。

3．训练内容及步骤

1）方波发生电路

方波发生电路如图 4-28 所示，它由反向输入的滞回比较器（施密特触发器）和 RC 回路组成，滞回比较器引入正反馈，RC 回路既作为延迟环节，又作为负反馈网络，电路通过 RC 充放电来实现输出状态的自动转换（$R=R_3+R_P$）。分析电路，可知道滞回比较器的门限电压 $\pm U_T = \pm \dfrac{R_1}{R_1+R_2}U_Z$。当 U_O 输出为 U_Z 时，U_O 通过 R 对 C 充电，直到 C 上的电压 U_C 上升到门限电压 U_T，此时输出 U_O 反转为 $-U_Z$，电容 C 通过 R 放电，当 C 上的电压 U_C 下降到门限电压 $-U_T$，输出 U_O 再次反转为 U_Z，此过程周而复始，因而输出方波，根据分析电容 C 的充放电过程可得公式：$T = 2RC\ln\left(1+\dfrac{2R_1}{R_2}\right)$，$f=\dfrac{1}{T}$。若有 $U_Z=6V$，$R_1=R_2=10k\Omega$，$C=0.1\mu F$，代入公式计算：当 $R=10k\Omega$ 时，输出方波频率 $f=$_____Hz；当 $R=110k\Omega$ 时，输出方波频率 $f=$_____Hz；

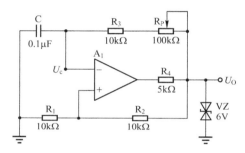

图 4-28　方波发生电路

① 按图 4-28 连接电路，通电后，观察 u_C、u_O 的波形及频率。

② 分别测出 $R=10k\Omega$、$110k\Omega$ 时的频率、输出电压幅值。

使用示波器观察电路实际输出波形：当 $R=10k\Omega$ 时，输出幅值_____V，频率_____Hz 的方波；当 $R=110k\Omega$ 时，输出幅值_____V，频率_____Hz 的方波。

从矩形波频率计算公式可知，想要获得更低的频率，可以电阻 R 和电容 C_____或者_____。

2）占空比可调的矩形波发生电路

占空比可调的矩形波发生电路如图 4-29 所示。其工作原理与方波发生电路相同，但由于两个单向导通二级管的存在，使得其充电回路和放电回路的电阻不同。设电位器 R_{P1} 中属于充电回路部分（即 R_{P1} 上半部分）的电阻为 R'，电位器 R_{P1} 中属于放电回路部分（即 R_{P1} 下半部分）的电阻为 R''，如不考虑二极管单向导通电压可得

$$T = t_1 + t_2 = (2R + R' + R'')C\ln\left(1+\dfrac{2R_{P2}}{R_2}\right), \quad f=\dfrac{1}{T}$$

占空比 $q = \dfrac{R+R'}{2R+R'+R''}$，调节 $R_{P2}=10k\Omega$，由各条件可计算出 $f\approx$_____Hz。

① 按图 4-29 连接电路，通电后，观察并测量电路的振荡频率、幅值及占空比。

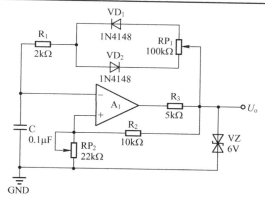

图 4-29   占空比可调的矩形波发生电路

② 调节 R_{P2}，当 $R_{P2}=10k\Omega$ 时，调节 R_{P1} 观察输出波形。观察到当占空比在 1/3 到 2/3 之间时，输出方波的幅值为_____V，频率大致不变在_____Hz 附近，超过此范围后频率会升高。

3）三角波发生电路

三角波发生电路如图 4-30 所示，它由正相输入滞回比较器与积分电路组成，与前面的电路相比较，积分电路代替了一阶 RC 电路用作恒流充放电电路，从而形成线性三角波，同时易于带负载。分析滞回比较器，可得 $U_T=\pm\dfrac{R_P}{R_1}U_Z$。分析积分电路有 $U_{o2}=-\dfrac{1}{R_3C}\int U_{o1}dt$，

经推导可得：$T=4\dfrac{R_P}{R_1}R_3C$，$f=\underline{\hspace{1cm}}\dfrac{1}{T}$，$U_{o2m}=\underline{\hspace{1cm}}U_T$。当 $R_P=10k\Omega$ 时，可得 $f=\underline{\hspace{1cm}}$Hz。

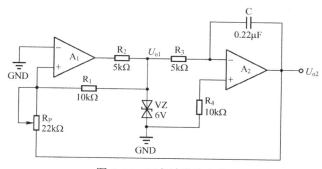

图 4-30   三角波发生电路

① 按图 4-30 连接电路，通电后，分别观测 u_{o1} 及 u_{o2} 的波形并记录。

② 改变 R_P 的阻值，分别测试 u_{o1} 及 u_{o2} 的频率域的电压峰-峰值，并填入表 4-7 中。

表 4-7   测量值

R_P	10kΩ	18kΩ	15kΩ	8kΩ	5kΩ	3kΩ
u_{o1} 的频率						
u_{o1} 的电压峰-峰值						
u_{o2} 的频率						
u_{o2} 的电压峰-峰值						

4）锯齿波发生电路

锯齿波发生电路如图 4-31 所示。根据电路结构可得：$U_T = \pm \dfrac{R_1}{R_2} U_Z$，当 $U_{o2} = U_Z$ 时，积分回路电阻（即 R_P 上半部分）为 R'，当 $U_{o2} = -U_Z$ 时，积分回路电阻（即 R_P 下半部分）

为 R''，考虑到二极管的导通压降，可得：$t_1 = \dfrac{2\dfrac{R_1}{R_2} U_Z}{U_Z - 0.7} R'C$，$t_2 = \dfrac{2\dfrac{R_1}{R_2} U_Z}{U_Z - 0.7} R''C$，

$T = t_1 + t_2$，$f = \dfrac{1}{T}$，占空比 $q = \dfrac{t_1}{t_2} = \dfrac{R'}{R' + R''}$。当 $R_P = 22\text{k}\Omega$ 时，理论频率为_____Hz。

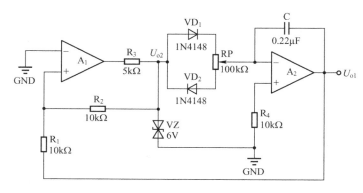

图 4-31　锯齿波发生电路

① 按图 4-31 连接电路，通电后，观测电路的输出波形和频率。

② 改变锯齿波频率并测量变化范围。

RP 为 100kΩ 电位器时频率太低，改为 22kΩ 时：改变 RP 使占空比在 1/3 到 2/3 之间时，输出锯齿波频率约为_____Hz，峰峰值为_____V，超过此范围则频率上升。要改变频率可改变 RP、R_1、R_2、C。

4. 软件仿真

采用 Multisim 软件绘图时，首先设置符号标准为"DIN"形式，然后单击菜单栏→选项→Global Preferences（首选项）→零件→符号标准→DIN。

（1）利用 Multisim 仿真软件绘制出方波发生电路，如图 4-32 所示。按图设置各元件参数，打开仿真开关，从示波器上观察振荡波形，如图 4-33 所示，并记录数据。

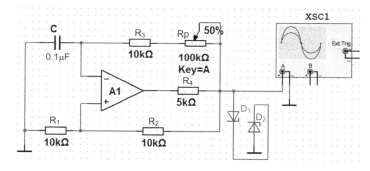

图 4-32　方波发生电路仿真图

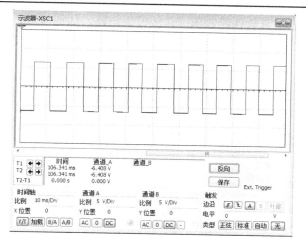

图 4-33   方波发生电路输出波形

（2）利用 Multisim 仿真软件绘制出占空比可调的矩形波发生电路，如图 4-34 所示。按图设置各元件参数，打开仿真开关，从示波器上观察振荡波形，如图 4-35 所示，并记录数据。

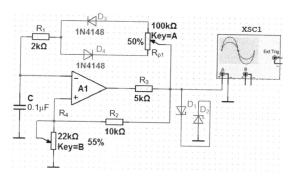

图 4-34   占空比可调的矩形波发生电路仿真图

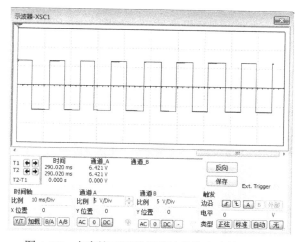

图 4-35   占空比可调的矩形波发生电路输出波形

（3）利用 Multisim 仿真软件绘制出三角波发生电路，如图 4-36 所示。按图设置各元件参数，打开仿真开关，从示波器上观察振荡波形，如图 4-37 所示，并记录数据。

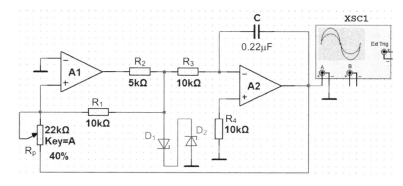

图 4-36　占空比可调的三角波发生电路仿真图

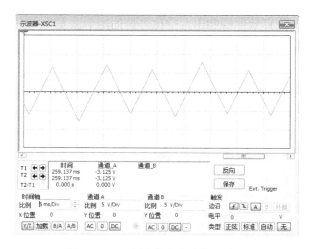

图 4-37　三角波发生电路输出波形

（4）利用 Multisim 仿真软件绘制出锯齿波发生电路，如图 4-38 所示。按图设置各元件参数，打开仿真开关，从示波器上观察振荡波形，如图 4-39 所示，并记录数据。

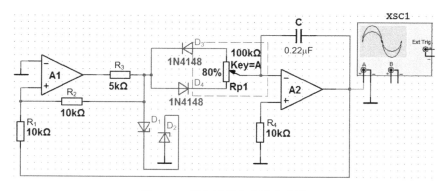

图 4-38　锯齿波发生电路仿真图

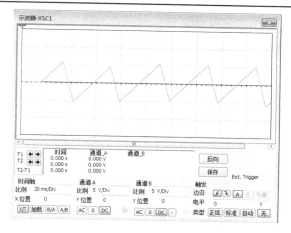

图 4-39 锯齿波发生电路输出波形

5. 训练报告要求

（1）画出各训练电路的波形图。

（2）画出各训练内容要求的设计方案、电路图，写出训练步骤及结果。

（3）总结波形发生电路的特点，并回答：

① 波形产生电路需调零吗？

② 波形产生电路有没有输入端？

 项目实施

一、设计任务要求

设计一个方波—三角波—正弦波发生器，要求输出波形频率范围为 10Hz～10kHz，方波 $U_{P-P} < 24V$，三角波 $U_{P-P} < 8V$，正弦波 $U_{P-P} > 1V$。

二、电路仿真与调试

1）利用 Multisim 仿真软件绘制出函数信号发生器电路

采用 Multisim 软件绘图时，首先设置符号标准为"DIN"形式，然后单击菜单栏→选项→Global Preferences（首选项）→零件→符号标准→DIN，再按项目引导中的参考电路图连接电路。

2）输出信号波形测试

（1）方波信号。

当开关 S 拨到 C_2 时（$C_2 = 1\mu F$），此时方波的频率 $f \approx 20.7Hz$，电压峰-峰值 $V_{p-p} \approx 20V$；当开关 S 拨到 C_1 时（$C_1 = 10\mu F$），此时方波的频率 $f \approx 2.08Hz$，电压峰-峰值 $V_{p-p} \approx 20V$。仿真波形如图 4-40 所示。

（2）三角波信号。

当开关 S 拨到 C_2 时（$C_2 = 1\mu F$），此时三角波的频率 $f \approx 76Hz$，电压峰-峰值 $V_{p-p} \approx 4.41V$；当开关 S 拨到 C_1 时（$C_1 = 10\mu F$），此时三角波的频率 $f \approx 7.6Hz$，电压峰-峰值 $V_{p-p} \approx 4.34V$。仿

真波形如图 4-41 所示。

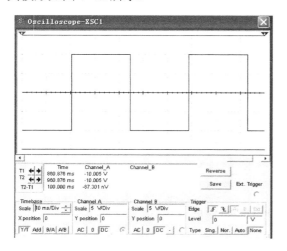

图 4-40 方波波形

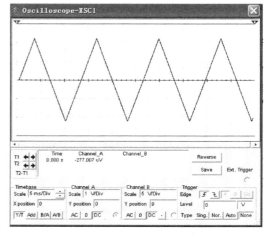

图 4-41 三角波波形

（3）正弦波信号。

当开关 S 拨到 C_2 时（$C_2=1\mu F$），此时正弦波的频率 $f \approx 15.2Hz$，电压峰-峰值 $V_{p-p} \approx$ 2.73V；当开关 S 拨到 C_1 时（$C_1=10\mu F$），此时正弦波的频率 $f \approx 1.52Hz$，电压峰-峰值 $V_{p-p} \approx$ 9.74V。仿真波形如图 4-42 所示。

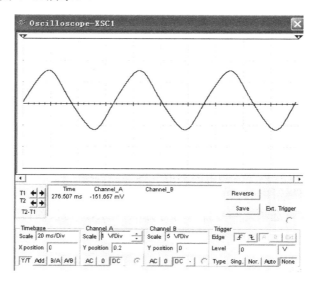

图 4-42 正弦波波形

3）信号变换波形比较

（1）方波—三角波。

当开关 S 拨到 C_1 或 C_2 时，方波—三角波的转换波形如图 4-43 所示。

（2）三角波—正弦波。

当开关 S 拨到 C_1 或 C_2 时，三角波—正弦波的转换波形如图 4-44 所示。

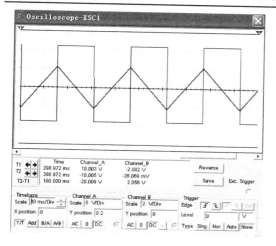

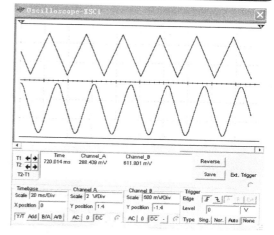

图 4-43　方波—三角波的转换波形　　　　　　　图 4-44　三角波—正弦波的转换波形

以上波形都是在调好 R_{P1}、R_{P2}、R_{P4}、R_{P5} 后且基本不变的基础上，改变 R_{P3} 的阻值所得到的波形。由以上所测数据可得出：开关 S 拨到 C_2 时测得波形的峰-峰值与在 C_3 时测得的峰峰值基本相等，但频率却是在 C_3 时测得频率的 10 倍。

三、元器件清单

本项目所用元器件清单如表 4-8 所示。

表 4-8　函数信号发生器电路元器件清单

序号	名称	符号	规格/型号	封装	数量
1	电容器	C_1	10μF	RAD-0.1	1
2	电容器	C_2	1μF	RAD-0.1	1
3	电容器	C_3	47μF	RAD-0.1	1
4	电解电容	C_4，C_5	470μF	CAPR5-4X5	2
5	电容器	C_6	0.1μF	RAD-0.1	1
6	排针	P_1	POWER	HDR1X5	1
7	电阻器	R	8kΩ	AXIAL-0.4	1
8	电阻器	R_1，R_2，R_5，RB_1	10kΩ	AXIAL-0.4	4
9	电阻器	R_3，RC_1，RC_2	20kΩ	AXIAL-0.4	3
10	电阻器	R4	51kΩ	AXIAL-0.4	1
11	电阻器	RB2	6.8kΩ	AXIAL-0.4	1
12	电阻器	RE2	100kΩ	AXIAL-0.4	1
13	电阻器	RE3，RE4	2kΩ	AXIAL-0.4	2
14	电位器	RP_1，RP_5	47kΩ	POT	2
15	电位器	RP_2，RP_4	POT	POT	2
16	电位器	RP_3	100kΩ	POT	1
17	电位器	RP_6	100	POT	1

续表

序号	名称	符号	规格/型号	封装	数量
18	单刀双掷开关	S_1	SW-SPDT	S1	1
19	集成单运放	U_1、U_2	UA741	DIP8	2
20	三极管	VT_1、VT_2 VT_3、VT_4	NPN	TO-92	4

四、PCB 的设计

三角波—正弦波波形 PCB 设计图如图 4-45 所示。

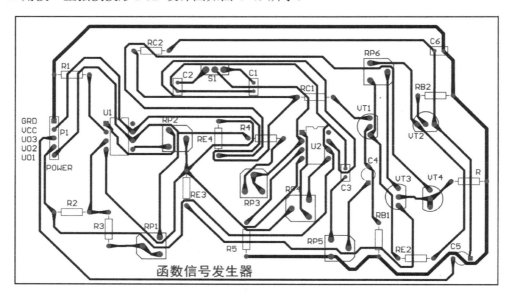

图 4-45　三角波—正弦波波形 PCB 设计图

五、电路装配与调试

按照上图所示的印制电路板图组装焊接电路，完成后，检查无误后通电，并用示波器逐级观察有无方波、三角波、正弦波输出，有则进行以下调试。

1. 频率的调节

定时电容 C 不变，改变 RP_2 中心抽头的滑动位置，输出波形的频率也随之发生改变，测量输出频率变化范围是否满足要求，若不满足，则需调整有关元件参数。

2. 正弦波失真度的调节

因为正弦波是由三角波变换而来的，故首先应调 RP_4，使输出的锯齿波为三角波（上升、下降时间对称相等），然后调节 RP_3、RP_4 观察正弦波输出的顶部和底部失真程度，使波形的正负峰值相等且平滑接近正弦波。

 项目考核

本项目的评分标准如表 4-9 所示。

表4-9　评分标准

项目4 函数信号发生器的设计、制作与调试						
班级		姓名		学号		组别
项目	配分	考核要求	评分标准		扣分	得分
电路分析	20	能正确分析电路的工作原理	分析错误，扣5分/处			
元件清点	10	10min 内完成所有元器件的清点、检测及调换	① 超出规定时间更换元件，扣2分/个 ② 检测数据不正确，扣2分/处			
组装焊接	20	① 工具使用正确，焊点规范 ② 元件的位置、连线正确 ③ 布线符合工艺要求	① 整形、安装或焊点不规范，扣1分/处 ② 损坏元器件，扣2分/个 ③ 错装、漏装元件，扣2分/个 ④ 布线不规范，扣1分/处			
通电测试	20	① 能正确使用示波器 ② 能正确读取信号波形参数	① 波形输出误差过大，扣5分/个 ② 波形参数读取错误，扣4分/个 ③ 不能正确使用测量仪器，扣5分/次			
故障分析检修	20	① 能正确观察出故障现象 ② 能正确分析故障原因，判断故障范围 ③ 检修思路清晰、方法得当 ④ 检修结果正确	① 故障现象观察错误，扣2分/次 ② 故障原因分析错误，或故障范围判断过大，扣2分/次 ③ 检修思路不清，方法不当，扣2分/次；仪表使用错误，扣2分/次 ④ 检修结果错误，扣2分/次			
安全、文明工作	10	① 安全用电，无人为损坏仪器、元件和设备 ② 操作习惯良好，能保持环境整洁，小组团结协作 ③ 不迟到、早退、旷课	① 发生安全事故，或人为损坏设备、元器件，扣10分 ② 现场不整洁、工作不文明，团队不协作，扣5分 ③ 不遵守考勤制度，每次扣2～5分			
合计						

项目习题

4.1　选择题

（1）振荡器的振荡频率取决于（　　　）。

　　A. 供电电源　　　　　B. 选频网络　　　　C. 晶体管的参数　　　　D. 外界环境

（2）为提高振荡频率的稳定度，高频正弦波振荡器一般选用（　　　）。

　　A. LC正弦波振荡器　　B. 晶体振荡器　　　C. RC正弦波振荡器

（3）设计一个振荡频率可调的高频高稳定度的振荡器，可采用（　　　）。

　　A. RC振荡器　　　　　B. 石英晶体振荡器　　　　C. 互感耦合振荡器

　　D. 并联改进型电容三点式振荡器

（4）串联型晶体振荡器中，晶体在电路中的作用等效于（　　　）。

　　A. 电容元件　　　　　B. 电感元件　　　C. 大电阻元件　　　D. 短路线

（5）振荡器是根据（　　）反馈原理来实现的，（　　）反馈振荡电路的波形相对较好。

　　A. 正、电感　　　　　B. 正、电容　　　C. 负、电感　　　D. 负、电容

（6）（　　）振荡器的频率稳定度高。

　　A. 互感反馈　　　　　B. 克拉泼电路　　　C. 西勒电路　　　D. 石英晶体

（7）石英晶体振荡器的频率稳定度很高是因为（　　　）。

A. 低的 Q 值　　　　　B. 高的 Q 值　　　　C. 小的接入系数　　　D. 大的电阻

（8）正弦波振荡器中正反馈网络的作用是（　　　）。

A. 保证产生自激振荡的相位条件

B. 提高放大器的放大倍数，使输出信号足够大

C. 产生单一频率的正弦波

D. 以上说法都不对

（9）在讨论振荡器的相位稳定条件时，并联谐振回路的 Q 值越高，值 $\dfrac{\partial \varphi}{\partial \omega}$ 越大，其相位稳定性（　　　）。

A. 越好　　　　　　　B. 越差　　　　　　　C. 不变　　　　　　　D. 无法确定

（10）并联型晶体振荡器中，晶体在电路中的作用等效于（　　　）。

A. 电容元件　　　　　B. 电感元件　　　　　C. 电阻元件　　　　　D. 短路线

（11）克拉拨振荡器属于（　　　）振荡器。

A. RC 振荡器　　　　　　　　　　　B. 电感三点式振荡器

C. 互感耦合振荡器　　　　　　　　　D. 电容三点式振荡器

（12）振荡器与放大器的区别是（　　　）。

A. 振荡器比放大器电源电压高

B. 振荡器比放大器失真小

C. 振荡器无须外加激励信号，放大器需要外加激励信号

D. 振荡器需要外加激励信号，放大器无须外加激励信号

（13）如图 4-46 所示电路，以下说法正确的是（　　　）。

A. 该电路由于放大器不能正常工作，不能产生正弦波振荡

B. 该电路由于无选频网络，不能产生正弦波振荡

C. 该电路由于不满足相位平衡条件，不能产生正弦波振荡

D. 该电路满足相位平衡条件，可能产生正弦波振荡

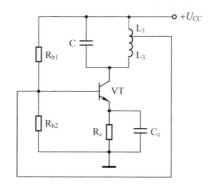

图 4-46　题 4.1（13）图

（14）改进型电容三点式振荡器的主要优点是（　　　）。

A. 容易起振　　　　　B. 振幅稳定　　　　　C. 频率稳定度较高　　　D. 减小谐波分量

（15）在自激振荡电路中，下列哪种说法是正确的（　　　）。

A. LC 振荡器、RC 振荡器一定产生正弦波

B. 石英晶体振荡器不能产生正弦波

C. 电感三点式振荡器产生的正弦波失真较大

D. 电容三点式振荡器的振荡频率做不高

（16）利用石英晶体的电抗频率特性构成的振荡器是（   ）。

A. 当 $f=f_s$ 时，石英晶体呈感性，可构成串联型晶体振荡器

B. 当 $f=f_s$ 时，石英晶体呈阻性，可构成串联型晶体振荡器

C. 当 $f_s<f<f_p$ 时，石英晶体呈阻性，可构成串联型晶体振荡器

D. 当 $f_s<f<f_p$ 时，石英晶体呈感性，可构成串联型晶体振荡器

（17）如图 4-47 所示是一个正弦波振荡器的原理图，它属于（   ）振荡器。

A. 互感耦合   B. 西勒   C. 哈特莱   D. 克拉泼

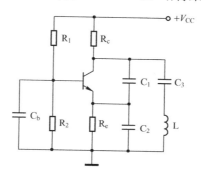

图 4-47　题 4.1（17）图

4.2　填空题

（1）振荡器的振幅平衡条件是（   ），相位平衡条件是（   ）。

（2）石英晶体振荡器频率稳定度很高，通常可分为（   ）和（   ）两种。

（3）电容三点式振荡器的发射极至集电极之间的阻抗 Z_{ce} 性质应为（   ），发射极至基极之间的阻抗 Z_{be} 性质应为（   ），基极至集电极之间的阻抗 Z_{cb} 性质应为（   ）。

（4）要产生较高频率信号应采用（   ）振荡器，要产生较低频率信号应采用（   ）振荡器，要产生频率稳定度高的信号应采用（   ）振荡器。

（5）LC 三点式振荡器电路组成的相位平衡判别是与发射极相连接的两个电抗元件必须（   ），而与基极相连接的两个电抗元件必须为（   ）。

4.3　判断题

（   ）（1）串联型石英晶体振荡电路中，石英晶体相当于一个电感而起作用。

（   ）（2）电感三点式振荡器的输出波形比电容三点式振荡器的输出波形好。

（   ）（3）反馈式振荡器只要满足振幅条件就可以振荡。

（   ）（4）串联型石英晶体振荡电路中，石英晶体相当于一个电感而起作用。

（   ）（5）放大器必须同时满足相位平衡条件和振幅条件才能产生自激振荡。

（   ）（6）正弦振荡器必须输入正弦信号。

（   ）（7）LC 振荡器是靠负反馈来稳定振幅的。

（   ）（8）正弦波振荡器中如果没有选频网络，就不能引起自激振荡。

（   ）（9）反馈式正弦波振荡器是正反馈的一个重要应用。

（　　）（10）LC 正弦波振荡器的振荡频率由反馈网络决定。

（　　）（11）振荡器与放大器的主要区别之一是：放大器的输出信号与输入信号频率相同，而振荡器一般不需要输入信号。

（　　）（12）若某电路满足相位条件（正反馈），则一定能产生正弦波振荡。

（　　）（13）正弦波振荡器输出波形的振幅随着反馈系数 F 的增加而减小。

4.4　简答题

（1）如图 4-48 所示是一个三回路振荡器的等效电路，设有下列两种情况：①$L_1C_1<L_2C_2<L_3C_3$；②$L_1C_1<L_2C_2=L_3C_3$（还有其他的类型）。试分析上述两种情况是否能振荡，如能，给出振荡频率范围。

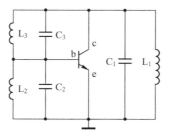

图 4-48　题 4.4（1）图

（2）如图 4-49 所示石英晶体振荡器，指出它们属于哪种类型的晶体振荡器，并说明石英晶体在电路中的作用。

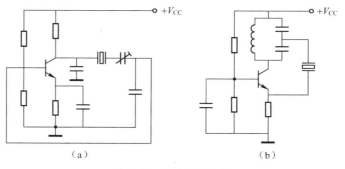

图 4-49　题 4.4（2）图

（3）用相位平衡条件的判断准则，判断图 4-50 中所示的三端式振荡器交流等效电路，哪些不可能振荡，哪些可能振荡，不能振荡的说明原因，若能振荡，属于哪种类型的振荡电路，并说明在什么条件下才能振荡。

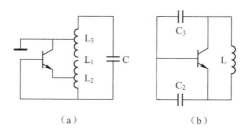

图 4-50　题 4.4（3）图

（4）试画出三端式振荡器的等效三端电路图并说明判断是否振荡的原则。

4.5 计算题

（1）某振荡器原理电路如图 4-51 所示，已知 $C_1 = 470\text{pF}$，$C_2 = 1000\text{pF}$，若振荡频率为 10.7MHz，求：

（1）画出该电路的交流通路；

（2）该振荡器的电路形式；

（3）回路的电感；

（4）反馈系数。

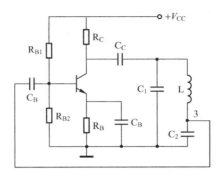

图 4-51 题 4.5（1）图

（2）某振荡电路如图 4-52 所示，$C_1 = 200\text{pF}$，$C_2 = 400\text{pF}$，$C_3 = 10\text{pF}$，$C_4 = 50 \sim 200\text{pF}$，$L = 10\mu\text{H}$。

（1）画出交流等效电路；

（2）回答能否振荡；

（3）写出电路名称；

（4）求振荡频率范围；

（5）求反馈系数。

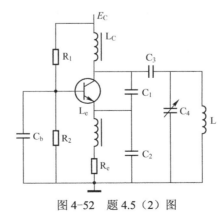

图 4-52 题 4.5（2）图

项目 5

音频功率放大电路

 项目概述

在实用电子电路中，往往要求放大电路的末级（输出级）输出有足够大的信号功率去驱动负载，如扬声器、继电器、指示表头或显示器等，这就要求末级电路不但要输出大幅度的电压，而且要输出大幅度的电流，即输出足够大的功率。这种向负载提供不失真功率的电路称为功率放大器，简称功放。根据放大信号频率的高低，功放分为低频功放和高频功放，本章只讨论低频功放。

本章先介绍功放的特点、分类和主要性能指标，然后围绕功放的输出功率、效率和非线性失真之间的解决措施，分析几种主要的功放电路。

项目引导

项目名称	音频功率放大电路的设计、制作与调试		建议学时	12 学时
项目说明	教学目的	1. 功放电路的特点、分类、对功放电路的要求；低频功放电路的主要技术指标 2. OCL、OTL 电路组成、工作原理、性能参数估算方法。常用集成功率放大器（LM386、TDA2030 等）的管脚功能，其主要技术指标，集成功放应用电路组成、外接元器件作用，闭环增益的估算 3. 音频功放电路的仿真与调试 4. 音频功放电路的制作与调试 5. 电路常见故障排查		
	项目要求	1. 工作任务：音频功放电路的设计、制作与调试 2. 性能指标：输出最大不失真功率 0.5W		

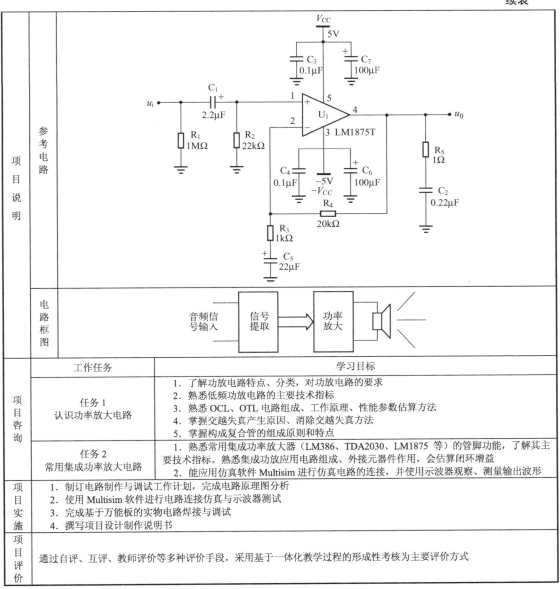

项目说明	参考电路		
	电路框图		

项目咨询	工作任务	学习目标
	任务 1 认识功率放大电路	1. 了解功放电路特点、分类，对功放电路的要求 2. 熟悉低频功放电路的主要技术指标 3. 熟悉 OCL、OTL 电路组成、工作原理、性能参数估算方法 4. 掌握交越失真产生原因、消除交越失真方法 5. 掌握构成复合管的组成原则和特点
	任务 2 常用集成功率放大电路	1. 熟悉常用集成功率放大器（LM386、TDA2030、LM1875 等）的管脚功能，了解其主要技术指标。熟悉集成功放应用电路组成、外接元器件作用，会估算闭环增益 2. 能应用仿真软件 Multisim 进行仿真电路的连接，并使用示波器观察、测量输出波形

项目实施	1. 制订电路制作与调试工作计划，完成电路原理图分析 2. 使用 Multisim 软件进行电路连接仿真与示波器测试 3. 完成基于万能板的实物电路焊接与调试 4. 撰写项目设计制作说明书
项目评价	通过自评、互评、教师评价等多种评价手段，采用基于一体化教学过程的形成性考核为主要评价方式

任务 1　认识功率放大电路

 **基础知识**

5.1.1　功放电路概述

多级放大电路的末级通常要带一定的负载，例如，使扬声器发声，推动电机旋转等，这就要求末级电路不但要输出大幅度的电压，而且要输出大幅度的电流，即输出足够大的功率。这种向负载提供不失真功率的电路称为功率放大器，简称功放。根据放大信号频率的高低，功放分为低频功放和高频功放，本章只讨论低频功放。本章先介绍功放的特点、分类和主要性能指标，然后围绕功放的输出功率、效率和非线性失真之间的解决措施，分析几种主要的功放电路。

1．功率放大器的特点

从能量控制的观点来看，功率放大器与前面所讨论的电压放大电路并无本质的区别。它们都是利用三极管的控制作用，将直流功率转换为输出信号的交流功率的。但是，由于功放工作在大信号状态，这就使得它具有与工作在小信号状态的电压放大电路不同的特点。这些主要特点如下。

（1）由于功放的主要任务是向负载提供一定的功率，因而输出电压和电流的幅度足够大。

（2）由于输出信号幅度较大，使三极管工作在饱和区与截止区的边沿，因此输出信号存在一定程度的失真。

（3）功放在输出功率的同时，三极管消耗的能量也较大，因此，不可忽视管耗问题。

2．功率放大电路的要求

根据功放在电路中的作用及特点，首先要求它的输出功率大、非线性失真小、效率高。其次，由于三极管工作在大信号状态，所以要求它的极限参数 I_{CM}、P_{CM}、$U_{(BR)CEO}$ 等应满足电路的正常工作要求并留有一定余量，同时还要考虑三极管有良好的散热功能，以降低结温，确保三极管安全工作。

3．功率放大电路的分类

根据功放中三极管静态工作点设置的不同，可分成甲类、乙类和甲乙类三种，如图 5-1 所示。

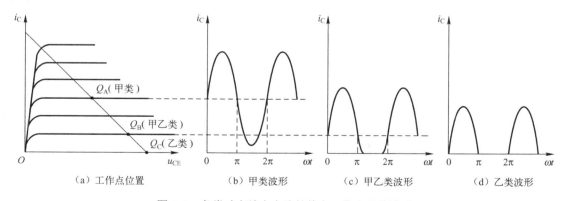

（a）工作点位置　　　（b）甲类波形　　　（c）甲乙类波形　　　（d）乙类波形

图 5-1　各类功率放大电路的静态工作点及其波形

（1）甲类放大器的工作点设置在放大区的中间，这种电路的优点是在输入信号的整个周期内三极管都处于导通状态，输出信号失真较小（前面讨论的电压放大器都工作在这种状态），缺点是三极管有较大的静态电流 I_{CQ}，这时管耗 P_C 大，电路能量转换效率低。

（2）乙类放大器的工作点设置在截止区，这时，由于三极管的静态电流 $I_{CQ}=0$，所以能量转换效率高，它的缺点是只能对半个周期的输入信号进行放大，非线性失真大。

（3）甲乙类放大器的工作点设在放大区但接近截止区，即三极管处于微导通状态，这样可以有效克服乙类放大器的失真问题，且能量转换效率也较高，目前使用得较广泛。

4. 功率放大电器的主要性能指标

工作在小信号状态的电压放大电路，三极管的参数近似为常量，非线性失真很小，对其主要要求是输出不失真的电压信号，其主要性能指标为 A_U、R_i、R_o 等。如前所述，工作在大信号状态的功率放大器，其主要性能指标不是增益，而是输出功率、效率和非线性失真系数，因为增益小时可用增加前置级的级数来弥补。

1）输出功率 P_o

若输出电压与输出电流的振幅分别为 U_{om} 与 I_{om}，考虑到在功放中，一般 $U_{om}=U_{cem}$，则

$$P_o = \frac{1}{2}U_{om}I_{om} = \frac{1}{2}U_{cem}I_{cm} \tag{5-1}$$

如果输入信号幅度足够大，则输出功率将达到最大值 P_{om}。若此时的输出电压与输出电流的振幅分别用 U_{cemm} 和 I_{cmm} 表示，则

$$P_{om} = \frac{1}{2}U_{cemm}I_{cmm} \tag{5-2}$$

2）效率 η

功放工作时，直流电源提供的功率为

$$P_V = \frac{1}{2\pi}\int_0^{2\pi} V_{CC}i_c \mathrm{d}(\omega t) = V_{CC}i_{c(AV)} \tag{5-3}$$

式中，$i_{c(AV)}$ 为 i_c 的平均值，即其直流分量，当 i_c 的正负半周对称时，$i_{c(AV)}=I_c$。

注意，上式适用于单电源功放，若是双电源功放，则 P_V 应为两者提供的功率之和，而管耗为

$$P_T = \frac{1}{2\pi}\int_0^{2\pi} i_C u_{CE}\mathrm{d}(\omega t) \tag{5-4}$$

显然，输出功率为

$$P_o = P_V - P_T \tag{5-5}$$

则功放的效率为

$$\eta = \frac{P_o}{P_V} \tag{5-6}$$

3）非线性失真系数 THD

由于功放管输入特性和输出特性的非线性，当输入为正弦信号时，输出信号将是非正弦的。通过傅里叶级数的展开，非正弦的输出信号可分解为直流分量、基波分量和各次谐波分量之和。为了衡量非线性失真的程度，引入非线性失真系数

$$\text{THD} = \frac{1}{I_{m1}}\sqrt{I_{m2}^2 + I_{m3}^2 + \cdots} = \frac{1}{U_{m1}}\sqrt{U_{m2}^2 + U_{m3}^2 + \cdots} \tag{5-7}$$

式中，I_{m1}、I_{m2}、I_{m3} 和 U_{m1}、U_{m2}、U_{m3} 分别表示输出电流和输出电压的基波分量和各次谐波分量的振幅。注意，在不同的场合，对线性失真的要求也不同。

5.1.2 OCL 放大电路

1. 基本电路及其工作原理

双电源互补对称电路又称无输出电容的功放电路，简称 OCL 电路，其原理电路如图 5-2（a）所示。图中的 VT_1、VT_2 为导电类型互补（NPN、PNP）且性能参数完全相同的功放管。两管均接成射极输出电路以增强带负载能力。

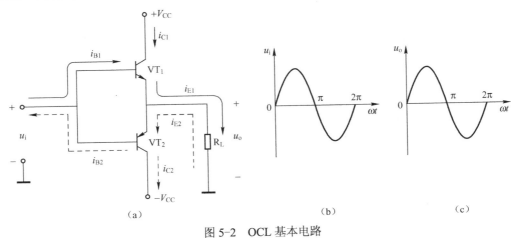

图 5-2 OCL 基本电路

1）静态分析

静态时两管零偏而截止，因此静态电流为零。又由于两管特性对称，故两管输出端的静态电压为零。

2）动态工作情况

电路输入如图 5-2（b）所示的正弦信号。在 u_i 正半周期间，VT_1 发射结正偏导通，VT_2 发射结反偏截止。在 u_i 负半周期间，VT_1 发射结反偏截止，VT_2 发射结正偏导通。

VT_1、VT_2 两管分别在正、负半周轮流工作，使负载 R_L 获得一个完整的正弦波信号电压，如图 5-2（c）所示。

2. 参数计算

1）输出功率 P_o

在输入正弦信号作用下，忽略电路失真时，在输出端获得的电压和电流均为正弦信号，由功率的定义得

$$P_o = I_o U_o = \frac{1}{2} I_{om} U_{om} = \frac{1}{2} \frac{U_{om}^2}{R_L} \tag{5-8}$$

可见，输出电压 U_{om} 越大，输出功率 P_o 越高。当三极管进入临界饱和时，输出电压 U_{om} 最大，其大小为

$$U_{om} = U_{cem} = V_{CC} - U_{CE(sat)} \approx V_{CC}$$

则电路最大不失真输出功率为

$$P_{om} = \frac{1}{2}\frac{U_{cem}^2}{R_L} = \frac{1}{2}\frac{(V_{CC}-U_{CE(sat)})^2}{R_L} \approx \frac{1}{2}\frac{V_{CC}^2}{R_L} \tag{5-9}$$

2）直流电源供给功率 P_V

根据傅里叶级数分解，周期性半波电流的平均值 $I_{av}=I_{cm}/\pi$，因此正负电源供给的直流功率为

$$P_V = I_{av}V_{CC} + I_{av}|-V_{CC}| = 2I_{av}V_{CC} = \frac{2}{\pi}V_{CC}I_{cm} = \frac{2V_{CC}U_{cem}}{\pi R_L} \tag{5-10}$$

3）功率管管耗 P_T

（1）平均管耗。

由于 VT_1、VT_2 各导通半个周期，且两管对称，故两管的管耗相同，每个管子的平均管耗为

$$P_{T1} = P_{T2} = \frac{1}{2}(P_V - P_o) = \frac{1}{R_L}\left(\frac{V_{CC}U_{cem}}{\pi} - \frac{U_{cem}^2}{4}\right) \tag{5-11}$$

（2）输出最大功率时的管耗 P_{Tm1}（当 $U_{cem} \approx V_{cc}$ 时）为

$$P_{Tm1} \approx 0.137 P_{om} \tag{5-12}$$

（3）最大管耗。

当 $U_{cem} = \frac{2}{\pi}V_{CC}$ 时出现最大管耗，且为 $P_{Tm1} \approx 0.2 P_{om}$。

4）效率

$$\eta = \frac{P_o}{P_V} = \frac{\pi}{4}\frac{U_{cem}}{V_{CC}} \tag{5-13}$$

当电路输出最大功率时，$U_{cem} \approx V_{CC}$，则

$$\eta_m \approx \frac{\pi}{4} = 78.5\% \tag{5-14}$$

3. 功放管的选择

由于每管的 $u_{CE(max)} \approx 2V_{CC}$ （该管截止而另一管临界饱和时），$i_{cmax} = I_{cmm} \approx \frac{V_{CC}}{R_L}$，且 $P_{Tm1} \approx 0.2 P_{om}$，故功率管选择应满足以下条件。

1）功放管集电极的最大允许功耗

$$P_{CM} \geqslant P_{Tm1} = 0.2 P_{om} \tag{5-15}$$

2）功放管的最大耐压 $U_{(BR)CEO}$

当一个管子饱和导通时，另一个管子承受的最大反向电压为 $2V_{CC}$，故有

$$U_{(BR)CEO} \geqslant 2V_{CC} \tag{5-16}$$

3）功放管的最大集电极电流

$$I_{CM} \geqslant \frac{V_{CC}}{R_L} \tag{5-17}$$

【**例 5.1**】　OCL 电路的 $V_{CC}=|-V_{CC}|=20V$，负载 $R_L=8\Omega$，功放管如何选择？

解：最大输出功率：

$$P_{om} = \frac{1}{2}\frac{V_{CC}^2}{R_L} = \frac{1}{2}\frac{20^2}{8}\text{W} = 25\text{W}$$

功放管集电极的最大允许功耗：

$$P_{CM} \geqslant 0.2P_{om} = 0.2 \times 25\text{W} = 5\text{W}$$

功放管的最大耐压：

$$U_{(BR)CEO} \geqslant 2V_{CC} = 2 \times 20\text{V} = 40\text{V}$$

功放管的最大集电极电流：

$$I_{CM} \geqslant \frac{V_{CC}}{R_L} = \frac{20}{8}\text{A} = 2.5\text{A}$$

4．交越失真及其消除

1）交越失真

在图 5-2（a）所示的功率放大电路中，没有施加偏置电压，静态工作点设置在零点，$U_{BEQ}=0$，$I_{BQ}=0$，$I_{CQ}=0$，三极管工作在截止区。由于三极管存在死区，当输入信号小于死区电压时，三极管 VT$_1$、VT$_2$ 仍不导通，输出电压 u_o 为零，这样在输入信号正、负半周的交界处，无输出信号，使输出波形失真，这种失真叫交越失真，如图 5-3 所示。

2）交越失真消除

为了消除交越失真，应为两功放管提供一定的偏置，一般采用如图 5-4 所示的电路。其中，VT$_3$ 组成电压放大级，R_c 为其集电极负载电阻，VD$_1$、VD$_2$ 正偏导通，和 R_P 一起为 VT$_1$、VT$_2$ 提供偏压，使 VT$_1$、VT$_2$ 在静态时处于微导通状态，即处于甲乙类工作状态。此外，VD$_1$、VD$_2$ 还有温度补偿作用，使 VT$_1$、VT$_2$ 管的静态电流基本不随温度的变化而变化。

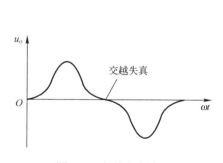

图 5-3　交越失真波形

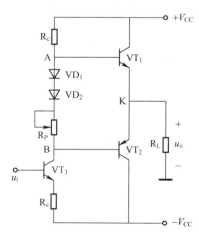

图 5-4　甲乙类互补对称功放电路

3）电路装配注意事项

在图 5-4 所示的电路中，若 R_P、VD$_1$、VD$_2$ 中任意一个元件虚焊，则从 $+V_{CC}$ 经 R_c，VT$_1$

管发射结、VT_2 管发射结、VT_3 集电极、发射极电阻 R_e 到-V_{CC} 形成一个通路,有较大的基极电流 I_{B1} 和 I_{B2} 流过,从而导致 VT_1、VT_2 管因功耗过大而损坏。因此常在输出回路中串接熔断器以保护功放管和负载。

【**例 5.2**】 甲乙类互补对称功放电路如图 5-4 所示,V_{CC}=12V,R_L=35Ω,两个管子的 $U_{CE(sat)}$=2V,试求:

（1）最大不失真输出功率;

（2）电源供给的功率;

（3）最大输出功率时的效率。

解：最大不失真输出功率为

$$P_{om} = \frac{1}{2}\frac{(V_{CC}-U_{CE(sat)})^2}{R_L} = 1.43\text{W}$$

电源供给的功率为

$$P_V = \frac{2}{\pi}\frac{V_{CC}(V_{CC}-U_{CE(sat)})}{R_L} = 2.2\text{W}$$

最大输出功率时的效率为

$$\eta_m = \frac{\pi}{4}\frac{V_{CC}-U_{CE(sat)}}{V_{CC}} = 65\%$$

5.1.3 OTL 放大电路

OCL 电路由于静态时输出端电位为零,负载可以直接连接,不需要耦合电容,因而具有低频响应好、输出功率大、便于集成等优点。但它要采用双电源供电,给使用和维修带来了不便;如果采用单电源供电,只需在两管发射极与负载之间接入一个大容量电容 C_2 即可。这种电路通常又称为无输出变压器电路,简称 OTL 电路,如图 5-5 所示。

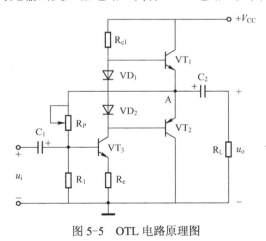

图 5-5 OTL 电路原理图

1．电路组成原理

1）电路组成

VT_3 组成电压放大级,R_{c1} 为其集电极负载,VT_3 的偏置由输出 A 点电压通过 R_P 和 R_1

提供，组成电压并联直流负反馈组态，稳定静态工作点。VD_1、VD_2 为二极管偏置电路，为 VT_1、VT_2 提供偏置电压。VT_1、VT_2 组成互补对称电路。

C_2 容量很大，满足 $R_L C_2 \gg T$（信号周期），有信号输入时，电容两端电压基本不变，可视为一恒定值 $V_{CC}/2$。该电路就是利用大电容的储能作用，来充当另一组电源$-V_{CC}$ 的。此外，C_2 还有隔直作用。

2）工作原理

该电路的工作原理与 OCL 电路相似：当 $u_i < 0$ 时，VT_1 正偏导通，VT_2 反偏截止，经 VT_1 放大后的电流经 C_2 送给负载 R_L，且对 C_2 充电，R_L 上获得正半周电压，当 $u_i > 0$ 时，VT_1 反偏截止，VT_2 正偏导通，C_2 放电，经 VT_2 放大的电流由该管集电极经 R_L 和 C_2 流回发射极，负载 R_L 上获得负半周电压；输出电压 u_o 的最大幅值约为 $V_{CC}/2$。

3）电路性能参数计算

OTL 电路与 OCL 电路相比，每个管子的实际工作电源电压不是 V_{CC}，而是 $V_{CC}/2$，因此计算 OTL 电路的主要性能指标时，将 OCL 电路计算公式中的参数 V_{CC} 全部改为 $V_{CC}/2$ 即可。

2. 复合互补对称功率放大电路

1）复合管

复合管是由两个或两个以上三极管按一定的方式连接而成的。复合管又称为达林顿管。

如图 5-6 所示是四种常见的复合管，其中图（a）、（c）是由两个同类型三极管构成的复合管，图（b）、（d）是由两个不同类型三极管构成的复合管。

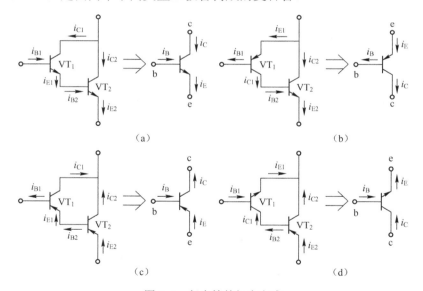

图 5-6　复合管的组合方式

组成复合管时要注意两点：①串接点的电流必须连续；②并接点电流的方向必须保持一致。

复合管具有如下特点。

（1）复合管的导电类型取决于前一个管子。

由图 5-6 可以看出，复合管的类型总是由 VT_1 管来决定的。例如，图 5-6（b）中，VT_1 管为 PNP 型，VT_2 管为 NPN 型，则复合管等效为 PNP 型。

（2）复合管的电流放大系数为各管的电流放大系数之积，由图5-6（a）可得

$$\beta = \frac{i_{c}}{i_{b}} = \frac{i_{c1} + i_{c2}}{i_{b1}} = \frac{\beta_1 i_{b1} + \beta_2 i_{b2}}{i_{b1}} = \frac{\beta_1 i_{b1} + \beta_2(1+\beta_1)i_{b1}}{i_{b1}} = \beta_1 + \beta_2 + \beta_1\beta_2 \approx \beta_1\beta_2$$

2）采用复合管的实用电路

（1）采用复合管的OTL实用电路。

如图5-7所示为一典型OTL功率放大电路。由运算放大器A组成前置放大电路，对输入信号进行放大。VT$_4$～VT$_7$组成互补对称电路，其中VT$_4$和VT$_6$组成NPN型复合管，VT$_5$和VT$_7$组成PNP型复合管。VT$_1$、VT$_2$和VT$_3$为两复合管基极提供偏置电压，R$_7$、R$_8$用于减少复合管的穿透电流，稳定电路的静态工作点，R$_7$、R$_8$也称为泄放电阻。VT$_4$集电极所接电阻R$_6$是VT$_4$、VT$_5$管的平衡电阻。R$_9$、R$_{10}$分别是VT$_6$、VT$_7$的发射极电阻，用以稳定静态工作点，减少非线性失真，还具有过流保护作用。R$_{11}$和R$_1$构成电压并联负反馈电路，用来稳定电路的电压放大倍数，提高电路的带负载能力。

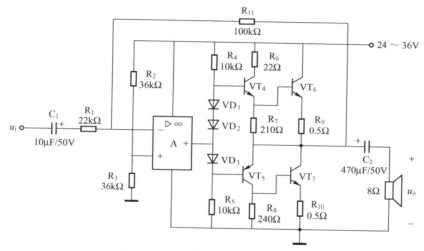

图5-7　典型的OTL功率放大电路

该电路工作原理简述如下。

静态时，由R$_4$、R$_5$、VD$_1$、VD$_2$、VD$_3$提供的偏置电压使VT$_4$～VT$_7$微导通，且$i_{e6}=i_{e7}$，中点电位为$V_{CC}/2$，u_o=0 V。

当输入信号u_i为负半周时，经集成运放对输入信号进行放大，使互补对称管基极电位升高，推动VT$_4$、VT$_6$管导通，VT$_5$、VT$_7$管趋于截止，i_{e6}自上而下流经负载，输出电压u_o为正半周。

当输入信号u_i为正半周时，由运放对输入信号进行放大，使互补对称管基极电位降低，VT$_4$、VT$_6$管趋于截止，VT$_5$、VT$_7$管依靠C$_2$上的存储电压（$V_{CC}/2$）进一步导通，i_{e7}自下而上流经负载，输出电压u_o为负半周。这样就在负载上得到了一个完整的正弦电压波形。

（2）采用复合管的OCL实用电路。

如图5-8所示是一种集成运放驱动的实际OCL功率放大器。集成运算放大器主要起前置电压放大作用。VT$_4$～VT$_7$组成OCL互补对称电路，其中，VT$_4$和VT$_6$组成NPN型复合管，VT$_5$和VT$_7$组成PNP型复合管。VD$_1$、VD$_2$和VD$_3$为两复合管基极提供偏置电压。R$_3$、R$_1$和C$_2$构成电压串联负反馈电路，用来稳定电路的电压放大倍数，提高电路输出的带负载能力。

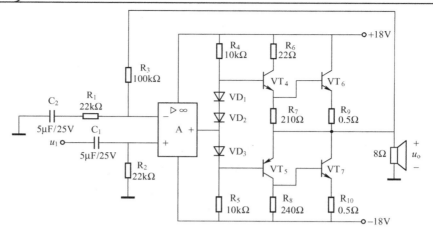

图 5-8　集成运放驱动的 OCL 功率放大器

 知识拓展：BTL 电路

1．BTL 电路

BTL（Balanced transformerless）功率放大器又称为桥式功率放大器，如图 5-9 所示。BTL 由两组对称的互补电路组成，它们分别由相位相反的输入信号 u_{i1} 和 u_{i2} 激励，u_{i1} 和 u_{i2} 是由前级倒相电路提供的，负载 R_L 则接在两个互补电路的输出端之间。

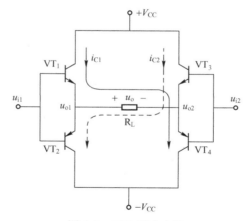

图 5-9　BTL 基本电路

2．BTL 电路原理

静态时，电桥平衡，负载接在两输出端之间，$u_i=0$，$u_o=0$。

输入信号 u_{i1}、u_{i2} 的相位差 180°。当 u_{i1} 输入信号为正半周时，u_{i2} 为负半周，三极管 VT_1 和 VT_4 导通，VT_2 和 VT_3 截止。由于对称，两个互补电路的输出信号 u_{o1} 上升多少，u_{o2} 就下降多少，于是有电流 i_{c1} 自左至右流过负载，如图 5-9 中的实线所示。

当 u_{i1} 为负半周时，u_{i2} 为正半周，三极管 VT_2 和 VT_3 导通，VT_1 和 VT_4 截止，于是有电流 i_{c2} 自右至左流过负载，如图 5-9 中的虚线所示。由于 i_{c1} 与 i_{c2} 方向相反，因此在 R_L 就得到了完整的输出信号。

综上所述，在负载 R_L 上的输出电压为

$$U_{om} = U_{o1} - U_{o2} = U_{o1} - (-U_{o2})$$
$$= V_{CC} - (-V_{CC}) = 2V_{CC}$$

于是 BTL 电路的输出电压等于 OTL（OCL）电路输出电压的 2 倍，在 u_i 和 R_L 相同的条件下，输出功率可增大为 4 倍。此外，BTL 电路在单电源供电时，负载上得到的最高电压为 V_{CC}（双电源供电则为 $2V_{CC}$），即输出电压的最大幅值约为 V_{CC}（双电源供电则为 $2V_{CC}$），也为 OTL 或 OCL 电路的 2 倍。因此，最大输出功率 P_{om} 也增大为后者的 4 倍，即

$$P_{om} = \frac{\left(\dfrac{U_{om}}{\sqrt{2}}\right)^2}{R_L} = \frac{\left(\dfrac{2V_{CC}}{\sqrt{2}}\right)^2}{R_L} = 2\frac{V_{CC}^{\ 2}}{R_L} = 4\left(\frac{V_{CC}^{\ 2}}{2R_L}\right)$$

BTL 电路的不足之处是需要一个倒相的前置级电路，且其负载是浮地的（没有接地点）。

 技能训练：OTL 功率放大电路的调试与性能指标的测试

1．训练目的

（1）理解 OTL 功率放大器的工作原理。

（2）学会 OTL 电路的调试及主要性能指标的测试方法。

2．训练器材

万用表、直流稳压电源、函数信号发生器、双踪示波器、频率计。

3．训练电路及工作原理

如图 5-10 所示为 OTL 低频功率放大器。

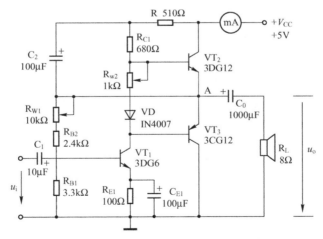

图 5-10　OTL 低频功率放大器原理图

其中由晶体三极管 VT_1 组成推动级（也称前置放大级），VT_2、VT_3 是一对参数对称的 NPN 和 PNP 型晶体三极管，它们组成互补推挽 OTL 功放电路。由于每一个管子都接成射极输出器形式，因此具有输出阻抗低、带负载能力强等优点，适合于作为功率输出级。VT_1 管

工作于甲类状态，它的集电极电流 I_{C1} 由电位器 R_{W1} 进行调节。I_{C1} 的一部分流经电位器 R_{W2} 及二极管 VD 给 VT_2、VT_3 提供偏置电压。调节 R_{W2}，可以使 VT_2、VT_3 得到合适的静态电流而工作于甲、乙类状态，以克服交越失真。静态时要求输出端中点 A 的电位 $U_A = \frac{1}{2}V_{CC}$，可以通过调节 R_{W1} 来实现，又由于 R_{W1} 的一端接在 A 点，因此在电路中引入交、直流电压并联负反馈，一方面能够稳定放大器的静态工作点，同时也改善了非线性失真。

当输入正弦交流信号 u_i 时，经 VT_1 放大、倒相后同时作用于 VT_2、VT_3 的基极，在 u_i 的负半周，VT_2 管导通（VT_3 管截止），当电流流过负载 R_L 时，同时向电容 C_0 充电；在 u_i 的正半周，VT_3 导通（VT_2 截止），则已充电的电容 C_0 起着电源的作用，通过负载 R_L 放电，这样在 R_L 上就得到了完整的正弦波。其中 C_2 和 R 构成自举电路，用于提高输出电压正半周的幅度，以得到大的动态范围。

4．训练内容及步骤

1）静态工作点的测试

按图 5-10 连接电路，此时输入端的交流信号不接入，电位器 R_{W2} 置于最小值处，R_{W1} 置于中间位置。接通＋5V 直流电源，观察毫安表的指示，同时用手触摸输出级管子，若电流过大，或管子温升显著，应立即断开电源检查原因（如 R_{W2} 开路，电路自激，或输出管性能不好等）。如无异常现象，可开始调试。

（1）调节输出端中点电位 U_A。

调节电位器 R_{W1}，用直流电压表测量 A 点电位，使 $U_A = \frac{1}{2}V_{CC}$。

（2）调整输出级静态电流及测试各级静态工作点。

调节 R_{W2}，使 VT_2、VT_3 管的 $I_{C2}=I_{C3}=5\sim10$mA。从减小交越失真角度而言，应适当加大输出级的静态电流，但该电流过大，会使效率降低，因此一般以 5～10mA 左右为宜。由于毫安表是串在电源进线中的，因此测得的是整个放大器的电流，但一般 VT_1 的集电极电流 I_{C1} 较小，从而可以把测得的总电流近似当作末级的静态电流。如果要准确得到末级静态电流，则可从总电流中减去 I_{C1} 之值。

注：调整输出级静态电流的另一方法是动态调试法。先使 $R_{W2}=0$，在输入端接入 $f=1$kHz 的正弦信号 u_i。逐渐加大输入信号的幅值，此时，输出波形应出现较严重的交越失真（注意：没有饱和与截止失真），然后缓慢增大 R_{W2}，当交越失真刚好消失时，停止调节 R_{W2}，恢复 $u_i=0$，此时直流毫安表读数即为输出级静态电流。一般其数值也应为 5～10mA 左右，如果过大，则要检查电路。

输出级电流调好以后，测量各级静态工作点，记入表 5-1 中。

表 5-1　静态工作点的测试

测试＼三极管	VT₁	VT₂	VT₃
当 $I_{C2}=I_{C3}=$ mA，$U_A=2.5$V 时			
U_B(V)			
U_C(V)			
U_E(V)			

注意：①调整 R_{W2} 时，要注意旋转方向，不要调得过大，更不能开路，以免损坏输出管；②输出管静态电流调好，如无特殊情况，不得随意旋动 R_{W2} 的位置。

2）最大输出功率 P_{om} 和效率 η 的测试

（1）测量 P_{om}。

将频率 $f=1kHz$ 的正弦信号 u_i 接至输入端，用示波器观察输出端电压 u_o 的波形，逐渐增大 u_i 值，使输出电压达到最大不失真输出，然后用交流毫伏表测出负载 R_L 上的电压 U_{om}，则 $P_{om}=\dfrac{1}{2}\dfrac{U_{om}^2}{R_L}$，将结果记入表 5-2 中。

（2）测量 η。

当输出电压为最大不失真输出时，读出直流毫安表中的电流值，此电流即为直流电源供给的平均电流 I_{av}（有一定误差），由此可近似求得 $P_V=2I_{av}V_{CC}=\dfrac{2}{\pi}V_{CC}I_{cm}$，再根据上面测得的 P_{om}，即可求出 $\eta=\dfrac{P_{om}}{P_V}$，将结果记入表 5-2 中。

表 5-2　最大输出功率 P_{om} 和效率 η 的测试

测试			计算		
R_L	U_{om}	I	P_{om}	P_V	η

5. 思考与讨论

（1）为什么引入自举电路能够扩大输出电压的动态范围？

（2）交越失真产生的原因是什么？怎样克服交越失真？

（3）电路中的电位器 R_{W2} 如果开路/短路，对电路工作有何影响？

（4）为了不损坏输出管，调试中应注意什么问题？

（5）如果电路有自激现象，应如何消除？

任务 2　常用集成功率放大电路

 基础知识

集成功率放大电路是在集成运放基础上发展起来的，其内部电路与集成运放相似。但是，由于其安全、高效、大功率和低失真的要求，使得它与集成运放又有很大的不同。电路内部多施加深度负反馈。

集成功率放大器广泛应用于收录机、电视机、开关功率电路、伺服放大电路中，输出功率由几百毫瓦到几十瓦。下面介绍三种通用集成功放 TDA2030、LM386 和 LM1875。

5.2.1　TDA2030 集成功率放大电路

TDA2030 是目前使用较为广泛的一种集成功率放大器，与其他功放相比，它的管脚和外部元件都较少，同时性能稳定，并在内部集成了过载和热切断保护电路，能适应长时间连续工作。由于其金属外壳与负电源管脚相连，因而在单电源使用时，金属外壳可直接固定在散热片上并与地线（金属机箱）相接，无须绝缘，使用很方便。

1．TDA2030 的外形及管脚排列图

TDA2030 的管脚排列及功能如图 5-11 所示。

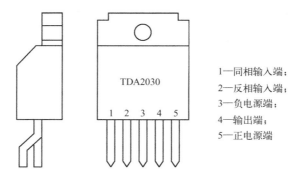

图 5-11　TDA2030 的管脚排列及功能

2．TDA2030 的主要性能参数

TDA2030 使用于收录机和有源音箱中，作为音频功率放大器，也可用于其他电子设备中的功率放大。因其内部采用的是直接耦合，故也可以用于直流放大。其主要性能参数如下。

电源电压 V_{CC}：$\pm 3 \sim \pm 18V$。

输出峰值电流：3.5A。

输入电阻：>0.5MΩ。

静态电流：<60mA（测试条件：$V_{CC} = \pm 18V$）。

电压增益：30dB。

频响带宽（BW）：0～140kHz。

当电源为±15V、$R_L = 4\Omega$ 时，其输出功率为 14W。

3．判断 TDA2030 性能参数是否正常

1）电阻法

正常情况下，TDA2030 各脚对③脚的阻值见表 5-3。

表 5-3　各脚对③脚的阻值

管脚		①	②	③	④	⑤
阻值	黑表笔接③脚	4kΩ	4kΩ	0	3kΩ	3kΩ
	红表笔接③脚	∞	∞	0	18kΩ	3kΩ

2）电压法

将 TDA2030 接成 OTL 电路，去掉负载，①脚用电容对地交流短路，然后将电源电压从 0～36V 逐渐升高，用万用表测电源电压和④脚对地电压，若 TDA2030 性能完好，④脚电压应始终为电源电压的一半，否则说明该芯片为伪品或残次品，其电路内部的对称性差，用作功率放大器将产生失真。

4．TDA2030 实用电路

1）构成 OCL 电路

如图 5-12 所示为 TDA2030 构成的 OCL 电路。信号由同相端输入，R_2、R_3、C_2 构成交流电压串联负反馈，用以稳定输出电压和提供输入电阻。

闭环增益 $A_{uf} = 1 + \dfrac{R_3}{R_2}$。为了保持两输入端的直流电阻平衡，选择 $R_1 = R_3$。C_5、C_6 为电源低频去耦电容，用以减少电源内阻交流信号的影响。C_3、C_4 为电源高频去耦电容。R_4 与 C_7 组成容性负载，用以抵消喇叭音圈电感的部分感性。为防止输出电压过大，可在输出端④脚与正、负电源之间接一反偏二极管组成输出电压限幅电路。

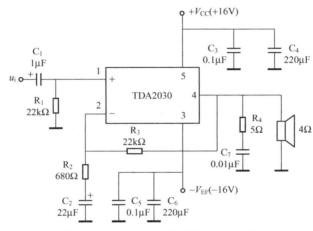

图 5-12 TDA2030 构成的 OCL 电路

2）构成 OTL 电路

如图 5-13 所示为 TDA2030 构成的 OTL 电路。图中，R_1 与 R_2 组成集成电路单电源供电的直流偏置电路，使 $U_- = U_+ = U_o$。R_3 是为提高功放电路的交流输入电阻而设置的，本电路的 $R_i = R_3 = 22\text{k}\Omega$。其余元件的作用与图 5-12 中相对应的元件作用相同。

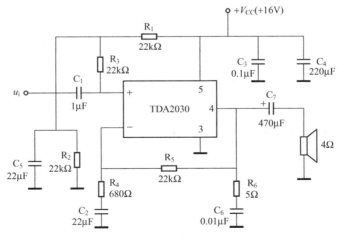

图 5-13 TDA2030A 构成的 OTL 电路

5.2.2　LM386 集成功率放大电路

LM386 是一种低电压通用型音频集成功率放大器，广泛应用于收音机、对讲机和信号发生器中；LM386 的外形与管脚图如图 5-14 所示，它采用 8 脚双列直插式塑料封装。

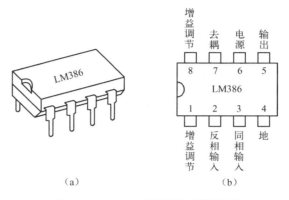

图 5-14　LM386 的外形与管脚排列

LM386 的电源电压范围为 5～18V。当电源电压为 6V 时，静态工作电流为 4mA。当 V_{CC}=16V，R_L=32Ω 时输出功率为 1W。①、⑧脚开路时带宽为 300kHz，总谐波失真为 0.2%，输入阻抗为 50kΩ。

如图 5-15 所示是用 LM386 组成的 OTL 功放电路，信号从 3 脚同相输入端输入，从 5 脚经耦合电容（220μF）输出。

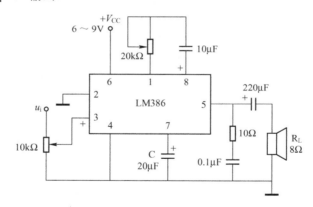

图 5-15　LM386 应用电路

5.2.3　LM1875 高保真集成功率放大电路

LM1875 广泛用于汽车立体收录机、中功率音响设备，具有体积小、输出功率大、失真小等特点。它形如一个中功率管，外围电路简单。该集成电路设有过载过热及感性负载反向电势安全工作保护，是中高档音响的理想选择之一。LM1875 的外形与管脚图如图 5-16 所示，其中 1 脚为反相输入端，2 脚为同相输入端，3 脚为接地端，4 脚为电源端，5 脚为输出端。

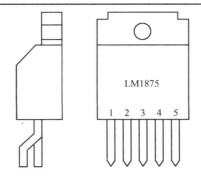

图 5-16 LM1875 的外形与管脚图

LM1875 的主要参数如下。

单电压：15～60V，或±30V。

工作电压：±25V。

静态电流：50mA。

输出功率：30W。

谐波失真：<0.015% （f=1kHz，R_L=8Ω，P_o=20W）。

额定增益：26 dB（当 f=1kHz 时）。

如图 5-17 所示是用 LM1875 组成的双电源功放电路，信号从 1 脚同相输入端输入。

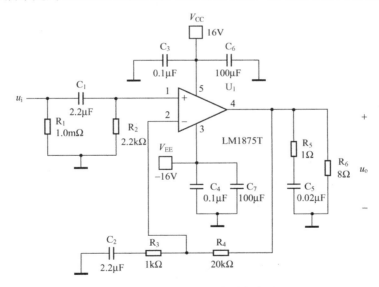

图 5-17 LM1875 应用电路

知识拓展：功放管的安全使用

在功放电路中功放管是在接近极限参数的高电压状态下工作的功率管，由于设计不当或使用条件的变化而易损坏。因此，在功率放大实用电路中，应采用保护措施以保证功放管的安全运行。

1．功放管的二次击穿及其保护

如前面所述，当三极管集电结上的反偏电压过大时，三极管将被击穿，这时集电极电流迅速增大，出现一次击穿，且 I_B 越大击穿电压越低。将此次击穿称为"一次击穿"，如图 5-18 中的曲线 AB 段所示，A 点就是一次击穿点。这时只要外电路限制击穿后的电流，使管子的功耗不超过额定值，就不会造成管子的损坏，因此一次击穿是可逆的。

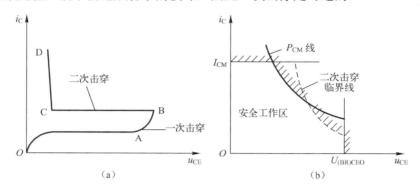

图 5-18　二次击穿及安全工作区

三极管一次击穿后集电极电流会骤然增大，若对电流不加限制，则当它的工作点增大到临界点（图 5-18（a）中的 B 点）时，三极管的工作点以毫秒乃至微秒级高速移向 C 点，这时三极管的管压降 u_{CE} 突然减小，电流 i_C 急剧增大，如图中的 CD 段所示，称之为二次击穿（Secondary breakdown）。二次击穿点 B 随 i_B 的不同而改变，通常将这些点连起来的曲线叫二次击穿临界线，简称 S/B 曲线，如图 5-18（b）中所示。

产生二次击穿的原因较复杂，它是一种与电流、电压、功率和结温（Junction temperature）都有关系的效应。一般认为，由于制造工艺的缺陷，使得流过管内结面的电流不均匀，造成结局部高温（称为热斑）而产生局部的热击穿，出现三极管尚未发烫就损坏的现象。二次击穿是不可逆的，经二次击穿后，性能明显下降，甚至造成永久性损坏。

考虑到二次击穿后，功放管的安全工作范围将变小，它除了受 I_{CM}、P_{CM} 和 $U_{(BR)CEO}$ 的限制外，还要受二次击穿临界线的限制，其安全工作区如图 5-18（b）所示。

为了保证功放管安全工作，应注意在设计电路时使功放管工作在安全区域内，而且还应留有一定的余量；要有良好的散热条件，功放管的结温不可过高；避免突然加强信号和负载突然短路，也要避免管子突然截止和负载突然开路；要消除电路中的寄生振荡，少用电抗元件，适当引入负反馈；在电路中采用过流、过压和过热等保护措施等。

2．功放管的散热

1）热致击穿现象

功放管损坏的重要原因是其实际功率超过额定功耗 P_{CM}。三极管的耗散功率取决于内部的 PN 结（主要是集电结）温度 T_j，当 T_j 超过手册中规定的最高允许结温 T_{jM} 时，集电极电流将急剧增大而使管子损坏，这种现象称为"热致击穿"（Thermorunaway）或"热崩"。硅管的允许结温 120～180℃，锗管的允许结温为 85℃左右。

散热条件越好，相同结温下所允许的管耗就越大，使得功放电路有较大功率输出而不损坏管子。为了在相同散热面积下减小散热器所占空间，可采用如图 5-19 所示的几种常用散热器，分别为齿轮形、指状形和翼形，所加散热器面积大小的要求可参考大功放管产品手册上的规定尺寸。除上述散热器商品外，还可用铝板自制平板散热器。

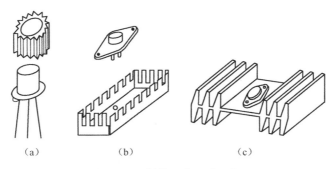

图 5-19 散热器的几种形状

2）功放管的散热

功放管极限功耗的大小与管子环境温度、散热途径和散热状况有关。

功放管正常工作时，它的集电结向周围空间散发热量所遇到的阻力称为热阻（Heat resistance）R_{th}。

R_{th} 越小，表示管子集电结的热量越容易散发出去。热阻的单位为℃/W，其物理意义为集电极每耗散 1W 的功率所引起结温升高的度数。它类似于电流流过导体时，存在电阻对电流的阻力。

热源相当于电源，热阻相当于电阻，温度差相当于电位差。

因集电结耗散功率 P_C 引起结温升高至 T_j 而产生的热量，首先由集电结传导至管壳，使管壳温度升到 T_c，其热阻为 $R_{(th)jc}$，然后由管壳以辐射和对流的形式散发到环境温度为 T_a 的环境 A 中，其热阻为 $R_{(th)ca}$。

要想使散热过程能顺利进行，需满足条件：$T_j > T_c > T_a$。

如图 5-20 所示为单靠管壳散热的热传输途径示意图，其总热阻为

$$R_{th} = R_{(th)jc} + R_{(th)ca}$$

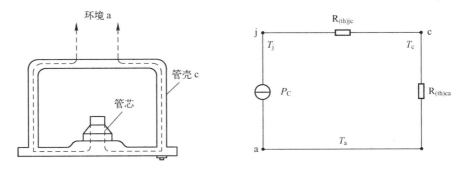

图 5-20 单靠管壳散热的热传输途径示意图

式中，$R_{(th)jc}$ 为功放管的内热阻，它取决于管子的结构和材料，可从手册中查出；$R_{(th)ca}$ 为管壳热阻，它主要取决于管壳外形尺寸和材料。

功放管装上散热器后，由集电结传给管壳 C 的热量有两条途径向环境 A 散发。除由热阻为 $R_{(th)ca}$ 的管壳直接向外散热外，最主要是由管壳传导到热阻为 $R_{(th)ca}$ 的散热器 S，再由散热器以辐射或对流的形式向热阻为 $R_{(th)sa}$ 的环境 A 散热。由于通过管壳直接散热远小于散热器散热，即 $R_{(th)cs}+R_{(th)sa}<<R_{(th)ca}$，管壳的热阻 $R_{(th)ca}$ 可不计，所以装散热器后的总热阻为

$$R_{th} = R_{(th)jc} + R_{(th)cs} + R_{(th)sa}$$

式中，$R_{(th)cs}$ 为界面热阻，一般包括接触热阻和绝缘层热阻两部分。

由于功放管和散热器用紧固件连接在一起，两者之间一般隔有绝缘材料以避免短路。因此，$R_{(th)cs}$ 除与绝缘层厚度、材料性质有关外，还与散热装置和功放管接触面的紧固程度有关。增大接触面积，使接触面光滑或涂以导热硅脂，增大接触压力，减小绝缘层厚度，都能使 $R_{(th)cs}$ 降低。一般，$R_{(th)cs}=0.1\sim3℃/W$。$R_{(th)sa}$ 为散热器热阻，它主要取决于散热装置的表面积、厚薄、材料的性质、颜色、形状和放置位置。散热面积越大，热阻就越小；散热装置经氧化处理涂黑后，可使其热辐射加强，热阻也可减小；因垂直放置空气对流好，所以垂直放置比水平放置的热阻小。水平放置和垂直放置铝平板散热器的热阻 $R_{(th)sa}$ 与其表面积的关系如图 5-21 所示。

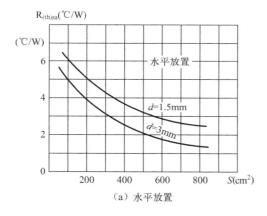
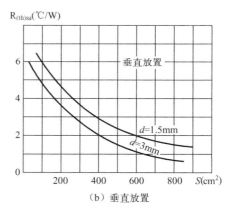

（a）水平放置　　　　　　　　　　　（b）垂直放置

图 5-21　铝平板散热器的热阻与其表面积的关系

如果将结温 T_j 与环境温度 T_a 之间的温差记作结温增量 ΔT_j，即 $\Delta T_j=T_j-T_a$。

由以上分析可知，结温增量与集电极耗散功率及散热条件有关。散热条件不好，热阻越大。同样，功耗引起的结温增量也越大。

当总热阻 R_{th} 一定时，功耗越大，结温增量也越高。如果集电极耗散功率增大到最大允许功耗 P_{CM}，则结温也达到最大允许值 T_{jM}。它们之间的关系为

$$P_{CM} = \frac{T_{jM} - T_a}{R_{th}}$$

上式表明，总热阻 R_{th} 越小，环境温度 T_a 越低，则允许的最大管耗 P_{CM} 就越大，功放管就有可能输出更大的功率。

手册中给出的 P_{CM} 是装有指定尺寸的散热器并规定 T_a 为 25℃时的数值。如果散热条件

不变但环境温度 T_a 高于 25℃，则其最大允许耗散功率将减小为

$$P_{CM}(T_a) = P_{CM}(25℃) \frac{T_{jM} - T_a}{T_{jM} - 25℃}$$

当功率放大电路在工作时，如果功放管的散热器（或无散热器时的管壳）上的温度较高，手感烫手，易引起功放管的损坏，这时应立即分析检查。

如果正常使用功放电路时，功放管突然发热，应检查和排除电路中的故障；如果为新设计的功放电路，在调试时功放管有发烫现象，这时除了需要调整电路参数或排除故障外，还应检查设计是否合理、管子选型和散热条件是否存在问题。

 技能训练：OTL 功率放大电路的调试与性能指标的测试

1．训练目的

（1）理解功率放大器的构成和基本工作原理。

（2）学会集成功率放大器的选用和使用。

（3）学会集成功率放大电路的调试与测试方法。

2．训练器材

万用表、直流稳压电源、函数信号发生器、双踪示波器、频率计。

3．训练电路

TDA2030 接成 OCL（双电源）的应用电路如图 5-22 所示。

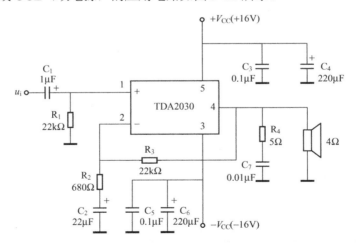

图 5-22　TDA2030 双电源的典型应用电路

TDA2030 接成 OTL（单电源）的应用电路如图 5-23 所示。

4．训练内容及步骤

1）TDA2030 的检测

（1）电阻法。

正常情况下 TDA2030 各脚对③脚的阻值见表 5-4。

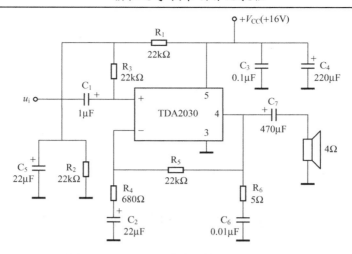

图 5-23　TDA2030 单电源的典型应用电路

表 5-4　TDA2030 各脚对③脚阻值

管脚		①	②	③	④	⑤
阻值	黑表笔接③脚	4kΩ	4kΩ	0	3kΩ	3kΩ
	红表笔接③脚	∞	∞	0	18kΩ	3kΩ

注：以上数据是用 MF-500 型万用表的 "R×1k" 挡测得的，不同表的阻值会有区别，但趋势会一致。

（2）电压法。

将 TDA2030 接成 OTL 电路，去掉负载，①脚用电容对地交流短路，然后将电源电压从 0～36V 逐渐升高，用万用表测电源电压和④脚对地电压，若 TDA2030 性能完好，④脚电压应始终为电源电压的一半，否则说明该芯片为伪品或残次品，其电路内部的对称性差，用作功率放大器将产生失真。

2）电路的调整与测试

（1）测量 P_{om}。

将频率 f=1kHz 的正弦信号 u_i 接至输入端，用示波器观察输出端电压 u_o 的波形，逐渐增大 u_i 值，使输出电压达到最大不失真输出，然后用交流毫伏表测出负载 R_L 上的电压 U_{om}，则 $P_{om} = \dfrac{1}{2}\dfrac{U_{om}^2}{R_L}$，并将结果记入表 5-5 中。

表 5-5　最大输出功率 P_{om} 和效率 η 的测试

测试值			计算值		
R_L	U_{om}	I	P_{om}	P_V	η

（2）测量 η。

当输出电压为最大不失真输出时，读出直流毫安表中的电流值，此电流即为直流电源供给的平均电流 I_{av}（有一定误差），由此可近似求得 $P_V=2I_{av}V_{CC}$，再根据上面测得的 P_{om}，即可

求出 $\eta = \dfrac{P_{\text{om}}}{P_{\text{V}}}$，将结果记入表 5-5 中。

 项目实施：集成功率放大电路的设计、制作与调试

一、设计任务要求

该电路是采用 LM1875 的集成功率放大电路，最大不失真功率可达 0.5W，失真系数为 0.1%，输出信号能够驱动扬声器输出清晰且不失真的声音信号。

二、电路仿真设计与调试

1．电路设计

集成功率放大电路主要由放大电路和电源电路组成，设计电路如本章开篇的项目引导所示。

2．利用 Multisim 仿真软件绘制出集成功率放大电路仿真电路

采用 Multisim 软件绘图时，首先设置符号标准为"DIN"形式，然后单击菜单栏→选项 →Global Preferences（首选项）→零件→符号标准→DIN，再按图 5-24 连接仿真电路。

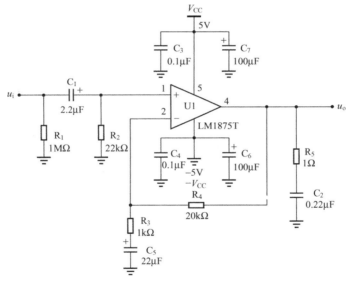

图 5-24　集成功率放大电路仿真电路

3．输出电压、电流测试

运行仿真，将"仪器"工具栏里的测量探针，如图 5-25 所示，放置到输出端测量输出 电压电流，并记录参数。

图 5-25　Multisim 软件中的"仪器"工具栏

三、元件与材料清单

集成功率放大电路元器件明细表如表 5-6 所示。

表 5-6　集成功率放大电路元器件明细表

元件名称	元件序号	元件注释	封装形式	数量
集成功放	U_1	LM1875	DFM-T5/Y2V	1
瓷片电容	C_3, C_4	0.1μF	RAD-0.2	2
独石电容	C_2	0.22μF	RAD-0.2	1
电解电容	C_1	2.2μF	RAD-0.2	1
	C_5	22μF	RAD-0.2	1
	C_6, C_7	100μF/25V	CAPR5-4X5	2
电阻	R_1	1MΩ	AXIAL-0.4	1
	R_2	22kΩ	AXIAL-0.4	1
	R_3	1kΩ	AXIAL-0.4	1
	R_4	20kΩ	AXIAL-0.4	1
	R_5	1	AXIAL-0.4	1

四、PCB 的设计

集成功率放大电路 PCB 设计图如图 5-26 所示。

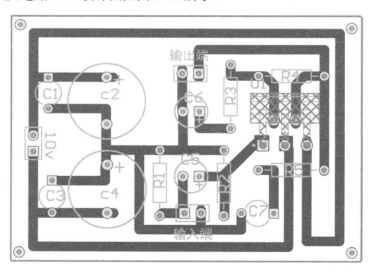

图 5-26　集成功率放大电路 PCB 设计图

五、电路装配与调试

（1）在电路板上按照电路图要求组装焊接电路。在焊接之前应该用万用表对所有电容等元器件进行检查。

（2）焊接LM1875前必须先把 LM1875 用螺钉固定在散热片上，否则最后装散热片时螺钉很难打进去。LM1875 与散热片接触的部分必须涂少量的散热脂，以利散热。焊接时必须注意焊接质量。

（3）滤波的电解电容在焊接时要注意极性，不能接反。

（4）检查元器件，焊接无误后，接上正负 5V 直流电源，在输入端加音频信号（注意音频线的声道和公共接地端），在输出端加上喇叭。

（5）指标测试。

① 测量 P_{om}。

将频率 $f=1kHz$ 的正弦信号 u_i 接至输入端，用示波器观察输出端电压 u_o 的波形，逐渐增大 u_i 值，使输出电压达到最大不失真输出，然后用交流毫伏表测出负载 R_L 上的电压 U_{om}，则 $P_{om}=\dfrac{1}{2}\dfrac{U_{om}^2}{R_L}$。

② 测量 η。

当输出电压为最大不失真输出时，读出直流毫安表中的电流值，此电流即为直流电源供给的平均电流 I_{av}（有一定误差），由此可近似求得 $P_V=2I_{av}V_{CC}$，再根据上面测得的 P_{om}，即可求出 $\eta=\dfrac{P_{om}}{P_V}$。

项目考核

项目任务考核要求及评分标准如表 5-7 所示。

表 5-7　项目考核表

项目 5　音频功率放大电路的设计、制作与调试						
班级			姓名		学号		组别
项目	配分	考核要求	评分标准	扣分	得分
电路分析	20	能正确分析电路的工作原理	分析错误，扣 5 分/处		
元件清点	10	10min 内完成所有元器件的清点、检测及调换	① 超出规定时间更换元件，扣 2 分/个 ② 检测数据不正确，扣 2 分/处		
组装焊接	20	① 工具使用正确，焊点规范 ② 元件的位置、连线正确 ③ 布线符合工艺要求	① 整形、安装或焊点不规范，扣 1 分/处 ② 损坏元器件，扣 2 分/个 ③ 错装、漏装元器件，扣 2 分/个 ④ 布线不规范，扣 1 分/处		
通电测试	20	① 输出功率 P_{om} ② 效率 η	① 输出功率或效率偏差太大，扣 5 分 ② 不能正确使用测量仪器，扣 5 分/次		
故障分析检修	20	① 能正确观察出故障现象 ② 能正确分析故障原因，判断故障范围 ③ 检修思路清晰、方法得当 ④ 检修结果正确	① 故障现象观察错误，扣 2 分/次 ② 故障原因分析错误，或故障范围判断过大，扣 2 分/次 ③ 检修思路不清，方法不当，扣 2 分/次；仪表使用错误，扣 2 分/次 ④ 检修结果错误，扣 2 分/次		
安全、文明工作	10	① 安全用电，无人为损坏仪器、元件和设备 ② 操作习惯良好，能保持环境整洁，小组团结协作 ③ 不迟到、早退、旷课	① 发生安全事故，或人为损坏设备、元器件，扣 10 分 ② 现场不整洁、工作不文明，团队不协作，扣 5 分 ③ 不遵守考勤制度，每次扣 2～5 分		
合计					

项目习题

5.1 选择题

（1）功放电路一定时，提高功率放大输出功率最有效的途径是（　　）。

　　A．提高电源电压　　　　　　　　B．提高静态工作点电流

　　C．增大 R_L　　　　　　　　　　　D．更换电路

（2）功率放大器的最大输出功率 P_{omax} 是指（　　）。

　　A．瞬时功率　　B．峰值功率　　C．有效值功率　　D．直流功率

（3）甲乙类 OCL 电路可以克服乙类 OCL 电路产生的（　　）。

　　A．截止失真　　B．交越失真　　C．饱和失真　　D．平顶失真

（4）甲乙类 OTL 电路可以克服乙类 OTL 电路产生的（　　）。

　　A．截止失真　　B．平顶失真　　C．饱和失真　　D．交越失真

（5）当 OTL 功放电路的电源供电电压为+12V 时，输出耦合电容两端的直流电压为（　　）。

　　A．+12V　　　　B．+6V　　　　C．+24V　　　　D．0 V

（6）在互补对称功率放大电路中，每管的组态一般都选择（　　）。

　　A．共基极电路　　　　　　　　　B．共发射极电路

　　C．共集电极电路　　　　　　　　D．差分电路

（7）OTL 与 OCL 功率放大电路在结构上的主要不同点之一是（　　）。

　　A．双或单电源供电　　　　　　　B．连接组态

　　C．功放管型　　　　　　　　　　D．负载阻抗

（8）甲类、乙类、甲乙类、丙类功放中，非线性失真最大的是（　　）。

　　A．甲类　　　　B．乙类　　　　C．甲乙类　　　　D．丙类

5.2 填空题

（1）功率放大器中的功放管常常处于极限工作状态，因此选择功放管时要特别注意_____、_____和 $U_{(BR)CEO}$ 三个参数。

（2）在理想情况下，甲类、乙类功率放大器的效率分别为_____、_____。

（3）"互补管"功率放大器是指利用_____型管和_____型管交替工作来实现的功率放大器。

（4）乙类互补对称功率放大器，在正弦波输入信号_____交替处，因两管的静态工作点位于_____区，将使输出信号产生交越失真。

（5）复合功率管是指由两个或两个以上的功率三极管组合成一个等效大功率三极管，它分为_____型和_____型管两种。

5.3 判断题

（　　）1．要求功率放大器的输出功率要大和非线性失真要小是矛盾的。

（　　）2．在功率放大电路中，输出功率越大，要求功放管的 P_{CM} 值也越大。

（　　）3．功率放大器的输出功率越大，静态工作点就越高。

（　　）4．乙类互补对称功放电路在输出功率最大时，功放管的管耗最大。

（　　）5．功率放大倍数等于电压放大倍数与电流放大倍数之积。

（　　）6. 在乙类功率放大电路中，当输入信号增大时，交越失真也增大。

（　　）7. 当功率放大器的电路结构一定时，其最大输出功率与所接负载无关。

（　　）8. 集成功率放大电路在正常工作情况下都不考虑散热问题。

5.4　计算题

1. 如图 5-27 所示的乙类双电源互补对称功率放大电路中，已知 $V_{CC}=20V$，$R_L=8\Omega$，u_i 为正弦输入信号，在理想情况下，试计算：

（1）负载上的最大不失真输出电压 U_{omax} 和最大不失真输出功率 P_{om}；

（2）电源供给的功率 P_V；

（3）每个功放管的功耗 P_{VT1}、P_{VT2} 和效率 η。

2. 图 5-28 所示的乙类 OCL 电路中的 $R_L=8\Omega$，输入为正弦信号，在理想情况下，根据所给电路参数，试计算：

（1）最大不失真输出功率 P_{om} 为 9W 时的正、负电源电压 V_{CC} 和最大不失真输出电压 U_{omax}；

（2）P_{om} 为 9W 时，电源提供的功率 P_V 和每个功放管的功耗 P_{VT1}、P_{VT2}。

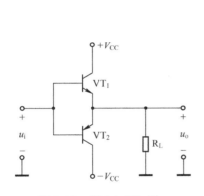

图 5-27　题 5.4（1）图

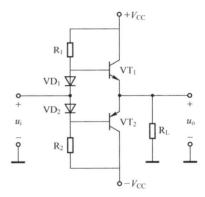

图 5-28　题 5.4（2）图

3. OTL 电路如图 5-29 所示，电源电压 V_{CC} 为 16V，$R_L=8\Omega$，在理想情况下，试计算电路的最大不失真输出功率 P_{om}、电源供给的功率 P_V 和每管的功耗 P_{VT1}、P_{VT2}；若要求最大不失真输出功率为 9 W，则电源电压 V_{CC} 至少为多少伏？

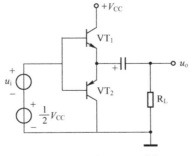

图 5-29　题 5.4（3）图

4. 在图 5-30 所示的 OTL 电路中，输入电压为正弦波，$V_{CC}=16V$，$R_L=4\Omega$，试解答以下

问题：

（1）E 点的静态电位应该是多少？

（2）若输出电压波形出现交越失真，应调整哪个电阻？如何调整（增大或减小）？

（3）若图中 VD_1、VD_2、R_2 中的任意元件开路，将会产生什么后果？

（4）在理想情况下，试计算电路的最大不失真输出功率 P_{om}、电源供给的功率 P_E。

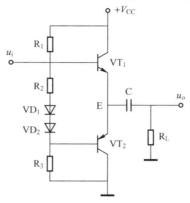

图 5-30　题 5.4（4）图

5．在图 5-31 所示电路中，已知 $V_{CC}=12V$，$R_L=4\Omega$，VT_1 和 VT_2 管的饱和管压降 $|U_{CE(Sat)}|=2V$，输入电压足够大。试计算：

（1）最大不失真输出功率电压 U_{omax} 和功率 P_{om}；

（2）电源供给的功率 P_E 和每管的功耗 P_{VT1}、P_{VT2}；

（3）功率放大器的效率 η。

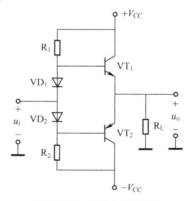

图 5-31　题 5.4（5）图

项目 **6**

防割断报警器电路

 项目概述

报警器是一种为防止或预防某事件发生所造成的后果，以声音、光、气压等形式来提醒或警示人们应当采取某种行动的电子产品。报警器（alarm）分为机械式报警器和电子报警器。随着科技的进步，机械式报警器越来越多地被先进的电子报警器代替，经常应用于系统故障、安全防范、交通运输、医疗救护、应急救灾、感应检测等领域，与社会生产密不可分。

由于报警器应用的普遍性，本项目选择制作一款简易的防割断报警器。先学习晶闸管、继电器的特性和作用，再掌握由晶闸管和继电器等器件设计的防割断报警器电路的焊接和制作技术。

项目引导

项目名称	防割断报警器的设计、制作与调试		建议学时	8 学时
项目说明	教学目的	1. 晶闸管、继电器的结构、图形符号、导电特性和相关参数 2. 防割断报警器电路的组成、工作原理及分析计算方法 3. 电路仿真软件 Multisim 的使用，仿真电路的连接与调试 4. 电路常见故障的排查		
	项目要求	1. 工作任务：防割断报警器电路的设计、制作与调试 2. 电路功能：细漆包线未被割断时 LED_1、LED_2 不发光，音乐报警芯片 IC 不发声；细漆包线被割断后 LED_1、LED_2 发光，同时音乐报警芯片 IC 发声（细漆包线接在 P_1 上）		

续表

| 项目说明 | 参考电路 | 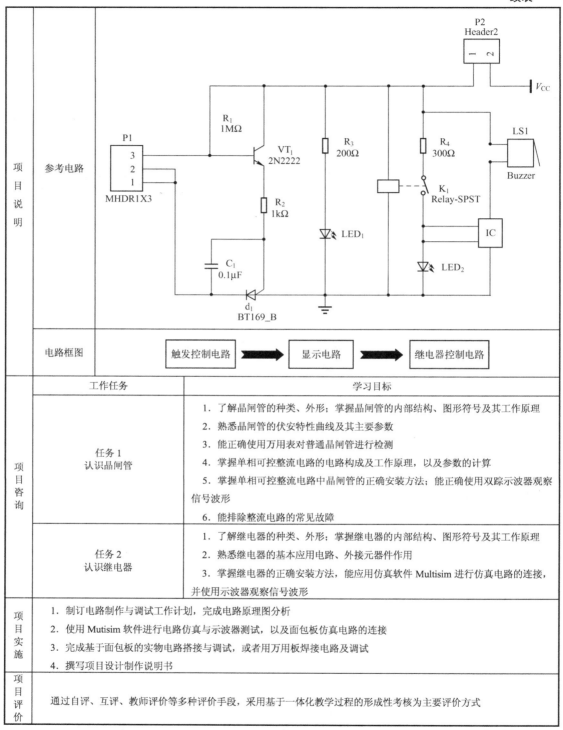 |
| | 电路框图 | 触发控制电路 ➡ 显示电路 ➡ 继电器控制电路 |

	工作任务	学习目标
项目咨询	任务1 认识晶闸管	1. 了解晶闸管的种类、外形；掌握晶闸管的内部结构、图形符号及其工作原理 2. 熟悉晶闸管的伏安特性曲线及其主要参数 3. 能正确使用万用表对普通晶闸管进行检测 4. 掌握单相可控整流电路的电路构成及工作原理，以及参数的计算 5. 掌握单相可控整流电路中晶闸管的正确安装方法；能正确使用双踪示波器观察信号波形 6. 能排除整流电路的常见故障
	任务2 认识继电器	1. 了解继电器的种类、外形；掌握继电器的内部结构、图形符号及其工作原理 2. 熟悉继电器的基本应用电路、外接元器件作用 3. 掌握继电器的正确安装方法，能应用仿真软件 Multisim 进行仿真电路的连接，并使用示波器观察信号波形
项目实施		1. 制订电路制作与调试工作计划，完成电路原理图分析 2. 使用 Mutisim 软件进行电路仿真与示波器测试，以及面包板仿真电路的连接 3. 完成基于面包板的实物电路搭接与调试，或者用万用板焊接电路及调试 4. 撰写项目设计制作说明书
项目评价		通过自评、互评、教师评价等多种评价手段，采用基于一体化教学过程的形成性考核为主要评价方式

任务 1 认识晶闸管

基础知识

6.1.1 晶闸管的基础知识

1．晶闸管的分类及型号命名

1）晶闸管的特点与分类

晶闸管的全称为硅晶体闸流管，又称可控硅（简写为 SCR），是一种大功率半导体器件，具有体积小、质量轻、抗震动、效率高、容量大、耐高压、无火花、寿命长、可控性能好等优点。晶闸管既有单向导电的整流作用，又有可以控制的开关作用，具有弱电控制强电的特点。它在可控整流、可控开关、交直流电动机调速系统、调光、调压、温控与时控等方面获得了广泛的应用。

晶闸管的种类很多，有单向型、双向型、可关断型、光控型、温控型、快速型、逆导型等，限于篇幅，本章重点介绍单向及双向晶闸管的工作原理、特性、参数及其基本应用。

2）晶闸管的型号及命名

国产晶闸管的型号有两种表示方法，即 KP 系列和 3CT 系列。

额定通态平均电流的系列有 1、5、10、20、30、50、100、200、300、400、500、600、900、1000（A）14 种规格。

额定电压在 1000V 以下的，每 100V 为一级；1000V 到 3000V 的每 200V 为一级，用百位数或千位及百位数组合表示级数。

KP 系列表示参数的方式如图 6-1 所示。 其通态平均电压分为 9 级，用 A～I 各字母表示 0.4～1.2 V 的范围，每隔 0.1 V 为一级。

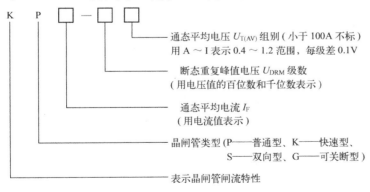

图 6-1 KP 系列的参数表示方式

例如，型号为 KP200-10D，表示 I_F=200A、U_D=1000V、U_F=0.7V 的普通型晶闸管。

2. 单向晶闸管

1）单向普通晶闸管的类型及特点

单向普通晶闸管根据外形可分为螺栓式、平板式和小电流塑封式，如图 6-2 所示。

（a）螺栓式   （b）平板式   （c）塑封式

图 6-2 单向晶闸管的外形

晶闸管是电力电子器件，工作时发热量大，必须安装散热器。图 6-2（a）为螺栓式（中功率），使用时必须紧栓在散热器上，它的螺旋端为阳极，使用时把它紧拧在散热器上，另一端有两根引线，其中较粗的一根为阴极，引线较细的一根为控制极。图 6-2（b）为平板式，其中间金属环是控制极，下面是阴极，区分的方法是阴极距控制极比阳极距控制极近。图 6-2（c）为小电流塑封式（小功率），当电流稍大时也需加散热板。晶闸管的冷却方式有自然冷却、强风冷却、液体介质循环冷却等。

2）单向晶闸管的内部结构及工作原理

（1）内部结构与外形图。

单向晶闸管的内部结构示意图如图 6-3（a）所示，它由 PNPN 四层半导体通过一定工艺制造而成。其间形成三个 PN 结：J_1、J_2、J_3，分别从 P_1 区引出阳极 A，从 P_2 区引出门极 G，从 N_2 区引出阴极 K。因此可以说它是一个四层三端半导体器件。晶闸管的外形如图 6-3（b）所示，其电路符号如图 6-3（c）所示。晶闸管在电路中用文字符号"V"、"VT"表示（旧标准中用字母"SCR"表示）。

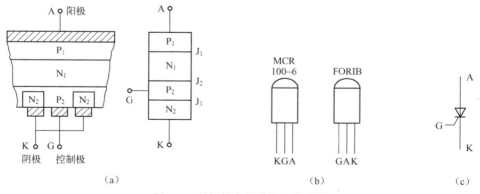

（a）   （b）   （c）

图 6-3 晶闸管内部结构及外形图

（2）工作原理。

为了说明晶闸管的工作原理，可把四层 PNPN 半导体分成两部分，如图 6-4（b）所示。P_1、N_1、P_2 组成 PNP 型管，N_2、P_2、N_1 组成 NPN 型管，这样，晶闸管就好像是由一对互补复合的三极管构成的，其等效电路如图 6-4（c）所示。

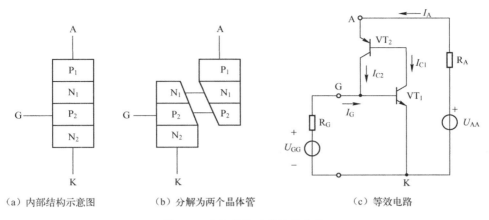

（a）内部结构示意图　　　　（b）分解为两个晶体管　　　　（c）等效电路

图 6-4　内部结构及其等效电路

如果在控制极不加电压，无论在阳极与阴极之间加上何种极性的电压，管内的三个 PN 结中，至少有一个结是反偏的，因而阳极没有电流产生，当然就出现了图 6-5（a）所示灯泡不亮的现象。

在反向阳极电压作用下，即电路是负极性触发或电源接反，则两个三极管上均为反向电压，不能放大输入信号，因此晶闸管不导通，灯泡不亮，如图 6-5（d）、（e）所示。

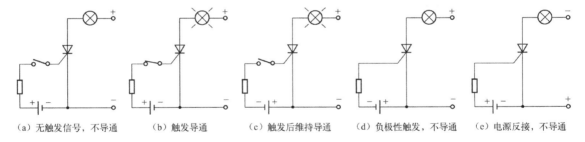

（a）无触发信号，不导通　　（b）触发导通　　（c）触发后维持导通　　（d）负极性触发，不导通　　（e）电源反接，不导通

图 6-5　单向晶闸管的工作示意图

如果在晶闸管 A、K 之间接入正向阳极电压 U_{AA}，在控制极加入正向控制电压 U_{GG}，VT_1 管基极便产生输入电流 I_G，经 VT_1 管放大，形成集电极电流 $I_{C1}=\beta_1 I_G$，I_{C1} 又是 VT_2 管的基极电流，同样经过 VT_2 的放大，产生集电极电流 $I_{C2}=\beta_1 \beta_2 I_G$，$I_{C2}$ 又作为 VT_1 的基极电流再进行放大。如此循环往复，形成正反馈过程，晶闸管的电流越来越大，内阻急剧下降，管压降减小，直至晶闸管完全导通。这时晶闸管 A、K 之间的正向压降约为 0.6～1.2V。因此流过晶闸管的电流 I_A 由外加电源 U_{AA} 和负载电阻 R_A 决定，即 $I_A \approx U_{AA}/R_A$。由于管内的正反馈，使得管子的导通过程极短，一般不超过几微秒，如图 6-5（b）所示。

晶闸管一旦导通，控制极就不再起控制作用，不管 U_{GG} 存在与否，晶闸管仍将导通，如图 6-5（c）所示。

若要导通的管子关断，只有减小 U_{AA}，直至切断阳极电流才行，使之不能维持正反馈过程。

综上所述，单向普通晶闸管器件具有如下特性。

（1）晶闸管具有正向阻断特性，当外加正向电压时管子还不能导通，晶闸管触发导通的条件是阳极、阴极间必须施加正向电压 U_{AK}，门极对阴极施加一定的正向触发电压 U_{GK}。

（2）晶闸管的关断条件是阳极、阴极间电流 i_{AK} 小于晶闸管的维持电流 I_H，可采用降低阳极电源电压或增加阳极回路电阻的方法来实现。

（3）晶闸管一旦触发后，门极便失去控制作用，因此它属于半控型电力电子器件。

（4）晶闸管在阳极、阴极间施加正向电压 U_{AK} 时，可通过门极触发电流 i_G 来控制晶闸管的导通和关断；当晶闸管施加反向电压 U_{AK} 时，无论门极触发电流 i_G 脉冲如何，晶闸管将完全处于关断状态，因而晶闸管具有单向导电性。

3）单向普通晶闸管的伏安特性曲线及其主要参数

（1）伏安特性。

晶闸管阳极、阴极间施加的电压 U_{AK} 与流过其间电流 I_{AK} 之间的关系称为晶闸管的伏安特性，如图 6-6 所示，它由第 I 象限正向特性区和第 III 象限反向特性区组成。

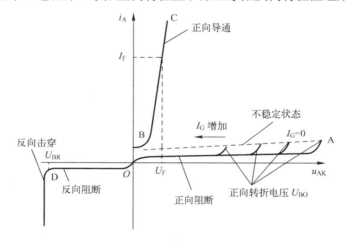

图 6-6　单向晶闸管的伏安特性

① 正向特性。

● 正向阻断状态。若控制极不加信号，即 $I_G=0$，阳极加正向电压 U_{AK}，晶闸管将呈现很大电阻，处于正向阻断状态，如图中的 OA 段所示。

● 负阻状态。当正向阳极电压进一步增加到某一值后，J_2 结发生击穿，正向导通电压迅速下降，出现了负阻特性，见曲线的 AB 段，此时的正向阳极电压称为正向转折电压，用 U_{BO} 表示。这种不是由控制极控制的导通称为误导通，晶闸管在使用中应避免误导通产生。在晶闸管阳极与阴极之间加上正向电压的同时，控制极所加正向触发电流 I_G 越大，晶闸管由阻断状态转为导通所需的正向转折电压就越小，伏安特性曲线向左移。

● 触发导通状态。晶闸管导通后的正向特性如图中的 BC 段所示，与二极管的正向特性相似，即通过晶闸管的电流很大，而导通压降却很小，约为 1V。

② 反向特性。

● 反向阻断状态。晶闸管加反向电压后，处于反向阻断状态，如图中的 OD 段所示，与二极管的反向特性相似。

● 反向击穿状态。当反向电压增加到 U_{BR} 时，PN 结被击穿，反向电流急剧增加，造成永久性损坏。

（2）晶闸管的主要参数。

① 晶闸管的电压参数。

● 正向转折电压 U_{BO}：额定结温（100A 以上为 115℃，50A 以下为 100℃）和门极开路的条件下，阳极和阴极间加正弦半波正向电压，使器件由阻断状态发生正向转折变成导通状态所对应的电压峰值。

● 断态重复峰值电压 U_{DRM}：指门极开路，晶闸管结温为额定值，允许重复施加在晶闸管上的正向峰值电压。重复频率为每秒 50 次，每次持续时间不大于 10ms，其值为

$$U_{DRM} = U_{BO}-100V$$

● 反向转折电压 U_{BR}：就是反向击穿电压。

● 反向重复峰值电压 U_{RRM}：指门极开路，晶闸管结温为额定值，允许重复施加在晶闸管上的反向峰值电压，其值为

$$U_{RRM} = U_{BR} -100V$$

● 额定电压 U_T：通常用 U_{DRM} 和 U_{RRM} 中的较小者，再取相应于标准电压等级中偏小的电压值作为晶闸管的标称额定电压。在 1000V 以下，每 100V 一个等级；在 1000～3000V，则是每 200V 一个等级。为了防止工作中的晶闸管遭受瞬态过电压的损害，通常取电压安全系数为 2～3，例如，器件在工作电路中可能承受到的最大瞬时值电压为 U_{TM}，则取额定电压 U_T=（2～3）U_{TM}。

● 通态正向平均电压 U_F：在规定的环境温度和标准散热条件下，器件正向通过正弦半波额定电流时，其两端的电压降在一周期内的平均值，又称管压降，其值在 0.6～1.2V 之间。

② 晶闸管的电流参数。

● 通态平均电流 I_F：指在环境温度为+40℃和规定的冷却条件下，晶闸管在电阻性负载的单相工频正弦半波电路中，导通角不小于 170°，稳定结温不超过额定值时所允许的最大平均电流，并按标准取其整数值作为该元件的额定电流。反映晶闸管元件所允许的有效值电流，等于电流波形系数（电流波形系数 K_f 定义为电流有效值与电流平均值之比）和通态平均电流 I_F 之乘积，例如，一个额定电流 I_F=100A 的晶闸管，其允许的有效值电流为 157A。

● 维持电流 I_H：指在室温和门极开路时，逐渐减小导通状态下晶闸管的阳极电流，最后能维持晶闸管持续导通所必需的最小阳极电流，结温越高，维持电流 I_H 越小，晶闸管越难关断。

● 擎住电流 I_L：指晶闸管触发后，刚从正向阻断状态转入导通状态，在立刻撤出门极触发信号后，能维持晶闸管导通状态所需要的最小阳极电流。晶闸管的擎住电流 I_L 通常是其维持电流的 2～4 倍。

③ 晶闸管的控制极参数。

● 门极触发电流 I_G：在室温下，晶闸管施加 6V 的正向阳极电压时，使元件从正向阻断

到完全导通所必需的最小门极电流。

● 门极触发电压 U_G：指产生门极触发电流 I_G 所必需的最小门极电压。

3. 双向晶闸管

双向晶闸管是在普通晶闸管的基础上发展起来的，它不仅能代替两个反极性并联的晶闸管，而且仅使用一个触发电路，是目前比较理想的交流开关器件。小功率双向晶闸管一般用塑料封装，有的还带小散热板，其外形如图 6-7 所示。

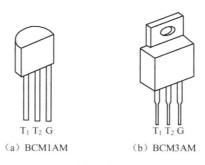

（a）BCM1AM　　　　　（b）BCM3AM

图 6-7　小功率双向晶闸管的外形

双向晶闸管的结构如图 6-8（a）所示，为 NPNPN 三层结构，三个电极分别是 T_1、T_2、G。因该器件可以双向导通，故控制极 G 以外的两个电极统称为主端子，用 T_1、T_2 表示，不再划分成阳极和阴极。其特点是，当 G 极和 T_2 极相对于 T_1 的电压均为正时，T_2 是阳极，T_1 是阴极。反之，当 G 极和 T_2 极相对于 T_1 的电压均为负时 T_1 变为阳极，T_2 为阴极。双向晶闸管的电路符号如图 6-8（b）所示，文字符号用 SCR、KS、V 等表示，本书用 VT 表示。

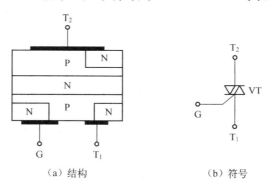

（a）结构　　　　　　　（b）符号

图 6-8　双向晶闸管的结构与符号

图 6-9 是它的伏安特性。显然，它具有比较对称的正反向伏安特性。第一象限的曲线表明，T2 极的电压高于 T_1 极的电压，称之为正向电压，用 U_{21} 表示。若控制极加正极性触发信号（$I_G>0$），则晶闸管被触发导通，电流方向是从 T_2 流向 T_1；第三象限的曲线表明，T_1 极的电压高于 T_2 极的电压，称之为反向电压，用 U_{12} 表示。若控制极加负极性触发信号（$I_G<0$），则晶闸管也被触发，电流方向是从 T_1 流向 T_2。由此可见，双向晶闸管只用一个控制极，就可以控制它的正向导通和反向导通了。双向晶闸管不管控制极电压极性如何，它都可能被触发导通，这个特点是普通晶闸管所没有的。

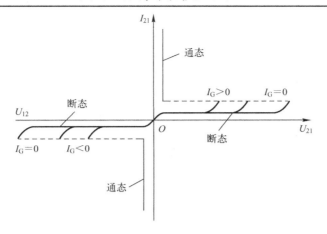

图 6-9　双向晶闸管的伏安特性

4. 用万用表检测双向晶闸管电极与触发能力

1）判定 T_2 极

由图 6-8（a）可见，G 极与 T_1 极靠近，距 T_2 极较远。因此，G、T_1 之间的正、反向电阻很小。在用万用表的"R×1"挡测任意两脚之间的电阻时，只有 G、T_1 之间显现低阻，正、反电阻仅为几十欧。而 T_2、G 和 T_2、T_1 之间的正、反向电阻均为无穷大。这表明，如果测出某脚和其他两脚都不通，则肯定是 T_2 极。

2）区分 G 极与 T1 极

（1）找出 T_2 极之后，首先假定剩下两脚中的某一脚为 T_1 极，另一脚为 G 极。

（2）用黑表笔接 T_1 极，红表笔接 T_2 极，电阻为无穷大。接着用红表笔尖把 T_2 与 G 短路并给 G 加上负触发信号，电阻值应为 10Ω 左右 [见图 6-10（a）]，证明管子已经导通，导通方向为 $T_1 \rightarrow T_2$。再将红表笔尖与 G 极脱开（但仍接 T_2），如果临时性阻值保持不变，表明管子在触发之后能维持导通状态 [见图 6-10（b）]。

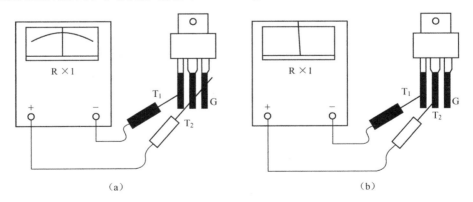

图 6-10　区分 G 极和 T_1 极的方法

（3）用红表笔接 T_1 极，黑表笔接 T_2 极，然后使 T_2 与 G 短路，给 G 极加上正触发信号，电阻值仍为 10Ω 左右，与 G 极脱开后若阻值不变，则说明管子经触发后，在 $T_2 \rightarrow T_1$ 方向上也能维持导通状态，因此具有双向触发性质。由此证明上述假定正确。否则假定与实际不符，需重新做出假定，重复以上测量。显然，在识别 G、T_1 的过程中，也就检查了双向晶闸管的触发能力。

6.1.2　晶闸管的应用电路

晶闸管是电子线路中最常用的器件，是一种非线性电子器件，由于其具有单向导电性，故广泛应用于整流、检波、限幅、开关、稳压等场合。

1. 单向半波可控整流电路

1）电路组成

用晶闸管替代单相半波整流电路中的二极管就构成了单相半波可控整流电路，如图 6-11（a）所示。

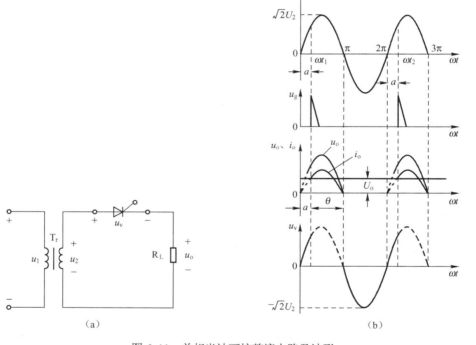

图 6-11　单相半波可控整流电路及波形

2）工作原理

设 $u_2 = \sqrt{2}\,U_2 \sin \omega t$。电路各点的波形如图 6-11（b）所示。

在 u_2 正半周，晶闸管承受正向电压，但在 $0 \sim \omega t_1$ 期间，因控制极未加触发脉冲，故不导通，负载 R_L 上没有电流流过，负载两端电压 $u_o = 0$，晶闸管承受 u_2 的全部电压。

在 $\omega t_1 = \alpha$ 时刻，触发脉冲加到控制极，晶闸管导通，由于晶闸管导通后的管压降很小，约为 1V，与 u_2 的大小相比可忽略不计，因此在 $\omega t_1 \sim \pi$ 期间，负载两端的电压与 u_2 相似，并有相应的电流流过。

当交流电压 u_2 过零值时，流过晶闸管的电流小于维持电流，晶闸管自行关断，输出电压为零。

当交流电压 u_2 进入负半周时，晶闸管承受反向电压，无论控制极加不加触发电压，可控硅均不会导通，呈反向阻断状态，输出电压为零。当下一个周期来临时，电路将重复上述过程。

通过控制极电压 u_g 使晶闸管开始导通的角度 α 称为控制角，$\theta=\pi-\alpha$ 称为导通角，如图 6-11（b）所示。 显然，控制角 α 越小，导通角 θ 就越大，当 $\alpha=0$ 时，导通角 $\theta=\pi$，称为全导通。α 的变化范围为 $0\sim\pi$。

由此可见，改变触发脉冲加入时刻就可以控制晶闸管的导通角，负载上的电压平均值也随之改变，α 增大，输出电压减小，反之，α 减小，输出电压增加，从而达到可控整流的目的。

3）输出直流电压和电流

由图 6-11（b）可知，负载电压 u_o 是正弦半波的一部分，在一个周期内，其平均值为

$$U_o = \frac{1}{2\pi}\int_a^\pi \sqrt{2}U_2 \sin\omega t \, \mathrm{d}(\omega t) -$$
$$\frac{\sqrt{2}}{2\pi}U_2(1+\cos\alpha)$$
$$= 0.45U_2\left(\frac{1+\cos\alpha}{2}\right)$$

当 $\alpha=0$，$\theta=\pi$ 时，晶闸管全导通，相当于二极管单相半波整流电路，输出电压平均值最大可至 $0.45U_2$，当 $\alpha=\pi$，$\theta=0$ 时，晶闸管全阻断，$U_0=0$。

负载电流的平均值为

$$I_o = \frac{U_o}{R_L} = 0.45U_2\frac{1+\cos\alpha}{2R_L}$$

4）晶闸管上的电压和电流

由图 6-11（b）可以看出，晶闸管上所承受的最高正向电压为

$$U_{VM} = \sqrt{2}U_2$$

晶闸管上承受的最高反向电压为

$$U_{RM} = \sqrt{2}U_2$$

据晶闸管额定电压的取值要求，晶闸管的额定电压应取其峰值电压的 2～3 倍。如果输入交流电压为 220V，则

$$U_{VM} = U_{RM} = \sqrt{2}U_2 = 311V$$

因此应选额定电压为 600V 以上的晶闸管。

流过晶闸管的平均电流为

$$I_V = I_o$$

额定电流为

$$I_F \geqslant (1.5 \sim 2)I_V$$

2. 单向半控桥式整流电路

1）电路组成

将二极管桥式整流电路中的两个二极管用两个晶闸管替换，就构成了半控桥式整流电

路，如图 6-12（a）所示。

2）工作原理

设 $u_2=U_2 \sin \omega t$，电路各点的波形如图 6-12（b）所示。

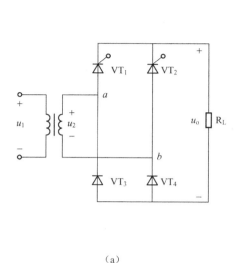

（a）

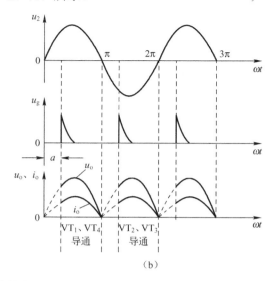

（b）

图 6-12　单相半控桥式整流电路及波形

在 u_2 的正半周，a 端为正电压，b 端为负电压时，VT$_1$ 和 VT$_4$ 承受正向电压，当 $\omega t=\alpha$ 时触发晶闸管 VT$_1$ 使之导通，其电流回路为：电源 a 端→VT$_1$→R$_L$→VT$_4$→电源 b 端。若忽略 VT$_1$、VT$_4$ 的正向压降，输出电压 u_o 与 u_2 相等，极性为上正下负，这时 VT$_2$、VT$_3$ 均承受反向电压而阻断。电源电压 u_2 过零时，VT$_1$ 阻断，电流为零。

在 u_2 的负半周，a 端为负，b 端为正，VT$_2$ 和 VT$_3$ 承受正向电压，当 $\omega t=\pi+\alpha$ 时触发 VT$_2$ 使之导通，其电流回路为：电源 b 端→VT$_2$→R$_L$→VT$_3$→电源 a 端，负载电压大小和极性与 u_2 在正半周时相同，这时 VT$_1$ 和 VT$_4$ 均承受反向电压而阻断。当 u_2 由负值过零时，VT$_3$ 阻断，电流为零。在 u_2 的第二个周期内，电路将重复第一个周期的变化，如此重复下去。

3）输出电压和电流

由图 6-12（b）可见，半控桥式与半波整流电路相比，其输出电压的平均值要大 1倍，即

输出电流的平均值为

$$U_o = 0.9U_2 \frac{1+\cos\alpha}{2}$$

$$I_o = \frac{U_o}{R_L}$$

4）晶闸管上的电压和电流

由工作原理分析可知，晶闸管和二极管承受的最高反向工作电压及晶闸管可能承受的最大正向电压均等于电源电压的最大值，即

$$U_{VM} = \sqrt{2}U_2$$

$$U_{RM} = \sqrt{2}U_2$$

流过每个晶闸管和二极管电流的平均值等于负载电流的一半，即

$$I_V = \frac{1}{2}I_o$$

技能训练：自动调光台灯电路的连接

1．训练目的

（1）掌握用万用表检测单向晶闸管的管脚和质量的方法。

（2）熟悉自动调光台灯电路的检测及调试方法。

2．训练器材

（1）测试的仪器仪表：万用表、双踪示波器、模拟电子实验台。

（2）配套电子元件及材料：二极管 1N4004×1、二极管 1N4148×1、晶闸管 BT169×1、电阻 100kΩ×1、电阻 62kΩ×1、电位器 200kΩ×1、瓷片电容 0.022μF、整流桥 1 个、单刀双掷开关 1 个；连接导线若干。

3．训练内容及步骤

1）单向晶闸管极性及质量的判断

单向晶闸管的三个管脚可用指针式万用表的"R×1k"挡或"R×100"挡来判别。根据单向晶闸管的内部结构可知，G、K 之间相当于一个二极管，G 为二极管正极，K 为负极，因此分别测量各管脚之间的正、反向电阻，如果测得其中两个管脚的电阻较大（如 90kΩ），对调两表笔，再测这两个管脚之间的电阻，阻值又较小（如 2.5kΩ），这时万用表的黑表笔接的是 G 极，红表笔接的是 K 极，剩下的一个是 A 极。指针式万用表检测单向晶闸管示意图如图 6-13 所示。

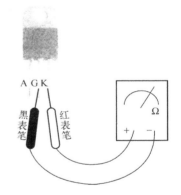

图 6-13　指针式万用表检测单向晶闸管示意图

测量时，将万用表置于"R×100"挡，将单向晶闸管其中一个管脚假定为控制极 G，与黑表笔相接，用红表笔分别接触另外两个脚。若有一次出现正向导通，则假定的控制极正确，而导通那次红表笔所接的管脚是阴极 K，另一极则是阳极 A。如果两次均不导通，则说明假定的不是控制极，可重新设定一脚为控制极。

在正常情况下，单向晶闸管的控制极 G 与阴极 K 之间是一个 PN 结，具有 PN 结特性，而控制极 G 与阳极 A 之间、阳极 A 与阴极 K 之间存在反向串联的 PN 结，故其间电阻值均为无穷大。如果 G、K 之间的正、反向电阻都等于零，或 G、A 和 A、K 之间的正、反向电阻都很小，说明单向晶闸管内部击穿短路。如果 G、K 之间的正、反向电阻都为无穷大，则说明单向晶闸管内部断路。

将万用表置于"R×1"挡，红表笔接阴极 K，黑表笔接阳极 A，在黑表笔接 A 的瞬间碰触控制极 G（给 G 加上触发信号），万用表指针向右偏转，说明单向晶闸管已经导通。此

时即使断开黑表笔与控制极 G 的接触，单向晶闸管仍将继续保持导通。

2）单向晶闸管触发能力的判断

（1）对 1~10A 的晶闸管，可用万用表的"R×1"挡测量，红表笔接 A 极，黑表笔接 K 极，表针不动；然后在使红表笔与 A 极相接的情况下，同时与控制极 G 接触。此时可从万用表的指针上看到晶闸管的 A、K 之间的电阻值明显变小，指针停在几欧到十几欧处，晶闸管因触发处于导通状态。给 G 极一个触发电压后离开，仍保持红表笔接 A 极，黑表笔接 K 极，若晶闸管处于导通状态不变，则表明晶闸管是好的；否则，晶闸管可能是损坏的。其检测判断示意图如图 6-14 所示。

（2）对 10~100A 的晶闸管，其处于大电流状态的控制极触发电压、维持电流都应增大，万用表的"R×1"挡提供的电流低于维持电流，使得导通情况不良，此时可按图 6-14（c）所示增加可变电阻 W（阻值选取 200~390Ω）并和 1.5V 电池相串联。测量方法同（1）。

（3）对 100A 以上的晶闸管，其处于更大电流状态的控制极触发电压、维持电流也更大。此时可采用图 6-14（d）所示的电路进行测试，万用表置于直流电流 500mA 挡。测量方法同（1）。

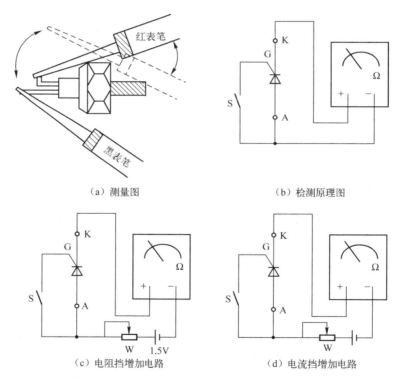

（a）测量图　　　　　　　　　　　（b）检测原理图

（c）电阻挡增加电路　　　　　　　　　（d）电流挡增加电路

图 6-14　单向晶闸管触发能力检测判断示意图

3）电路的搭接及调试

设计参考自动调光台灯电路如图 6-15 所示，当开关 S 打在手控位置时，调节 RP 电位器便会达到手动调光的目的。当开关 S 打在自动位置时，由 R_2 和光敏电阻 R_L 构成的分压电路通过二极管 VD_1 向 C 充电，改变 R_2 和 R_L 的分压便能改变单向晶闸管的导通角。当周围环境光线较暗时，R_L 呈现高阻态，使 C 的充电速度加快，VS 的导通角增大，灯泡 H 两端的电压升高，亮度增强。当周围环境亮度较强时，R_L 阻值减少，C 的充电速度变慢，VS 的导通角减小，灯泡 H 的亮度也就减弱了。

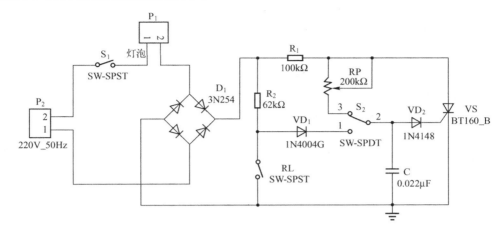

图 6-15　自动调光台灯电路原理图

4. 思考与讨论

（1）分析自动调光台灯电路中，如果把桥式整流换成半波整流，将会出现什么问题？

（2）电路中可以使用双向晶闸管吗？

任务2　认识继电器

继电器是根据输入电信号变化而接通或断开控制电路，实现自动控制和保护的自动电器，它是自动化设备中的主要元件之一，起到操作、调节、安全保护及监督设备工作状态等作用。继电器的输入量既可以是电流、电压等电量，也可以是温度、时间、速度、压力等非电量，而输出则是触点的动作或电路参数的变化。因此从广义的角度说，继电器是一种由电、磁、声、光等输入物理参量控制的开关。继电器不直接控制电流较大的主电路，而是通过接触器或其他电器对主电路进行控制。继电器具有结构简单、体积小、质量轻、反应灵敏、动作准确、工作可靠等特点。

基础知识

6.2.1　继电器的基础知识

1. 继电器的分类及型号命名

1）继电器的分类

继电器的分类方法有多种，按输入信号的性质可分为电压继电器、电流继电器、时间继电器、速度继电器、压力继电器等；按工作原理可分为电磁式继电器、电动式继电器、感应式继电器、热继电器和电子式继电器等；按输出方式可分为有触点式和无触点式；按用途可分为控制用与保护用继电器等；按继电器触点负载分类可分为微功率继电器、弱功率继电器、中功率继电器、大功率继电器；按继电器的外形尺寸分类可分为微型继电器、超小型继电器、小型继电器；按继电器的防护特征分类可分为密封继电器、封闭式继电器、敞开式继电器。

常用的继电器有电磁继电器、固态继电器、温度继电器、时间继电器、光电继电器等。

2）继电器的型号命名

国产继电器的型号命名由五部分组成：第一部分用字母表示继电器的主称类型，第二部分用字母表示产品分类，第三部分用字母表示继电器的形状特征，第四部分用数字表示序号，第五部分用字母表示继电器的防护特性。

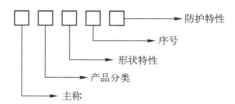

继电器的文字符号都是"K"。有时为了区别，交流继电器用"KA"，电磁继电器和舌簧继电器可以用"KR"，时间继电器可以用"KT"。具体含义如表6-1所示。

表6-1 继电器型号命名含义

第一部分 主称		第二部分 产品分类		第三部分 形状特征		第四部分 序号	第五部分 防护特性	
符号	意义	符号	意义	符号	意义		符号	意义
J	继电器	R	小功率	X	小型	用数字表示产品序号	F	封闭式
		Z	中功率	C	超小型		M	密封式
		Q	大功率	W	微型			
		C	电磁					
		V	温度					
		S	时间					
		A	舌簧					
		M	脉冲					
		J	特种					

国内继电器的型号一般由主称代号、产品分类、形状特征、短划线、序号和防护特性几部分组成。例如，JRX-13F 表示封闭式小功率小型继电器；JZC-3F 表示封闭式中功率超小型继电器。

2. 继电器的应用环境条件

气候应力作用要素主要指温度、湿度、大气压力（海拔高度）、沿海大气（盐雾腐蚀）、砂尘污染、化学气体和电磁干扰等要素。考虑到控制系统在全国各地各行业及自然环境的普遍适用性，兼顾必须长年累月可靠运行的特殊性，系统关键部位必须选用具有高绝缘、强抗电性能的全密封型（金属罩密封或塑封型，金属罩密封产品优于塑封产品）继电器产品。因为只有全密封继电器才具有优良的长期耐受恶劣环境性能、良好的电接触稳定、可靠性和稳定的切换负载能力（不受外部气候环境影响）。

1）温度对继电器的影响

继电器是怕热元件，高温可加速继电器内部塑料及绝缘材料的老化、触点氧化腐蚀、熄弧困难、电参数变坏，使其可靠性降低，因此要求设计时使继电器不要靠近发热元件，并有良好的通风散热条件。

继电器虽然是怕热元件，但对过低的温度（如军用航空条件-55℃）也不能忽视。低温可使触点冷粘作用加剧，触点表面起露，衔铁表面产生冰膜，使触点不能正常转换，尤其是小功率继电器更为严重。试验证明，对于有些按部标生产的国产小功率继电器，虽然使用条件规定低温为-55℃，但实际上在此条件下继电器根本无法进行正常转换，建议在选择时要留有充分的余量。对于重要的军用电子整机，建议选用国军标产品。

2）低气压对继电器的影响

在低气压条件下，继电器散热条件变坏，线圈温度升高，使继电器给定的吸合、释放参数发生变化，影响继电器的正常工作；低气压还可使继电器的绝缘电阻降低、触点熄弧困难，容易使触点烧熔，影响继电器的可靠性。对于使用环境较恶劣的条件，建议采用整机密封的办法。

3）机械应力对继电器的影响

机械应力主要指振动、冲击、碰撞等应力作用要素。对控制系统主要考虑的是抗地震应力作用、抗机械应力作用能力，宜选用采用平衡衔铁机构的小型中间继电器。电磁继电器的簧片均为悬梁结构，固有频率低，振动和冲击可引起谐振，导致继电器触点压力下降，容易产生瞬间断开或触点出现抖动，严重时可造成结构损坏，可动的衔铁部分可产生误动作，影响继电器的可靠性。建议在设计中尽量采取防振措施以防产生谐振。

4）绝缘耐压

非密封或密封继电器的引出端外露绝缘子长期受尘埃、水气污染，导致其绝缘强度下降，在切换感性负载时的过电压作用下，易引起绝缘击穿失效。针对继电器绝缘的固有特性，在选型时必须依据继电器的以下技术特性。

足够的爬电距离：一般要求＞3mm（工作 AC 220V）。

足够的绝缘强度：无电气联系的导体之间＞AC 2000V（工作 AC 220V），同组触点之间＞AC 1000V。

足够的负载能力：DC 220V 感性；5～40ms，＞50W。

长期耐受气候应力的能力：线圈防霉断、绝缘抗电水平长期稳定可靠。

3. 电磁继电器

电磁继电器是利用输入电路内的电路在电磁铁铁芯与衔铁间产生的吸力作用而工作的一种电气继电器。在低压控制系统中采用的继电器大部分是电磁继电器。电磁继电器触点的接触电阻很小，结构简单、工作可靠、价格低廉、使用维护方便，广泛地用在控制系统中。

如图 6-16 所示为几种常用电磁式继电器的外形图。

图 6-16　电磁式继电器的外形图

1）电磁继电器的结构及工作原理

电磁继电器由电磁机构和触头系统两个主要部分组成。电磁机构由线圈 1、铁芯 2、衔铁 7 组成。触头系统的触点都接在控制电路中，且电流小。它的触点一般为桥式触点，有动合和动断两种形式。另外，为了实现继电器动作参数的改变，继电器一般还具有改变弹簧松紧和改变衔铁打开后气隙大小的装置，即反作用调节螺钉 6。电磁继电器的典型结构如图 6-17 所示。

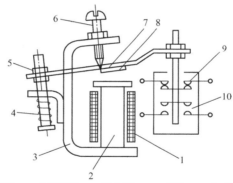

1—线圈；2—铁芯；3—磁轭；4—弹簧；5—调节螺母；6—调节螺钉；7—衔接；8—非磁性垫片；9—动断触点；10—动合触点

图 6-17　电磁继电器结构示意图

当通过电流线圈 1 的电流超过某一定值时，电磁吸力大于反作用弹簧力，衔铁 7 吸合并带动绝缘支架动作，使动断触点 9 断开，动合触点 10 闭合。通过调节螺钉 6 来调节反作用力的大小，即调节继电器的动作参数值。

电磁继电器按吸引线圈电流的类型，可分为直流电磁式继电器和交流电磁式继电器；按其在电路中的连接方式，可分为电流继电器（过电流继电器、欠电流继电器）、电压继电器（过电压继电器、欠电压继电器）和中间继电器等。

2）继电特性

继电器的主要特性是输入/输出特性，又称继电特性。继电特性曲线如图 6-18 所示。当继电器输入量 X 由零增至 X_0 以前，

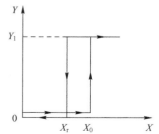

图 6-18　继电特性曲线

继电器输出量 Y 为零。当输入量 X 增加到 X_0 时，继电器吸合，输出量为 Y_L；若 X 继续增大，Y 保持不变。当 X 减小到 X_r 时，继电器释放，输出量由 Y_L 变为零，若 X 继续减小，Y 值均为零。

3）电磁继电器的主要参数

额定工作电压：继电器正常工作时加在线圈上的直流电压或交流电压有效值。它随型号的不同而不同。

吸合电压或吸合电流：继电器能够产生吸合动作的最小电压或最小电流。

直流电阻：线圈绕组的电阻值。

释放电压或电流：继电器由吸合状态转换为释放状态所需的最大电压或电流值，一般为吸合值的 1/10 至 1/2。

触点负荷：继电器触点允许的电压、电流值。

一般继电器的触点负荷如表 6-2 所示。

表 6-2　继电器触点负荷

功率级别	微功率	小功率	中功率	大功率
触点负荷	<0.2A（接通电压<28V）	0.5～1A	2～5A	10～20A

4. 固态继电器

固态继电器（Solid State Relays，SSR）是一种无触点电子开关，由分立元器件、膜固定电阻网络和芯片，采用混合工艺组装来实现控制回路（输入电路）与负载回路（输出电路）的电隔离及信号耦合，由固态器件实现负载的通断切换功能，内部无任何可动部件。尽管市场上的固态继电器型号规格繁多，但它们的工作原理基本上是相似的。固态继电器主要由输入(控制)电路、驱动电路和输出（负载）电路三部分组成。

固态继电器的输入电路是为输入控制信号提供一个回路，使之成为固态继电器的触发信号源。固态继电器的输入电路多为直流输入，个别的为交流输入。直流输入电路又分为阻性输入和恒流输入。阻性输入电路的输入控制电流随输入电压呈线性的正向变化。恒流输入电路在输入电压达到一定值时，电流不再随电压的升高而明显增大，这种继电器可适用于相当宽的输入电压范围。

"SSR"是表示固态继电器的字母符号。固态继电器是一种无机械触点的电子开关器件，它的电路符号如图 6-19 所示。

图 6-19　固态继电器电路符号

1）固态继电器的结构及工作原理

SSR 按使用场合可以分成交流型和直流型两大类，它们分别在交流或直流电源上做负载的开关。如图 6-20 所示是交流型固态继电器的工作原理框图。

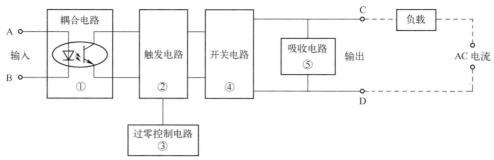

图 6-20　交流型固态继电器的工作原理框图

图 6-20 中的部件①～④构成交流 SSR 的主体，从整体上看，SSR 只有两个输入端（A 和 B）及两个输出端（C 和 D），是一种四端器件。工作时只要在 A、B 上加上一定的控制信号，就可以控制 C、D 两端之间的"通"和"断"，实现"开关"的功能，其中耦合电路的功能是为 A、B 端输入的控制信号提供一个输入/输出端之间的通道，但又在电气上断开 SSR 中输入端和输出端之间的（电）联系，以防止输出端对输入端的影响。耦合电路用的元件是"光耦合器"，它动作灵敏、响应速度高、输入/输出端间的绝缘（耐压）等级高；由于输入端的负载是发光二极管，使得 SSR 的输入端很容易做到与输入信号电平相匹配，在使用时可直接与计算机输出接口相接，即受"1"与"0"的逻辑电平控制。触发电路的功能是产生合乎要求的触发信号，驱动开关电路④工作，但由于开关电路在不加特殊控制电路时，将产生射频干扰并以高次谐波或尖峰等污染电网，为此特设"过零控制电路"。所谓"过零"是指当加入控制信号，交流电压过零时，SSR 即为通态；而当断开控制信号后，要等到交流电的正半周与负半周的交界点（零电位）时，SSR 才为断态。这种设计能防止高次谐波的干扰和对电网的污染。吸收电路是为防止从电源中传来的尖峰、浪涌（电压）对开关器件双向可控硅管的冲击和干扰（甚至误动作）而设计的，一般采用"R–C"串联吸收电路或非线性电阻（压敏电阻器）。

直流型的 SSR 与交流型的 SSR 相比，无过零控制电路，也不必设置吸收电路，开关器件一般采用大功率开关三极管，其他工作原理相同。不过，直流型 SSR 在使用时应注意：①负载为感性负载时，如直流电磁阀或电磁铁，应在负载两端并联一个二极管，二极管的电流应等于工作电流，电压应大于工作电压的 4 倍；②SSR 工作时应尽量靠近负载，其输出引线应满足负荷电流的需要；③使用电源是经交流降压整流所得的，其滤波电解电容应足够大。

2）固态继电器的特点

SSR 成功地实现了弱信号（V_{sr}）对强电（输出端负载电压）的控制。由于光耦合器的应用，使得控制信号所需的功率极低（约十余毫瓦就可正常工作），而且 V_{sr} 所需的工作电平与 TTL、HTL、CMOS 等常用集成电路兼容，可以实现直接连接。这使 SSR 在数控和自控设备等方面得到了广泛应用，在相当程度上可取代传统的"线圈-簧片触点式"继电器（简称"MER"）。

SSR 由于是由全固态电子元件组成的，与 MER 相比，它没有任何可动的机械部件，在工作中也没有任何机械动作；SSR 由电路的工作状态变换实现"通"和"断"的开关功能，没有电接触点，因此它有一系列 MER 不具备的优点，即工作可靠性高、寿命长、无动作噪声、耐振耐机械冲击、安装位置无限制、很容易用绝缘防水材料灌封做成全密封形式，而且具有良好的防潮防霉防腐性能，在防爆和防止臭氧污染方面的性能也极佳。

交流型 SSR 由于采用过零触发技术，因而可以安全地用在计算机输出接口上，不必为在接口上采用 MER 而产生的一系列对计算机的干扰而烦恼。

此外，SSR 还有能承受在数值上可达额定电流十倍左右的浪涌电流的特点。

虽然 SSR 的性能与电磁继电器相比有着很多的优越性，但它也存在一些弱点，如：**存在导通电阻**（几欧～几十欧）、**通态压降**（小于 2V）、**断态漏电流**（5～10mA）等，易发热损坏；截止时存在漏电阻，不能使电路完全分开；易受温度和辐射的影响，稳定性差；灵敏度高，易产生误动作；在需要联锁、互锁的控制电路中，保护电路的增设，使得成本上升、体积增大。

5. 舌簧继电器

舌簧继电器是利用密封在管内，具有触电簧片和衔铁磁路双重作用的舌簧动作来开、闭或转换线路的继电器。常见的有干簧继电器、湿簧继电器两类。

干簧继电器由一个或多个干式舌簧开关（又称干簧管）和励磁线圈（或永久磁铁）组成，如图 6-21 所示。

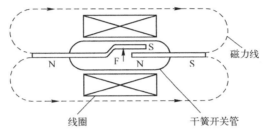

图 6-21 干簧继电器结构示意图

湿簧继电器是在干簧管内充入了水银和高压氢气，使触点被水银浸润而成为汞润触点，氢气不断地净化触点上的水银，使触点一直被纯净的汞膜保护着，如图 6-22 所示。

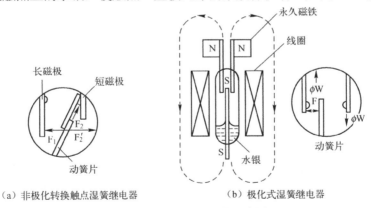

（a）非极化转换触点湿簧继电器　　　　（b）极化式湿簧继电器

图 6-22 湿簧继电器结构示意图

6.2.2 固态继电器的应用电路

1. 多功能控制电路

如图 6-23（a）所示为多组输出电路，当输入为"0"时，三极管 BG 截止，SSR₁、SSR₂、SSR₃ 的输入端无输入电压，各自的输出端断开；当输入为"1"时，三极管 BG 导通，SSR₁、SSR₂、SSR₃ 的输入端有输入电压，各自的输出端接通，因而达到了由一个输入端口控制多个输出端"通"、"断"的目的。

如图 6-23（b）所示为单刀双掷控制电路，当输入为"0"时，三极管 BG 截止，SSR_1 输入端无输入电压，输出端断开，此时 A 点电压加到 SSR_2 的输入端上（U_A-U_{DW} 应使 SSR_2 输出端可靠接通），SSR_2 的输出端接通；当输入为"1"时，三极管 BG 导通，SSR_1 输入端有输入电压，输出端接通，此时 A 点虽有电压，但 U_A-U_{DW} 的电压值已不能使 SSR_2 的输出端接通而处于断开状态，因而达到了"单刀双掷控制电路"的功能（注意：选择稳压二极管 DW 的稳压值时，应保证在导通的 SSR_1 "+"端的电压不会使 SSR_2 导通，同时又要兼顾到 SSR_1 截止时期"+"端的电压能使 SSR_2 导通）。

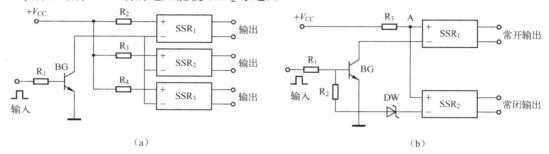

（a）　　　　　　　　　　　　　　　　　　　（b）

图 6-23　多功能控制电路

2. 用计算机控制电动机正反转的接口及驱动电路

如图 6-24 所示为计算机控制三相交流电动机正反转的接口及驱动电路，图中采用了 4 个与非门，用二个信号通道分别控制电动机的启动、停止和正转、反转。当改变电动机转动方向时，给出指令信号的顺序应是"停止—反转—启动"或"停止—正转—启动"。延时电路的最小延时不小于 1.5 个交流电源周期。其中 RD_1、RD_2、RD_3 为熔断器。当电动机允许时，可以在 $R_1 \sim R_4$ 位置接入限流电阻，以在两线间的任意两个继电器均误接通时，限制产生的半周线间短路电流不超过继电器所能承受的浪涌电流，从而避免烧毁继电器等事故，确保安全性；但副作用是正常工作时电阻上将产生压降和功耗。该电路建议采用额定电压为 660 V 或更高一点的 SSR 产品。

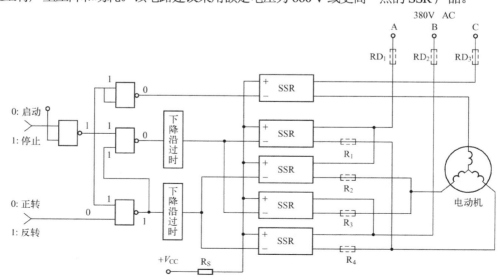

图 6-24　计算机控制三相交流电动机正反转的接口及驱动电路

技能训练：继电器延时断开电路

继电器是自动控制电路中的一种常用的开关元件，是一种可以用小电流或低电压来控制大电流或高电压的自动开关。本实验的重点是能正确识别和检测继电器，并能独立完成继电器控制电路的装配与调试。

1．训练目的

（1）掌握继电器的识别与检测方法（EDR201A05 干簧式继电器）。

（2）能正确连接电路。

（3）熟悉电路的检测及调试方法。

2．训练器材

555 定时器、发光二极管 LED×2、整流二极管 1N4007×1、继电器 1 个、NPN 型三极管 1 个、开关 1 个、R_1 电阻 200Ω×1、R_2 电阻 100Ω×1、R_3 电位器 100kΩ×1、R_4 电阻 200Ω×1、电解电容 100μF×1、瓷片电容 104×1、万用表、连接导线。

3．训练内容及步骤

1）发光二极管的检测

该内容在项目 1 中已有所述，此处用万用表检测发光二极管的质量，使用 "R×10k" 挡。采用 "R×10k" 挡时万用表内接有 9V 高压电池，高于管压降，因此可以用来检测发光二极管。

检测时，将两表笔分别与发光二极管的两条引线相连接，如果表针偏转过半（一般正向电阻为 15kΩ 左右），同时发光二极管中有一发亮光点，表示发光二极管是正向接入的，这时与黑表笔（与表内电池正极相连）相连接的是正极；与红表笔（与表内电池负极相连）相连接的是负极；再将两表笔对调后与发光二极管相连接，这时为反向接入，表针应不动，反向电阻为无穷大；如果不论正向接入还是反向接入，表针都偏转到头或都不动，则该发光二极管已损坏。

2）电路的搭接及调试

设计参考继电器延时断开电路如图 6-25 所示，交流电源 U_2 选择 220V，负载灯泡选择 220V，其中 R_1=100Ω、R_2=100Ω 是发光二极管 LED$_1$ 和 LED$_2$ 的限流电阻，发光二极管 LED$_1$ 支路为电源工作指示电路，发光二极管 LED$_2$ 支路为 555 定时器的工作指示电路。

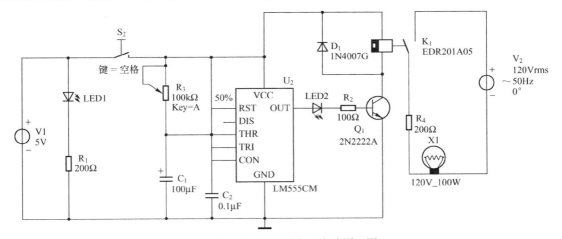

图 6-25　继电器延时断开电路原理图

① 观察 555 输出波形，判断定时电路是否正常工作：在 LED$_2$ 前断开，用示波器观察并记录定时器输出的 V$_1$ 波形，用万用表测量直流输出电压 V1，记入表 6-3 中。

② 然后将线路接通，观察并记录继电器的吸合情况，记入表 6-3 中。

表 6-3　继电器延时断开电路测试记录表

电路形式	定时输出	继电器吸合情况	灯泡亮灭情况
开关断开	$V_1=$		
开关闭合	$V_1=$		

4．思考与讨论

（1）限流电阻 R$_1$、R$_2$ 能否去掉，为什么？

（2）如果不要 D$_1$ 会发生什么情况？

项目实施：防割断报警器的设计、制作与调试

一、设计任务要求

该电路要求警戒线使用 0.1mm 直径的细漆包线，它具有隐蔽性，易被扯断，当有人碰撞或接触该漆包线时势必扯断细铜丝，电路就会报警。LED$_1$、LED$_2$ 选用 Φ5mm 的红色发光二极管，Q$_1$ 选用 S9014 型硅 NPN 晶体管，D$_1$ 选用 MC1R100-6 型晶闸管。R$_1$～R$_4$ 选用碳膜电阻器或金属膜电阻器，C$_1$ 选用独石电容器或涤纶电容器。

二、电路仿真设计与调试

1．电路设计

防割断报警器电路由触发控制电路、显示电路、开关电路及报警电路组成，基本电路框图如项目引导所示。设计电路也如项目引导所示。

2．利用 Multisim 仿真软件绘制出防割断报警仿真电路

采用 Multisim 软件绘图时，首先设置符号标准为"DIN"形式，然后单击菜单栏→选项→Global Preferences（首选项）→零件→符号标准→DIN，再按图 6-26 连接仿真电路。

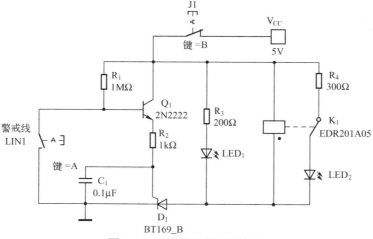

图 6-26　防割断报警仿真电路

3．输出电压、电流测试

运行仿真，将"仪器"工具栏里的测量探针，如图 6-27 所示，放置到 R_4 与 LED_2 的输出端测量输出电压电流，并记录参数。

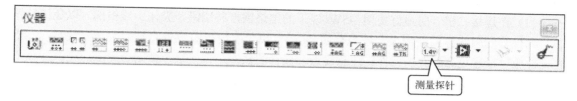

测量探针

图 6-27　Multisim 软件中的"仪器"工具栏

三、元件与材料清单

防割断报警电路元器件明细表如表 6-4 所示。

表 6-4　防割断报警电路元器件明细表

元件名称	元件序号	元件注释	封装形式	数量
继电器	K_1	SRD-05VDC-SL-C	EDRSeriesSMT	1
晶闸管	D_1	BT151-500R	TO-92	1
三极管	Q_1	9013	TO-18	1
瓷片电容	C_1	0.1μF	RAD-0.2	1
电阻	R_1	1M	AXIAL-0.4	1
电阻	R_2	1K	AXIAL-0.4	1
电阻	R_3	200	AXIAL-0.4	1
电阻	R_4	300	AXIAL-0.4	1
发光二级管	LED_1，LED_2	LED1	LED-1	2

四、PCB 的设计

防割断报警电路 PCB 设计图如图 6-28 所示。

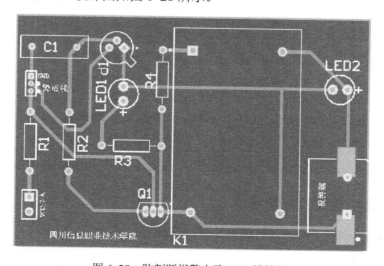

图 6-28　防割断报警电路 PCB 设计图

五、电路装配与调试

（1）在电路板上按照电路图要求组装焊接电路。在焊接之前应该用万用表对所有二极管等元器件进行检查。

（2）在焊接二极管时最好使用 45W 以下的电烙铁，并用镊子夹住引线根部，以免烫坏管芯。二极管的引线弯曲处应大于外壳端面 5mm，以免引线折断或外壳破裂。在安装时，二极管元件应尽量避免靠近发热元件。注意检查二极管的极性是否接反，否则会无法点亮。

（3）三极管、晶闸管、继电器在焊接时要注意正确分辨电极，不能接错。

（4）检查元器件焊接无误后，用万用表的"R×10"挡测试输出电压值，应该有 4.5V 左右。

（5）接通电源，警戒线没被割断时，电路板上的发光二极管不亮；警戒线被割断后发光二极管点亮，起到防盗作用。

 **项目考核**

项目任务考核要求及评分标准如表 6-5 所示。

表6-5　项目考核表

项目 6　防割断报警器的设计、制作与调试						
班级		姓名		学号	组别	
项目	配分	考核要求	评分标准		扣分	得分
电路分析	20	能正确分析电路的工作原理	分析错误，扣 5 分/处			
元件清点	10	10min 内完成所有元器件的清点、检测及调换	① 超出规定时间更换元件，扣 2 分/个 ② 检测数据不正确，扣 2 分/个			
组装焊接	20	① 工具使用正确，焊点规范 ② 元件的位置、连线正确 ③ 布线符合工艺要求	① 整形、安装或焊点不规范，扣 1 分/处 ② 损坏元器件，扣 2 分/个 ③ 错装、漏装元器件，扣 2 分/个 ④ 布线不规范，扣 1 分/处			
通电测试	20	直流输出电压约为 ±5V（或 ±9V）	① 直流无输出或输出偏差太大，扣 5 分 ② 不能正确使用测量仪器，扣 5 分/次			
故障分析检修	20	① 能正确观察出故障现象 ② 能正确分析故障原因，判断故障范围 ③ 检修思路清晰、方法得当 ④ 检修结果正确	① 故障现象观察错误，扣 2 分/次 ② 故障原因分析错误，或故障范围判断过大，扣 2 分/次 ③ 检修思路不清，方法不当，扣 2 分/次；仪表使用错误，扣 2 分/次 ④ 检修结果错误，扣 2 分/次			
安全、文明工作	10	① 安全用电，无人为损坏仪器、元件和设备 ② 操作习惯良好，能保持环境整洁，小组团结协作 ③ 不迟到、早退、旷课	① 发生安全事故，或人为损坏设备、元器件，扣 10 分 ② 现场不整洁、工作不文明，团队不协作，扣 5 分 ③ 不遵守考勤制度，每次扣 2～5 分			
合计						

 项目拓展：可调速吸尘器

一、设计任务要求

使用可控硅元件构成调速电路，能根据需要控制电机转速，以调整管道吸力的大小。

二、电路设计及调试

根据设计要求可选用双向晶闸管 BT139 并配以双向二极管 ECG6411，设计原理详见本章 6.1.1 节有关双向晶闸管的内容，设计电路如图 6-29 所示。图中的 C_1 与 L_1 是为抑制调速电路产生的射频干扰而设置的，当开关闭合接通电源后，由可控硅构成的调速电路能根据需要控制电机转速以调整吸尘器管道吸力的大小。

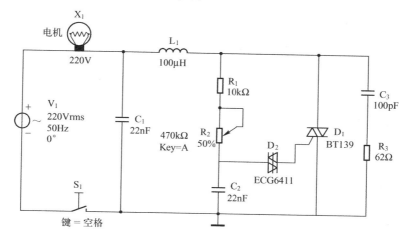

图 6-29 可调速吸尘器仿真电路原理图

自行用仿真软件按图 6-29 搭接电路，并运行仿真测试输出电压，验证设计结果。

二、元件与材料清单

可调速吸尘器元器件明细表如表 6-6 所示。

表 6-6 可调速吸尘器元器件明细表

元件名称	元件序号	元件注释	封装形式	数量
双向晶闸管	D_1	BT139		1
双向二极管	D_2	ECG6411		1
电感	L_1	100μH	DIODE-0.4	1
瓷片电容	C_1、C_2	22nF/50V	RAD-0.2	2
瓷片电容	C_3	100pF/50V	RAD-0.2	1
电位器	RP_1	470kΩ	HDR1×3	1
电阻	R_1	10kΩ	AXIAL-0.4	1
	R_2	62	AXIAL-0.4	1

三、电路装配与调试

（1）用万用表对双向晶闸管进行检查。在电路板上按照电路图要求组装焊接电路。

（2）双向晶闸管在焊接时要注意极性，不能接错。

（3）检查元器件焊接无误后，用万用表的"R×10"挡测试电源输出正、负极之间的电阻值，应该有几十至几百欧姆（不能为0）。

（4）将变压器的电源插头插到 220V 的交流电源插座上，电路板上的发光二极管点亮，表明电源接通，有输出电压。

（5）指标测试。

① 将万用表的直流电压挡接在电源输出端上，调节电位器，测试电压输出范围是否正确。

② 测试稳压器输入、输出端的电压差是否大于 3V。

③ 纹波电压的测量：将稳压电源的输出通过电容器接至交流毫伏表，读出交流毫伏表的指示值即为输出电压中的纹波电压有效值。

 项目习题

6.1　选择题

（1）晶闸管的关断条件是（　　　）。

　　A. 加反向电压

　　B. 阳极加反向电压或降低正向阳极电压使流过晶闸管的电流小于维持电流

　　C. 去掉门极控制电压

（2）晶闸管导通以后，其电流决定于（　　　）。

　　A. 晶闸管的压降

　　B. 所加阳极正向电压和负载的大小

　　C. 门极控制电压大小

（3）单相半波可控整流电路，接电阻性负载，触发延迟角 $\alpha=60°$，晶闸管导通角 θ 等于（　　　）。

　　A. 180°　　　　　　　　　B. 120°　　　　　　　　　C. 240°

（4）单相半波可控整流电路，接电感性负载，加接续流二极管的目的是（　　　）。

　　A. 减小晶闸管的导通角

　　B. 使负载上的平均电压值提高，同时防止失控

　　C. 负载电流连续

6.2　填空题

（1）晶闸管既有单向导电的作用，又有可以控制_____导通时间的作用。

（2）普通晶闸管有三个电极，即_____极、_____极和_____极。

（3）晶闸管正向导通的条件是_____，关断的条件是_____。

（4）晶闸管被触发导通后，要使晶闸管阻断必须把正向阳极电压减小到一定大小，使阳极电流小于_____电流；或者在阳极和阴极间加电压_____。

（5）在晶闸管的参数中，U_G 表示_____，U_{DRM} 表示_____，I_H 表示_____，I_G 表示_____，U_F 表示_____。

（6）型号 KP 表示_____晶闸管；型号 KS 表示_____晶闸管。

6.3　晶闸管与普通二极管、三极管在控制作用上有什么区别？其导通与阻断的条件是什么？晶闸管导通后，通过晶闸管的电流大小与电路中的哪些参数有关？

6.4 分析图 6-30 中交流无触点开关的工作原理。图中的 R 为限流电阻，S 为微动开关或行程开关，R_L 为负载。

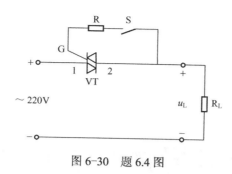

图 6-30 题 6.4 图

附录

常用半导体分立器件主要参数

1. 常用半导体二极管的主要参数

表1　部分半导体二极管的主要参数

类型	参数 型号	最大整流电流（mA）	正向电流（mA）	正向压降（在左栏电流值下）（V）	反向击穿电压（V）	最高反向工作电压（V）	反向电流（μA）	零偏压电容（pF）	反向恢复时间（ns）
普通检波二极管	2AP9	≤16	≥2.5	≤1	≥40	20	≤250	≤1	f_H(MHz)150
	2AP7		≥5		≥150	100			
	2AP11	≤25	≥10	≤1		≤10	≤250	≤1	f_H(MHz)40
	2AP17	≤15	≥10			≤100			
锗开关二极管	2AK1		≥150	≤1	30	10		≤3	≤200
	2AK2				40	20			
	2AK5		≥200	≤0.9	60	40		≤2	≤150
	2AK10		≥10	≤1	70	50			
	2AK13		≥250	≤0.7	60	40		≤2	≤150
	2AK14				70	50			
硅开关二极管	2CK70A～E		≥10	≤0.8	A≥30 B≥45 C≥60 D≥75 E≥90	A≥20 B≥30 C≥40 D≥50 E≥60		≤1.5	≤3
	2CK71A～E		≥20						≤4
	2CK72A～E		≥30					≤1	≤5
	2CK73A～E		≥50						
	2CK74A～D		≥100	≤1					
	2CK75A～D		≥150						
	2CK76A～D		≥200						
整流二极管	2CZ52B…H	2	0.1	≤1		25…600			同2AP普通二极管
	2CZ53B…M	6	0.3	≤1		50…1000			
	2CZ54B…M	10	0.5	≤1		50…1000			
	2CZ55B…M	20	1	≤1		50…1000			
	2CZ56B…B	65	3	≤0.8		25…1000			
	1N4001…4007	30	1	1.1		50…1000	5		
	1N5391…5399	50	1.5	1.4		50…1000	10		
	1N5400…5408	200	3	1.2		50…1000	10		

2. 常用整流桥的主要参数

表2 几种单相桥式整流器的主要参数

型号 \ 参数	不重复正向浪涌电流（A）	整流电流（A）	正向电压降（V）	反向漏电（μA）	反向工作电压（V）	最高工作结温（℃）
QL1	1	0.05	≤1.2	≤10	常见的分挡为：25，50，100，200，400，500，600，700，800，900，1000	130
QL2	2	0.1				
QL4	6	0.3				
QL5	10	0.5				
QL6	20	1				
QL7	40	2		≤15		
QL8	60	3				

3. 常用稳压二极管的主要参数

表3 部分稳压二极管的主要参数

型号 \ 参数	工作电流为稳定电流 稳定电压（V）	稳定电流（mA）	环境温度<50℃ 最大稳定电流（mA）	反向漏电流（μA）	稳定电流下 动态电阻（Ω）	稳定电流下 电压温度系数/10⁻⁴（℃）	环境温度<10℃ 最大耗散功率（W）
2CW51	2.5～3.5	10	71	≤5	≤60	≥-9	0.25
2CW52	3.2～4.5		55	≤2	≤70	≥-8	
2CW53	4～5.8		41	≤1	≤50	-6～4	
2CW54	5.5～6.5		38		≤30	-3～5	
2CW56	7～8.8		27		≤15	≤7	
2CW57	8.5～9.8		26	≤0.5	≤20	≤8	
2CW59	10～11.8	5	20		≤30	≤9	
2CW60	11.5～12.5		19		≤40	≤9	
2CW103	4～5.8	50	165	≤1	≤20	-6～4	1
2CW110	11.5～12.5	20	76	≤0.5	≤20	≤9	
2CW113	16～19	10	52	≤0.5	≤40	≤11	
2CW1A	5	30	240		≤20		1
2CW6C	15	30	70		≤8		1
2CW7C	6.0～6.5	10	30		≤10	0.05	0.2

4. 常用半导体三极管的主要参数

1）3AX51（3AX31）型 PNP 型锗低频小功率三极管

表4　3AX51（3AX31）型 PNP 型锗低频小功率三极管的参数

原型号		3AX31				测试条件
新型号		3AX51A	3AX51B	3AX51C	3AX51D	
极限参数	P_{CM}(mW)	100	100	100	100	T_a=25℃
	I_{CM}(mA)	100	100	100	100	
	T_{jM}(℃)	75	75	75	75	
	U_{CBO}(V)	≥30	≥30	≥30	≥30	I_C=1mA
	U_{CEO}(V)	≥12	≥12	≥18	≥24	I_C=1mA
直流参数	I_{CBO}(μA)	≤12	≤12	≤12	≤12	U_{CB}=−10V
	I_{CEO}(μA)	≤500	≤500	≤300	≤300	U_{CE}=−6V
	I_{EBO}(μA)	≤12	≤12	≤12	≤12	U_{EB}=−6V
	h_{FE}	40～150	40～150	30～100	25～70	U_{CE}=−1V I_C=50mA
交流参数	f_α(kHz)	≥500	≥500	≥500	≥500	U_{CB}=−6V I_E=1mA
	N_F(dB)	—	≤8	—	—	U_{CB}=−2V I_E=0.5mA f=1kHz
	h_{ie}(kΩ)	0.6～4.5	0.6～4.5	0.6～4.5	0.6～4.5	V_{CB}=−6V I_E=1mA f=1kHz
	h_{re}(×10)	≤2.2	≤2.2	≤2.2	≤2.2	
	h_{oe}(μs)	≤80	≤80	≤80	≤80	
	h_{fe}	—	—	—	—	

2）3AX81 型 PNP 型锗低频小功率三极管

表5　3AX81 型 PNP 型锗低频小功率三极管的参数

型号		3AX81A	3AX81B	测试条件
极限参数	P_{CM}(mW)	200	200	
	I_{CM}(mA)	200	200	
	T_{jM}(℃)	75	75	
	U_{CBO}(V)	−20	−30	I_C=4mA
	U_{CEO}(V)	−10	−15	I_C=4mA
	U_{EBO}(V)	−7	−10	I_E=4mA
直流参数	I_{CBO}(μA)	≤30	≤15	U_{CB}=−6V
	I_{CEO}(μA)	≤1000	≤700	U_{CE}=−6V
	I_{EBO}(μA)	≤30	≤15	U_{EB}=−6V
	U_{BES}(V)	≤0.6	≤0.6	U_{CE}=−1V I_C=175mA
	U_{CES}(V)	≤0.65	≤0.65	$U_{CE}=U_{BE}$ U_{CB}=0 I_C=200mA
	h_{FE}	40～270	40～270	U_{CE}=−1V I_C=175mA
交流参数	f_β(kHz)	≥6	≥8	U_{CB}=−6V I_E=10mA

3）3BX31 型 NPN 型锗低频小功率三极管

表6　3BX31型NPN型锗低频小功率三极管的参数

	型号	3BX31M	3BX31A	3BX31B	3BX31C	测试条件
极限参数	P_{CM}(mW)	125	125	125	125	T_a=25℃
	I_{CM}(mA)	125	125	125	125	
	T_{jM}(℃)	75	75	75	75	
	U_{CBO}(V)	−15	−20	−30	−40	I_C=1mA
	U_{CEO}(V)	−6	−12	−18	−24	I_C=2mA
	U_{EBO}(V)	−6	−10	−10	−10	I_E=1mA
直流参数	I_{CBO}(μA)	≤25	≤20	≤12	≤6	U_{CB}=6V
	I_{CEO}(μA)	≤1000	≤800	≤600	≤400	U_{CE}=6V
	I_{EBO}(μA)	≤25	≤20	≤12	≤6	U_{EB}=6V
	U_{BES}(V)	≤0.6	≤0.6	≤0.6	≤0.6	U_{CE}=6V　I_C=100mA
	U_{CES}(V)	≤0.65	≤0.65	≤0.65	≤0.65	U_{CE}=U_{BE}　U_{CB}=0　I_C=125mA
	h_{FE}	80～400	40～180	40～180	40～180	U_{CE}=1V　I_C=100mA
交流参数	f_β(kHz)	—	—	≥8	f_α≥465	U_{CB}=−6V　I_E=10mA

4）3DG100(3DG6)型NPN型硅高频小功率三极管

表7　3DG100(3DG6)型NPN型硅高频小功率三极管的参数

	原型号	3DG6				测试条件
	新型号	3DG100A	3DG100B	3DG100C	3DG100D	
极限参数	P_{CM}(mW)	100	100	100	100	
	I_{CM}(mA)	20	20	20	20	
	U_{CBO}(V)	≥30	≥40	≥30	≥40	I_C=100μA
	U_{CEO}(V)	≥20	≥30	≥20	≥30	I_C=100μA
	U_{EBO}(V)	≥4	≥4	≥4	≥4	I_E=100μA
直流参数	I_{CBO}(μA)	≤0.01	≤0.01	≤0.01	≤0.01	U_{CB}=10V
	I_{CEO}(μA)	≤0.1	≤0.1	≤0.1	≤0.1	U_{CE}=10V
	I_{EBO}(μA)	≤0.01	≤0.01	≤0.01	≤0.01	U_{EB}=1.5V
	U_{BES}(V)	≤1	≤1	≤1	≤1	I_C=10mA　I_B=1mA
	U_{CES}(V)	≤1	≤1	≤1	≤1	I_C=10mA　I_B=1mA
	h_{FE}	≥30	≥30	≥30	≥30	U_{CE}=10V　I_C=3mA
交流参数	f_T(MHz)	≥150	≥150	≥300	≥300	U_{CB}=10V I_E=3mA f=100MHz R_L=5Ω
	K_P(dB)	≥7	≥7	≥7	≥7	U_{CB}=−6V　I_E=3mA　f=100MHz
	C_{ob}(pF)	≤4	≤4	≤4	≤4	U_{CB}=10V　I_E=0

5）3DG130(3DG12)型NPN型硅高频小功率三极管

表 8　3DG130(3DG12)型 NPN 型硅高频小功率三极管的参数

原型号		3DG12				测试条件
新型号		3DG130A	3DG130B	3DG130C	3DG130D	
极限参数	P_{CM}(mW)	700	700	700	700	
	I_{CM}(mA)	300	300	300	300	
	U_{CBO}(V)	≥40	≥60	≥40	≥60	I_C=100μA
	U_{CEO}(V)	≥30	≥45	≥30	≥45	I_C=100μA
	U_{EBO}(V)	≥4	≥4	≥4	≥4	I_E=100μA
直流参数	I_{CBO}(μA)	≤0.5	≤0.5	≤0.5	≤0.5	U_{CB}=10V
	I_{CEO}(μA)	≤1	≤1	≤1	≤1	U_{CE}=10V
	I_{EBO}(μA)	≤0.5	≤0.5	≤0.5	≤0.5	U_{EB}=1.5V
	U_{BES}(V)	≤1	≤1	≤1	≤1	I_C=100mA　I_B=10mA
	U_{CES}(V)	≤0.6	≤0.6	≤0.6	≤0.6	I_C=100mA　I_B=10mA
	h_{FE}	≥30	≥30	≥30	≥30	U_{CE}=10V　I_C=50mA
交流参数	f_T(MHz)	≥150	≥150	≥300	≥300	U_{CB}=10V I_E=50mA f=100MHz R_L=5Ω
	K_P(dB)	≥6	≥6	≥6	≥6	U_{CB}=−10V　I_E=50mA　f=100MHz
	C_{ob}(pF)	≤10	≤10	≤10	≤10	U_{CB}=10V　I_E=0

6）9011～9018 塑封硅三极管

表 9　9011～9018 塑封硅三极管的参数

型号		(3DG) 9011	(3CX) 9012	(3DX) 9013	(3DG) 9014	(3CG) 9015	(3DG) 9016	(3DG) 9018
极限参数	P_{CM}(mW)	200	300	300	300	300	200	200
	I_{CM}(mA)	20	300	300	100	100	25	20
	U_{CBO}(V)	20	20	20	25	25	25	30
	U_{CEO}(V)	18	18	18	20	20	20	20
	U_{EBO}(V)	5	5	5	4	4	4	4
直流参数	I_{CBO}(μA)	0.01	0.5	0,5	0.05	0.05	0.05	0.05
	I_{CEO}(μA)	0.1	1	1	0.5	0.5	0.5	0.5
	I_{EBO}(μA)	0.01	0.5	0,5	0.05	0.05	0.05	0.05
	U_{CES}(V)	0.5	0.5	0.5	0.5	0.5	0.5	0.35
	U_{BES}(V)		1	1	1	1	1	1
	h_{FE}	30	30	30	30	30	30	30
交流参数	f_T(MHz)	100			80	80	500	600
	C_{ob}(pF)	3.5			2.5	4	1.6	4
	K_P(dB)							10

5. 常用场效应管的主要参数

表 10　常用场效应管的主要参数

参数名称	N 沟道结型				MOS 型 N 沟道耗尽型		
	3DJ2	3DJ4	3DJ6	3DJ7	3D01	3D02	3D04
	D~H	D~H	D~H	D~H	D~H	D~H	D~H
饱和漏源电流 I_{DSS}(mA)	0.3~10	0.3~10	0.3~10	0.35~1.8	0.35~10	0.35~25	0.35~10.5
夹断电压 U_{GS}(V)	<|1~9|	<|1~9|	<|1~9|	<|1~9|	≤|1~9|	≤|1~9|	≤|1~9|
正向跨导 g_m(μV)	>2000	>2000	>1000	>3000	≥1000	≥4000	≥2000
最大漏源电压 U_{DS}(V)	>20	>20	>20	>20	>20	>12~20	>20
最大耗散功率 P_{DNl}(mW)	100	100	100	100	100	25~100	100
栅源绝缘电阻 r_{GS}(Ω)	$\geq 10^8$	$\geq 10^8$	$\geq 10^8$	$\geq 10^8$	$\geq 10^8$	$\geq 10^8 \sim 10^9$	≥ 100

参 考 文 献

[1] 曲昀卿. 模拟电子技术基础[M]. 北京：北京邮电大学出版社，2012.

[2] 陈宗梅. 模拟电子技术实验与课程设计[M]. 北京：北京理工大学出版社，2011.

[3] 周良权. 模拟电子技术基础[M]. 北京：高等教育出版社，2009.

[4] 张惠荣. 模拟电子技术项目式教程[M]. 北京：机械工业出版社，2012.

[5] 刘淑英. 模拟电子技术与实践[M]. 北京：电子工业出版社，2014.

[6] 贺素霞. 模拟电子技术[M]. 北京：电子工业出版社，2014.

[7] 李福军. 模拟电子技术项目教程[M]. 武汉：华中科技大学出版社，2010.